地应力、裂缝测试技术在石油勘探开发中的应用

（第二版）

张 杰 李 磊 张 伟 张景和 孙宗颀 著

石油工业出版社

内 容 提 要

本书系统地介绍了油藏深部地层测试岩石力学参数、人工裂缝、天然裂缝形态及地层中三向应力大小和方向的技术。室内测试包括用不定向岩心，采用多种方法综合测定岩心在地层中三向应力的大小和方向（包括天然裂缝方向）。在现场，用无源声传导技术、地面法，测储层中的天然裂缝方向及人工裂缝方向、长度；用测井资料处理柱状应力分布、天然裂缝分布及砂体分布等11种测试方法，用上述方法在我国13大油区，86个区块油田，近千口井进行实测，对我国的新近系—古近系、白垩系、侏罗系、三叠系、二叠系、石炭系等地质年代的油藏储层地应力场、人工裂缝方向、天然裂缝方向的分布规律有了一定的认识，并列举了应用实例。

本书可供从事油气勘探和开发的工程技术人员、研究人员以及大专院校相关专业师生参考使用。

图书在版编目（CIP）数据

地应力、裂缝测试技术在石油勘探开发中的应用／
张杰等著 .— 2 版 .— 北京：石油工业出版社，
2018.1
 ISBN 978-7-5183-2170-4

Ⅰ.①地… Ⅱ.①张… Ⅲ.① 地应力-应用-油气勘探②裂缝测井-应用-油气勘探 Ⅳ.①P618.130.8

中国版本图书馆 CIP 数据核字（2017）第 247176 号

出版发行：石油工业出版社
　　　　　（北京安定门外安华里2区1号　100011）
　　　网　　址：www.petropub.com
　　　编辑部：（010）64523712
　　　图书营销中心：（010）64523633
经　　销：全国新华书店
印　　刷：北京中石油彩色印刷有限责任公司

2018年1月第2版　2018年1月第2次印刷
787×1092毫米　开本：1/16　印张：12.25
字数：320千字

定价：65.00元
（如发现印装质量问题，我社图书营销中心负责调换）

版权所有，翻印必究

前　言

　　地层中油气生储盖是地壳上部的组成部分。在漫长的地质年代里，它经历了无数次沉积轮回和升降运动的各个历史阶段，地壳物质内产生了一系列的内应力效应。这些内应力来源，可分两部分——古应力场和现今地应力场。古应力场是由于板块边界的挤压，地幔对流，岩浆活动和地质构造运动使地壳产生若干褶皱、隆起和断裂；现今地应力场是地壳构造运动之后，古应力场已全部释放，又产生现今的较为稳定的应力场，它如同一个自由体，它与附近构造断裂形态、方向、距离都有关。

　　因此地应力是客观存在的一种自然力，它必然影响石油勘探与开发的全过程。掌握生、储、盖，地应力、天然裂缝分布，包括其方向、数值大小是极为重要的。

　　盆地的油气生成、运移、聚集、保存及破坏再聚集的过程，与盆地所处环境和区域构造应力场历史上的发展变化有密切关系，尤其开展当今应力场分布研究，有助于揭示低渗透油田和裂缝性油气田的油气分布。

　　在油气田开发工程方面，更令人瞩目的现今应力场分布状态及在油田开发过程中油田应力场测量，包括人工裂缝方向、天然裂缝方向及地层中的三向应力和方向，要从几千米深的地层得到信息，并具有工业测试的水平，这难度比较大，笔者在1980年到1997年十几年时间里，根据我国石油勘探开发的具体状况，创立适应国情的十几种的测试技术，有些技术问题在世界上也是首先解决的，如地面声传导测人工裂缝、天然裂缝，用不定向岩心，采用各种方法综合性测试，得出岩心在地层中的三向应力大小和方向（包括天然裂缝方向）等深受油田用户的欢迎。勘探开发中的应用，是笔者近20年在油田现场实践工作总结的一部分。本书全面介绍测试方法及其原理。在实验室包括岩石力学参数测量，用不定向岩心，采用岩石波速、岩石差应变、岩石凯塞效应、古地磁等综合测试，确定岩心应力大小和方向。现场测试包括：水压裂缝地面法、井下法、井下电视、瞬时停泵；用测井资料处理地应力分布和天然裂缝，如井孔崩落掉块、柱状应力剖面、常规测井资料解释裂缝；用现代应力场数值模拟来判断油气富集区。本书应用上述方法，对胜利油区、大港油区、华北油区、中原油区、塔里木油区、吐哈油区、克拉玛依油区的部分断块油田进行人工裂缝、天然裂缝测试，用其成果，研究构造断裂走向的分布规律。

　　本书利用地层中的人工裂缝、天然裂缝及三向应力大小和方向测试结果，在新油田井网方案设计，老油田注采井网调整及注水方式，水平井方向及位置的确定，应用天然裂缝开发裂缝油田。深、浅地层断套主要原因及套管强度的设计；应用人工裂缝方向开发深层固体碱岩、地热等，内容十分丰富，对石油勘探与开发有指导作用。因此，本书对于从事油气勘探和开发的工程技术人员、研究人员以及大专院校的学生和研究生均有参考价值。

　　本书难免有不妥之处请读者批评指正。

目　　录

第一章　岩石力学参数测定 …………………………………………………… (1)
　　第一节　概述 ……………………………………………………………… (1)
　　第二节　试验 ……………………………………………………………… (6)
　　第三节　岩石弹性常数 E，v 的确定 …………………………………… (10)
　　第四节　岩石强度 ………………………………………………………… (13)
　　第五节　岩石断裂韧度测量 ……………………………………………… (20)

第二章　地应力、裂缝测试技术及原理 ……………………………………… (42)
　　第一节　地应力及其测试技术概述 ……………………………………… (42)
　　第二节　用不定向岩心对地应力及天然裂缝的测定 …………………… (54)
　　第三节　用测井资料处理现代应力场及天然裂缝分布 ………………… (66)
　　第四节　地应力与油气富集的关系 ……………………………………… (76)

第三章　地质构造断裂与储层裂缝 …………………………………………… (80)
　　第一节　油田地质断层走向与储层裂缝分布规律 ……………………… (80)
　　第二节　水力压裂裂缝形态及其方向的分布规律 ……………………… (91)
　　第三节　油田水平最小主应力测试结果 ………………………………… (97)
　　第四节　地应力与地质构造的关系与传统解释 ………………………… (100)

第四章　地应力与裂缝在工业中的应用 ……………………………………… (106)
　　第一节　井网布局 ………………………………………………………… (106)
　　第二节　储层裂缝导流能力 ……………………………………………… (111)
　　第三节　剩余油分布研究与挖潜 ………………………………………… (114)
　　第四节　水平井油藏、轨迹、位置的筛选 ……………………………… (122)
　　第五节　转向压裂 ………………………………………………………… (132)
　　第六节　风城 FHW332U 双管注采井注氮气效果 ……………………… (140)
　　第七节　防止套管变形的研究 …………………………………………… (147)
　　第八节　利用地应力水力裂缝开发安棚天然碱矿研究 ………………… (150)
　　第九节　用有限元法计算油田地应力场的分布 ………………………… (165)
　　第十节　对微地震单井九分向监测裂缝研究 …………………………… (174)

第五章　创新与结论 …………………………………………………………… (186)
　　第一节　创新 ……………………………………………………………… (186)
　　第二节　方法与结论 ……………………………………………………… (187)

参考文献 ………………………………………………………………………… (190)

第一章 岩石力学参数测定

第一节 概 述

如今国民经济建设中许许多多的工程（大坝、采矿、遂道、地铁、高层建筑、钻井、采油等）都涉及岩体性质及其稳定的问题。岩体，概括而言，由岩块和各种不连续面（结构面）组成。岩体性质则决定于这二者的性质。不连续面（结构面）的物理—力学性质在其他有关书中有介绍，这里仅对岩石块的物理—力学性质参数的测定作简要介绍。岩石一般是由数种矿物组成，也有少数由单一矿物组成。岩石的性质不仅与组成该岩石的矿物性质有关，还与矿物颗粒间的胶结物性质和岩石的结构及构造有关。在研究岩石性质时，岩石的各向异性（或各向同性）程度亦是大家关注的问题。

岩石材料和其他材料一样，其力学性质一般由强度及其弹性常数所组成。按受力情形不同，强度有抗压强度、抗拉强度、抗剪强度之分。强度定义为在各种受力情况下岩石材料达到破坏时的最大应力值。岩石材料在受力状况下的应力与应变之间的关系一般用弹性常数来表示，它们分弹性模量、泊松比、剪切（刚性）模量（Modulus of rigidity）、体积弹性模量（Bulk modulus）和拉姆常数（Lame's constant）。它们的定义如下。

弹性模量（或杨氏模量）：当岩石材料在受力（受压或受拉）状况下且在弹性应变范围内时，在受力方向上的应力与应变的比值称弹性模量（杨氏模量），常用 E 表示。当岩石材料处于受剪应力状况下，剪应力与剪切应变之比值称剪切模量，常用 G 表示。

岩石材料在受压或受拉状况下，除发生轴向（受力方向）的应变外，还发生侧向（即垂直于受力方向）的应变。在受压时，侧向应变（发生膨胀）为正，在受拉时侧向应变（发生收缩）为负。侧向应变与轴向应变的比值为泊松比，用 v 表示。

岩石块在静水压力（即岩石块处于三维静水压力）状况下，静水压力与体积应变之比值称作体积弹性模量，用 K 表示。假设岩石块是均匀、各向同性且是完全的弹性体，则这些弹性常数之间有下述关系：

$$E = \frac{9KG}{3K + G} \tag{1-1}$$

$$v = \frac{(3K - 2G)}{2(3K + G)} \tag{1-2}$$

$$G = \frac{E}{2(1 + v)} \tag{1-3}$$

$$K = \frac{E}{3(1 - 2v)} \tag{1-4}$$

$$\lambda = \frac{Ev}{(1+v)(1-2v)} \tag{1-5}$$

从上述关系式可以看出，这些弹性常数中只有两个是独立的。其他常数可从这两个常数按上述公式计算而得，常用的这两个弹性常数是 E 和 v。

岩石块的力学性能将在试验机上进行测试。在介绍岩石块性能测试前，先对试验机、岩石试样及测试仪器的要求作简单介绍。

一、刚性和伺服控制试验机

过去很长一段时间，为了测试材料的性能，试验常在柔性或"重锤式"试验机上进行。试验机的这种柔性性质能掩盖材料的某些性质。这一点只在近几十年才被认识。这种作用特别明显地表现在对脆性材料（如岩石和混凝土等）做加压试验时，试验在应力—应变曲线达到峰值或刚过峰值时就终止，并伴随着试样的爆破声和试样的激烈解体。这种现象很少在地下工程中发现。

1943 年 Whitney 通过测定试验机的刚性，首次明确地解释了试验机刚性对试样破坏的作用。

1962 年 Brock 通过钢梁加载（增加试验机刚度），并采用位移控制的方法，获得了混凝土的应力—应变全过程曲线。

1966 年 Cook 和 Hejem 在自制的刚性试验机上首次获得了大理岩的全应力—应变曲线。

1970 年 Wawersick 用液压千斤顶手控试验机的位移从而获得各种岩石的全应力—应变曲线，实际上这是伺服手控试验机，它使试样破碎过程进行得比想象的缓慢得多。

一个弹性件的刚度 k，定义为弹性件发生单位位移所需的力，可表达为：

$$k = P/\delta \tag{1-6}$$

式中 δ——试件在力 P 作用下发生的位移。

弹性件在力 P 作用下储藏的能量 Q 为：

$$Q = P^2/(2k) \tag{1-7}$$

岩石试样的断面为 A，长为 L，杨式模量为 E 时的刚度为：

$$k_R = \frac{AE}{L} = \frac{P}{\delta} \tag{1-8}$$

由于岩石试验经常呈非线性的，所以岩石的刚度又可表达为：

$$k_R = f'(\delta_r) \tag{1-9}$$

式中 $f'(\delta_r)$——力—位移曲线的导数，或为力—位移曲线上某点切线的斜率。

当试验系统作用力为 P，则在试验机和试样中储藏的总能量为：

$$Q_S = P^2(1/k_R + 1/k_m)/2 \tag{1-10}$$

例举常用试验机的刚性为 1.78×10^7 kg/m，岩石刚度为 7.15×10^7 kg/m，则试验机中储藏的能量为岩石的 4 倍。当试样一旦发生破裂，则系统中储藏的总能量将全部释放，而试验机中储藏的大量能量的释放必然造成试块的突然破裂并伴随爆裂声，从而影响试件的破裂过程。

这也可用试件的加载—位移曲线与试验机刚度（k_1，k_2）的相对关系来说明，如图1-1所示。柔性试验机的刚度为k_1，刚性试验机的刚度为k_2，试样力—位移曲线在A点的切线斜度为$f'(\delta_A)$。当$|f'(\delta_A)|>|k_1|$这意味着发生一个很小的压缩位移δ_x时，试件上载荷下降比试验机的要大，即试件抗载荷的能力要小于试验机输送的载荷，从而造成系统的不稳定和试件突然破坏。通常用的试验机的刚度小于岩石的力—位移曲线峰值处的斜度，故一般认为这种试验机是柔性的。在这种试验机上做岩石试验，试验往往在峰值附近因试件突然破裂被迫终止，也就无法获得力—位移的全过程曲线。当$|f'(\delta_A)|<|k_2|$时，这种不稳定的状态不会发生，因在任何载荷水平下，试验机中储藏的能量（它由k_2线下面的面积所代表）总是小于试件进一步压缩所需要的能量（它由试件的力—位移曲线下面的面积所代表）。若要使试件进一步压缩，则需向系统进一步输入能量，这时可获得力—位移全过程曲线，用刚性试验机进行试验揭示了脆性岩石在峰值载荷后仍有抗载荷的能力，这是一个很重要的工程实际问题。

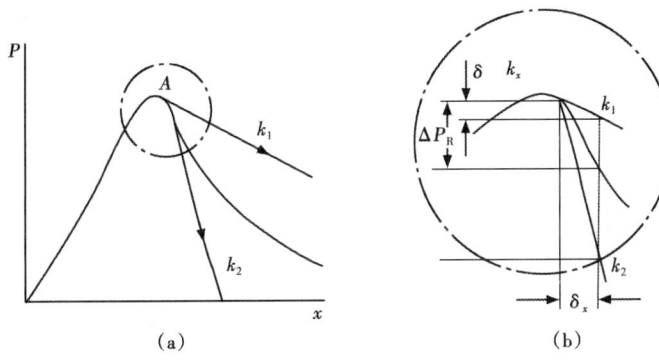

图1-1 加载—位移曲线

液压伺服控制试验机采用了闭路反馈控制系统，其原理如图1-2所示。该系统，由函数信号发生器，反馈和函数信号比较器及伺服阀、促动器等组成。

反馈信号是从试样在试验过程中的实验变量中选取。它可以是加载速率，也可以是位移速率或应变速率。这些信号一般由传感器直接产生。如选用作用在试件上的功作反馈信号，则不得不用管理放大器或计算机来产生反馈信号。

函数信号发生器是用来产生一个独立的随时间变化的函数信号。函数信号是由电机的或电子的函数发生器产生。电机的函数发生器是一个较老的装置，如今则采用电子的函数发生器，如数字线性发生器能随着时间线性地增加满程序电压。

反馈和函数信号比较器，这里将反馈信号和程序信号进行比较，根据二者信号之差和极性输出一控制信号来调控伺服阀。

伺服阀是控制高压液体送入促动器的方向和流量多少的。伺服阀的一个孔与高压油泵相连，一个孔与促动器相连，另一个孔则与低压区相连。

液压伺服控制试验机工作原理：试验前根据岩石性质设立试验的函数信号。在试验中岩石试样发生的反馈信号与设定的函数信号进行比较后输出一控制信号，调控伺服阀的开闭程度，从而控制促动器动作的方向和快慢。

伺服控制试验机最大的特点是试验完全可按独立设置的变量进行，这样在试验达到峰值后，通过函数信号与反馈信号的比较，使伺服阀控制促动器的进油量，从而获得岩石全应

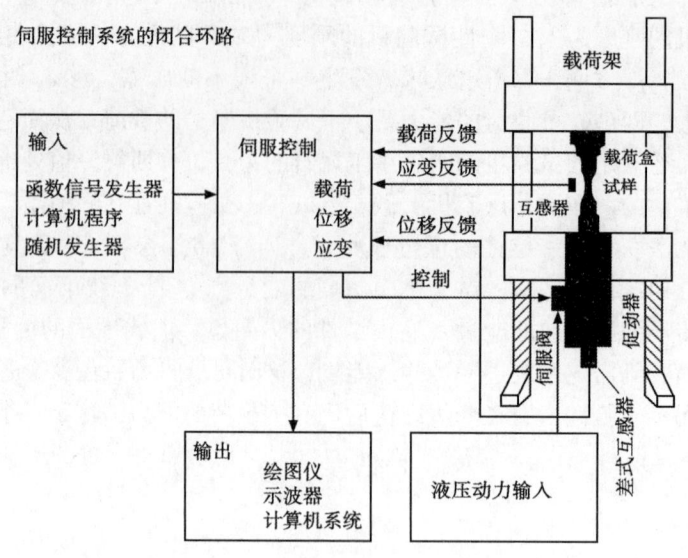

图 1-2 伺服控制系统的闭合环路

力—应变曲线。这是其他任何种类的试验系统难以达到的。正确地选择反馈信号是保证试验完成的重要一步。反馈信号必须是在试验过程中单调增加的变量。不能选择在实验过程中某些时候为增加，某些时候又变为减少的变量作为反馈信号。譬如在单轴压缩试验中常选用侧向应变作为反馈信号，在单轴拉伸试验中则选用轴向应变作为反馈信号，在三弯梁试验中选用梁底部扩张（张开位移）作为反馈信号。

二、试验的要求

在做任何岩石块试验时，为了使试验结果可靠，以下三方面的要求应得到重视：正确加工试件，相适应的载荷加载装置和相适应的变形测量仪器。

试件的形状和加工方法与试验的类型有关。单轴压缩、单轴拉伸试样一般都采用圆柱体试样。其直径 D 为 50mm 左右，试件高一般为 $2D$，试件两端面不平行度误差不超过 0.002mm（当试件直径为 50mm 时，两平面一端高度最大误差不大于 0.1mm）；端面应与试件轴线垂直，其偏差不得大于 $0.12°$，高度误差不超过 2%。

劈裂试验也采用圆柱体试样。试件长度 L 为直径的 0.25 倍，试件两端面平行度及端面与轴线的垂直度与对单缩压缩试件的相同。

载荷加载装置应满足试验所需加载的能力，并能满足连续加载及加载速率的要求。

变形测量装置应满足试件在试验中发生的最大变形测量，且保证当量程在 250μm 以上时，测量精度为 ±2%，当量程小于 250μm 时，测量精度在 ±5μm 之间。一般变形测量装置都能满足上述测量精度，许多都超过上述精度要求上百倍。变形测量装置还要能直接装在试件相应的部位上。安装变形测量装置的部位应是应力梯度很小，且该部位的应力值是能较准确的测得。譬如在单轴压缩和单轴拉伸试验时，接近试件两端的部分都有较高的应力梯度，因此变形测量装置应安装在离加载盘尽可能远的地方，即在试件的中央部分。当试件的高/直径值为 2 或大于 2 时，在试件中央部分的应力较为均匀，在这里测得的应变值较为合理，误差一般小于 5%，从实际工程目的看则可忽略不计。劈裂试验试件长为直径的 $\frac{1}{8} \sim \frac{1}{4}$ 时，试件中央部位应力也较均匀,是安装应变片的好地方。对任何其他类型的试件,重要的是研究试件表面不同位置的应力状况,要选择应力分布均匀的位置安装变形测量装置。

测量的可信赖度还与测量基线长(度)有关。而测量基线长(度)与岩石中颗粒平均尺寸大小有关。一般而言测量基线长(度)应是颗粒平均尺寸的十倍以上(测量基线长是指试验用的试件的基本尺寸——长×宽×高)。在试验上进行变形测量时,测试装置应在轴向对称的两个部位进行安装,从两个部位测得的数据取其平均值作为变形值相对合理可靠,这对轴向变形和侧向变形测量都一样,即都应从两个部位进行测量。

三、变形(应变)测量

岩石试件的变形量一般很小。对小的变形量人们的感官很难察觉,而要求通过放大后进行测量。

目前有许多变形测量的仪表,且都能满足测量的要求,它们大致可以分成三大类:机械仪表、光学仪表和电仪表。

在机械仪表中最重要和最通用的是千分表,它们有不同的量程和不同的精度。通常千分表的量程为 2.5~10mm,而最小读数达 0.01~0.001mm。它们通过一些装置既可用来测定轴向(平行于载荷方向)的变形,也可测定侧向(垂直于载荷方向)的变形。这种方法适用于中等强度以上的岩石试件,不适用于软岩石试件。光学仪表利用仪表中一小镜二次反射光束的差别来确定其变形量。这一套光学系统的安装调试是十分麻烦的,测量(读数)也很费时,为了避免仪表中的小镜被打碎,所以在试样发生破裂前需将该仪器折下来,因此目前已很少被采用。

在电仪表中,测量岩石变形最常用的有两种:线型变化的差式互感器(LVDT)和电阻式应变(器)片。

线型变化的差式互感器是一个电—机械的传感器。它输出的电信号与传感器中芯棒位移量成正比。它的一个初级线圈和两个次极线圈装在传感器的外壳内,且初级缘圈在中间,它的两边各有一个次极线圈(图1-3)。在这些线圈中间有一个圆柱形可移动的磁性芯棒,它产生的磁通量将这些线圈连通。两个次生线圈实行一系列的反相连接,因此次生电流的两个电压是反相的,传感器的纯输出则是这两个电压之差。当芯棒处在中央位置时,纯输出为零,这点称为平衡点或零点。当芯棒向某一边移动,则该边次生线圈的电压将上升,而另一边次生线圈的电压则降低,二者给出的差式输出与芯棒的位移量呈线型关系。大部分线型差式传感器的输入电压在 6~24V 之间,频率范围为 50Hz~20000Hz。满量程时传感器输出的激励电压在 ±3~±16V,通常为 ±10V,而传感

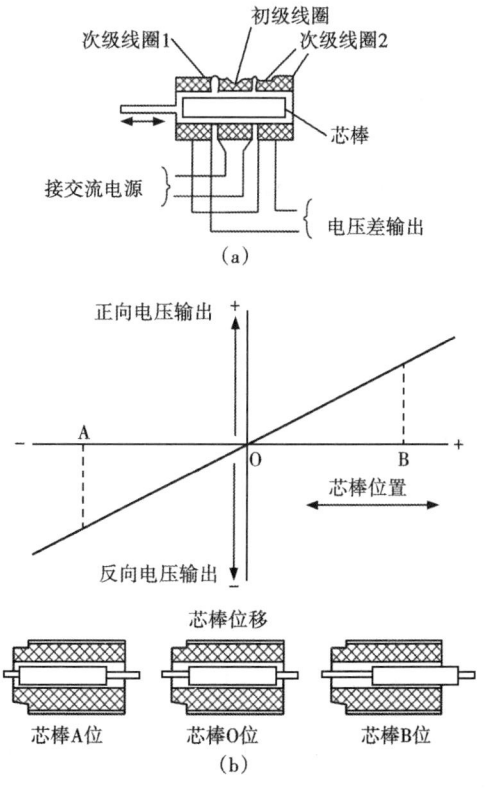

图1-3 线型变化的差式互感器

器的量程变化较大，在±0.5~±250mm之间。

差式传感器是交流仪器，即它的初级线圈用交流电，而记录设备的输入则要求用直流电。因此，任何一个差式传感器都需要一个信号调节器，它将某频率的线型电压转换成相应频率的激励电压。它提供载体信号的介调和过滤以及将信号放大后输入记录仪，往往直流/交流转换器、解调器和过渡器组装在一个电子盒内。当芯棒移动时差式传感器需要的动力较小。

差式传感器因它的安装问题使其使用受到限制，该仪器也不宜用作动态试验测试。

增长电阻应变片。金属丝的长度将增加其电阻。当然对不同的材料，电阻增长的程度不同。由于技术的发展，目前电阻应变片已成为应变测量的主要手段。

电阻应变片分金属丝、金属箔和压阻式。压阻式应变片中的敏感元件是半导体材料，它的电阻随压力变化而变化，其敏感度较高，常用作动态应力测量。

电阻应变片由0.025mm直径或0.0025mm厚的箔，长十几厘米的金属丝（或箔）组成。应变片因数 F 计算公式为：

$$F = \frac{\Delta R/R}{\Delta L/L} \tag{1-11}$$

式中　　R——原电阻；
　　　　ΔR——电阻变化值；
　　　　L——原长度；
　　　　ΔL——长度变化值。

应变片因数 F，是应变片应变敏感度的量度，F 愈高，应变片的灵敏度愈高。

理想的应变片材料应具有高阻抗、阻抗变化大、对温度不敏感且应变片因数为常数。

应变片的长度变化较大。对箔片式应变片长度从0.5~25mm，电阻从60~1000Ω；对金属丝式应变片，长度在1~200mm之间，电阻从60~2000Ω。选用电阻应变片时主要考虑试验时的温度、应变变化梯度值和稳定性要求等。

当电阻应变片用纸作背衬并用硝化纤维素作黏结剂时，只能用于温度到55℃；当应变片的背衬为环氧树脂基时，适用的温度为-170~+100℃，而玻璃纤维载体可用于温度从-200~+230℃。

铜—镍合金丝组成的应变片可测量10%~15%的应变。当应力场比较均匀时，尽可能选用较长的应变片，当应力梯度较高时则不得不选用较短的应变片，金属箔片的应变片适用于做疲劳试验。当蠕变试验需要时间较长时，则需考虑应变片的稳定性，这时需采用带温度补偿的应变片。尽可能采用较长的应变片以减少应力松弛效应。还需采用防水的环氧树脂载体以减少温度变化的影响。

第二节　试　　验

一、单轴压缩试验

在进行单轴压缩试验时，岩石试件常加工成圆柱状或方柱状。过去这些试件的高等于其直径或边长（正方体）。这时，试验结果常受试件与压盘接触面的影响，主要是刚性压盘限制试件端部的侧向扩张，造成应力集中。因此当载荷小于试件的单轴抗压强度时，侧向抑制效应往往造成试件和压盘接触处开始破裂,并引起圆锥形的试件破坏,这在单轴压缩试验中经常发生。这种侧向抑制效应是由于压盘的刚度一般大于试样而引起摩擦约束所造成。为此,在试件与压盘间垫上固体润滑物,如纸、铅片或其他可塑的材料以减少试件与压盘接触处的摩擦约束作用,但这些技术措施往往引起径向拉应力,从而引起试件纵向劈裂。

另外一种办法是在试件两端与压盘之间各放一个金属块,其断面尺寸大小与岩石试件的断面尺寸相等,并选取金属材料的侧向膨胀与岩石的一样,即要求它们的 v/E 比值相等,图 1-4 这样由于两端金属块与岩石试件在压缩过程中同时发生侧向扩张,前面所述的试件的端部效应将消失。

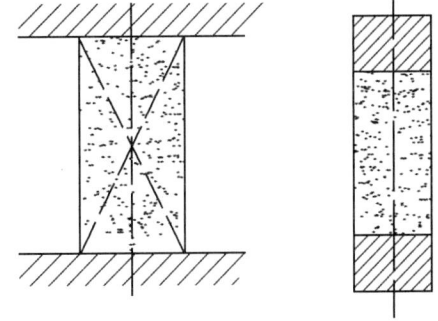

图 1-4　单轴压缩试验

二、单轴直接拉伸试验

岩石的抗拉强度测定最好采用直接拉伸试验。但由于直接拉伸试验时,岩石端部因夹具夹持,而引起高应力,且常造成端部破碎,而使直接拉伸试验成功率较低。

目前做直接拉伸试验时,用环氧树脂将试样两端粘接两个断面大小与试样一样的钢块,这钢块与柔性钢丝绳连接(从而将弯应力减至最小),从而传递拉应力给岩石试件。也有用球式万向连轴节与试样端部的钢块相连而传递拉应力的。

三、劈裂试验

单轴直接拉伸试验的困难导致常用间接法来测定岩石的抗拉强度。劈裂试验是间接法中最常用的一种(图 1-5)。这时常采用圆柱状试样,其长度一般小于其直径,这种试验既可

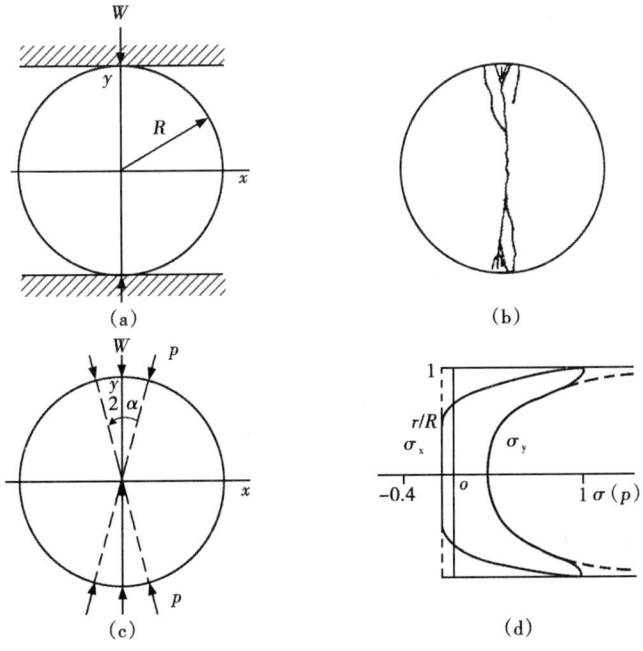

图 1-5　劈裂试验

确定岩石抗拉强度,也可测定其弹性常数,也可用来测定岩石的各向异性。

当圆柱形试件在两个刚性平面承压板之间沿直径方向加压时为线形压力,则沿这直径上的应力为:

$$\sigma_x = P/(\pi R t) \tag{1-12}$$

$$\sigma_y = P(3R^2 + y^2)/[\pi R(R^2 - y^2)] \tag{1-13}$$

而在横向直径,即垂直于加压直径方向上的应力为:

$$\sigma_x = -P[(R^2 - x^2)/(R^2 + x^2)]^2/(\pi R) \tag{1-14}$$

式中 P——加载载荷;
R——圆柱体的半径;
t——圆柱试件长。

当圆柱体在两个弧形板上加压,使圆柱体在很小的 2α 弧线内受一均匀压力 P,此时,2α 通常为 $15°$,这种加压方式可避免线形加压时应力集中而产生的副作用,即在试件与承压板接触附近产生数条裂纹,而不是一条裂纹。应当指出,沿试件垂向直径的垂向应力 σ_y,对试件的破坏有一定影响,这垂向应力是不均匀的,在试件中心,$\sigma_y = 3\sigma_x$ 然后逐步增大,并在达到边缘时,其值最大。因此在试件中心,当主应力之比值为 3 时,试件的破坏应该是拉应力引起的。但劈力试验给出的试件抗拉强度一般略高于直接拉伸试验的结果。

四、圆筒压裂法

圆筒内半径为 R_1,外半径为 R_2,试验时圆筒内可施加液压 p_1,圆筒外液压为 p_2,需要时,轴向还可加一载荷 P。当 p_1,p_2 和 P 的组合不同时,可引起圆筒的破坏形式不同。

当 $p_1 = 0$ 且 p_2 较小,R_1 也较小时,则圆筒的破坏与圆柱形岩石在三轴腔中所发生的破坏相似,即形成一个单一剪切面破坏,剪切面与轴线成一小夹角。当 p_2 相对较大,R_2 也较大时,破坏面形成一个圆锥面,且与轴线形成一个小的圆锥顶角。

当 $P = 0$,$p_2 = 0$ 且只有圆筒内的液压 p_1 时,圆筒中的径向应力 σ_r 和切向应力 σ_θ 的计算公式为:

$$\sigma_r = -\frac{p_1 R_1^2}{R_2^2 - R_1^2}\left(1 - \frac{R_2^2}{r^2}\right) \tag{1-15}$$

$$\sigma_\theta = -\frac{p_1 R_1^2}{R_2^2 - R_1^2}\left(1 + \frac{R_2^2}{r^2}\right) \tag{1-16}$$

σ_r,σ_θ 在圆筒壁中的变化如图 1-6 所示,圆筒内壁上的应力为:

$$\sigma_r = p_1, \quad \sigma_\theta = -p_1(R_1^2 + R_2^2)/(R_2^2 - R_1^2) \tag{1-17}$$

当 p_1 足够大时,则可造成圆筒状岩石试样径向破裂。

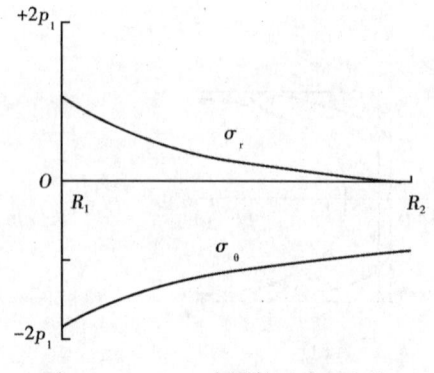

图 1-6 σ_r,σ_θ 在圆筒壁中的变化

五、三轴压缩试验

在研究岩石的机械性质时,三轴压缩试验是一种最有用的试验方法,因为应力和温度可在一个较大范围内调节。譬如温度一般可从室温至 800℃,围压则从小于 500kPa 至 5000MPa。

常温三轴压缩试验腔如图 1-7 所示。

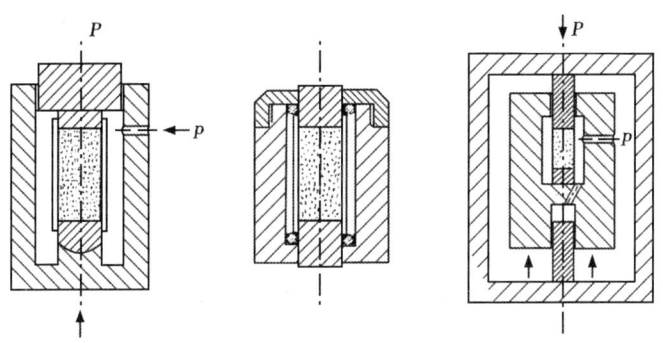

图 1-7 常温三轴压缩试验

主应力是由压力机沿圆柱试样轴向方向施加的,而试样侧面的压力则是由高压油或惰性气体通过不渗透的金属或橡皮套施加的。

试样直径与长之比为 1:2 到 1:3,直径从 25mm 到 100mm。一般小直径试样是用来作高温高压试验的,这时围压介质是氩或二氧化碳而不是液压油。做常温三轴试验时,围压介质一般采用液压油。图 1-7 中展示的三种三轴试验腔,第一种试验腔的缺点是由于试件上部的活塞面积大于试件的断面,高压油作用在活塞端部的力影响试验机对试件施加的轴向力;且在压缩过程中,由于活塞断面较大,使三轴腔容积变小,从而较难控制三轴腔中的压力。第二种试验腔由于采用了活塞断面面积与试样的相同,第一种试验腔的缺点在这里很大程度上被克服了。第三种试验腔是为了完全克服由于试验腔容积变化引起围压的变化而设计的。这里有两个活塞,它们通过轭状物相连接,两个活塞腔是沟通的,从而使试验过程中围压腔的容积和压力保持为常数。

三轴试验时,要使三轴腔和试验机的轴线对正。在加工试样时也要保证试件两端面的平行。因偏心加载和弯曲都能引起试样不均匀的变形。三轴试验时,存在端部效应和表面效应。譬如岩石试样两端钢块的刚度一般比岩石大,加压时,如果近试样端部较弱的部分开始破坏,则这部分的应力下降,而试样较强部分的应力会增加。这种效应在试样内也会有,而由于试样内部各部刚性差别不会像钢块、岩石间的差别那么大,因此该效应的程度要低些。试样侧面是由液体传递压力,当接近试样侧面较弱部分且开始破坏,这时作用在这些部分的围压并不减小。

为了测定试样的应变,常在试样对称的两侧面贴上应变片,并将应变片的导线通过专门的支撑盖引出三轴腔。

试验时,轴压 P 和围压 p 同时增加,以便 $\sigma_1 = \sigma_2 = \sigma_3 = p$,当达到预期的 p 值后,保持围压 p 不变,继续增加轴压 P,直到试样发生破坏,这时就可计算在某围压条件下岩石的强度。

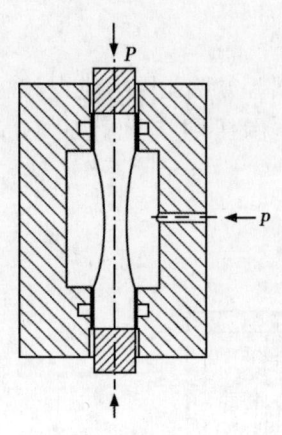

图 1-8 特殊形状的试件

三轴试验的延伸。通常的三轴试验是 $\sigma_1>\sigma_2=\sigma_3$，但也可以使三轴试验的围压大于轴压，从而使主应力关系成为 $\sigma_1=\sigma_2>\sigma_3$。这时 σ_3 可以是压应力 $\sigma_3>0$，也可以是拉应力 $\sigma_3<0$。如果采用特殊形状的试样（图 1-8），该试样最小断面积为 A_1，最大断面积为 A_2，围压压力为 p，则轴向拉应力为 $-kp$，这里 k 的计算公式为：

$$k = (A_2 - A_1)/A_1 \tag{1-18}$$

如试验时轴向载荷为 P，则在试样最小断面处的轴向应力为：

$$\sigma_3 = [P - (A_2 - A_1)p]/A_1 \tag{1-19}$$

因此改变 P 的大小，σ_3 则可从不同大小的压应力变成拉应力，在实际工作中，P 和 p 常常同步增加，以便 $\sigma_1=\sigma_2=\sigma_3=p$，这时 $P=pA_1(1+k)$。当达到一定的预期值后，逐步降低轴向压力 P，直到试样发生破坏，这就可测定当 $\sigma_1=\sigma_2$ 时，试样随 σ_3 变化而发生破坏的条件。

第三节　岩石弹性常数 E，υ 的确定

一、单轴压缩、拉伸试验弹性模量的计算

当进行单轴压缩与拉伸试验时，试件的轴向及侧向都发生相应的变形，如图 1-9 所示。

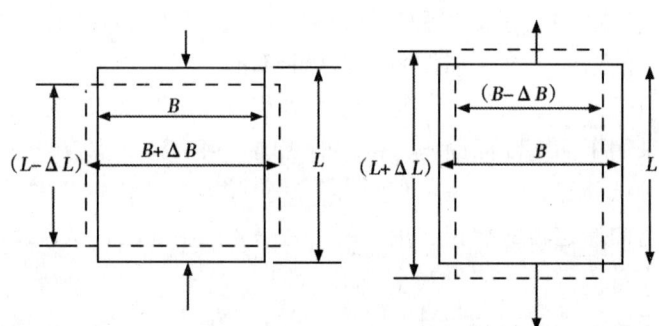

图 1-9　单轴压缩、拉伸试验

其轴向应变 ε 计算公式为：

$$\varepsilon = \frac{\Delta L}{L} \tag{1-20}$$

式中　L——试件在受力前的长度；
　　　ΔL——试件在受力后长度的变形量。

其侧向应变 ε' 是：

$$\varepsilon' = \frac{\Delta B}{B} \tag{1-21}$$

式中 B——试件原侧向宽;

ΔB——试件在受力后侧向宽的变形量。

如果试件的断面为 A,F 为试件受的力,则试件的应力为:

$$\sigma = \frac{F}{A} \tag{1-22}$$

当岩石试件受力不大时,一般可作为线弹性材料对待,这时的弹性模量计算公式为:

$$E = \frac{\sigma}{\varepsilon} = \frac{F/A}{\Delta L/L} = \frac{FL}{\Delta LA} \tag{1-23}$$

而泊松比为:

$$\upsilon = \frac{\varepsilon'}{\varepsilon} = \frac{\Delta BL}{\Delta LB}$$

当试验时,测量试件的总长(L)和总宽(B)的变化时,用上述公式计算弹性常数;当测量的是试件部分长和部分宽的变化时,则在计算试件的应变时,应用测量的部分长和部分宽代入公式。

试件两端面不平行,或试件轴线不垂直,或试件轴线与试验机承载盘轴线不一致等原因,都会造成加压试验时试件发生弯曲,这将引起应变测量的误差,消除这种误差的办法是在试件两对面(0°和180°)同时测量其应变(包括轴向应变和侧向应变),取其平均值作为试件的应变值。

在岩石压缩试验中,由于应力—应变曲线并非直线(图1-10),在计算时,选其直线部分计算其弹性模量。当岩石试件的应力—应变曲线表现出较强的非线性时,则有切线弹性模量与割线弹性模量之分(图1-11),常用50%抗压强度处的切线弹性模量作为平均值,其表达式为:

$$E_t = \frac{d\sigma}{d\varepsilon} \tag{1-24}$$

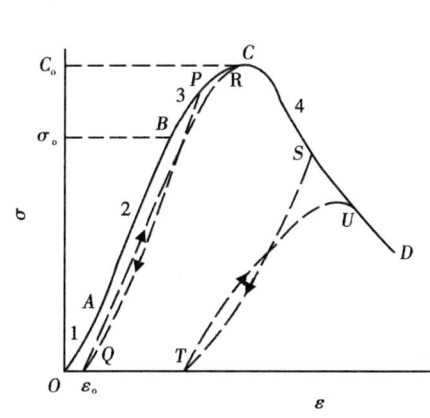

图 1-10 应力—应变曲线(一)

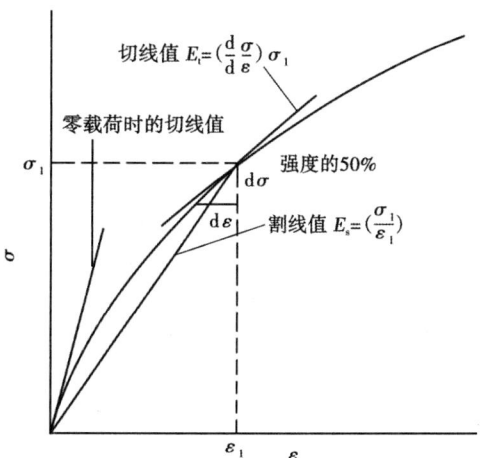

图 1-11 应力—应变曲线(二)

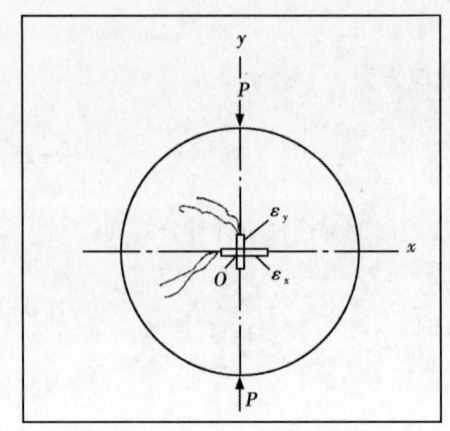

图 1-12 应变片的位置

割线弹性模量计算的表达式为：

$$E_s = \frac{\sigma}{\varepsilon} \tag{1-25}$$

它常在应力与应变都达到最大值，即试样破坏时计算其割线弹性模量，当然在任何应力水平都可计算 E_s，这时常称作变形模量。

二、劈裂法试验弹性常数的计算

在劈裂法试验时，为了进行应变测量，常在试件中心贴上互成 90°的两个应变片（在另一端面也贴上相同的两个应变片），其中一片平行于加载轴线，另一片则垂直于加载轴线（图 1-12）。平面应力时，弹性常数计算公式为：

$$E = -\frac{6P(1-v^2)}{\pi Dt(\varepsilon_y + v\varepsilon_x)} \tag{1-26}$$

$$v = -\frac{3\varepsilon_x + \varepsilon_y}{3\varepsilon_y + \varepsilon_x} \tag{1-27}$$

式中　P——加载载荷；

　　　D——圆柱状试件的直径；

　　　t——圆柱状试件的长；

　　　ε_y——在试件中心沿 y 轴方向的应变；

　　　ε_x——在试件中心沿 x 轴方向的应变。

平面应变条件下弹性常数计算公式为：

$$E = \frac{6P(1-v)(1-2v)}{\pi Dt[v\varepsilon_x + (1-v)\varepsilon_y]} \tag{1-28}$$

$$v = -\frac{\varepsilon_y + 3\varepsilon_x}{2(\varepsilon_y - \varepsilon_x)} \tag{1-29}$$

由于试件中不同部位的应力与应变是不同的，因此除要求十字应变片应贴在试件中心外，还希望应变片的长小于 0.07D，这时可保证其误差为±5%。当没有十字形应变片时，将测量 ε_x 的应变片放在中心，测量 ε_y 的应变片在中心上面，在 y 轴上。

三、三轴试验弹性常数的计算

三轴试验时，通过测定轴压 P、围压 p 和应变片输出的轴向应变，可计算试样的弹性模量 E：

$$E = \frac{P/A - 2vp}{\varepsilon_1} \tag{1-30}$$

式中　A——试样的断面面积；

υ——泊松比；$\upsilon = \dfrac{\varepsilon_2}{\varepsilon_1}$；

ε_1——轴向应变；

ε_1——横向应变。

当围压 p 保持不变，轴向应力的增量引起轴向应变增加，这时弹性模量为：

$$E = \Delta\sigma_1 / \Delta\varepsilon_1 \tag{1-31}$$

第四节 岩石强度

在各种岩石试验中（抗压、抗拉、三轴试验等），随着载荷的增加，载荷方向的变形或应变也增加。但对任何一种岩石，载荷达到某一值时，试样开始破坏，试样承载能力下降，试样的变形或应变则继续增加。应力—应变曲线中的最大应力值定义为岩石的强度，如果用单轴抗压试验，该值称岩石的单轴抗压强度，如果是直接拉伸试验，则是岩石的抗拉强度。将这概念推而广之，如在某特殊情况下某一应力分量不断增加直到试样发生破坏，这发生破坏时的应力值就是在这特殊情况下材料的强度，譬如在三轴试验时，这应力值称作在某围压值下材料的三轴抗压强度。

一、单轴抗压（抗拉）强度 σ_C（σ_T）

$$\sigma_C(\sigma_T) = \dfrac{P_{max}}{A} \tag{1-32}$$

式中 P_{max}——单轴抗压（抗拉）试验中的最大载荷，N；

A——试件截面积，mm^2；

σ_C——单轴抗压强度，MPa；

σ_T——单轴抗拉强度，MPa。

二、劈裂试验计算的岩石抗拉强度

$$\sigma_t = \dfrac{2P_{max}}{\pi D t} \tag{1-33}$$

式中 P_{max}——劈裂试验中的最大载荷，N；

D——试件直径，mm；

t——试件长度，mm；

σ_t——抗拉强度，MPa。

三、圆筒压裂试验岩石强度的计算

$$\sigma_t = \dfrac{p_{1max}(R_2^2 + R_1^2)}{R_2^2 - R_1^2} \tag{1-34}$$

式中 p_{1max}——圆筒压裂试验时最大内筒液压，MPa；

R_1——圆筒内半径，mm；

R_2——圆筒外半径，mm；
σ_t——抗拉强度，MPa。

四、三轴试验岩石强度

如前所述三轴试验时，在岩石侧向施加围压 p_1，在轴向施加轴压 P。做某一块岩石的三轴试验时，计算出某围压值 p_1 条件下岩石的强度：

$$\sigma_1 = \frac{P_{max}}{A} \tag{1-35}$$

式中　σ_1——在侧压 p 条件下的岩石强度，MPa；
　　　P_{max}——试验中的最大轴向载荷，N；
　　　A——试件截面积，mm^2。

进行岩石的三轴试验，主要不是为了计算在某围压条件下的岩石强度，而是要获得在不同围压条件下，岩石强度的变化，确定岩石在三轴应力状态下的强度参数，以及研究什么强度准则更适用于岩石的三轴试验。

一般说来，三轴试验时岩石试样破坏常在一个粗糙的剪切断裂面上发生，该面与最大主应力方向（试件轴线方向）成一小的夹角，这夹角随试件破坏时的主应力增加而增大，这种状况及角的大小值与库伦准则预测的大体相符。根据库伦—摩尔准则三轴试验时岩石试样可能在两个剪切断裂面上发生破坏，考虑三轴试验时试样是轴对称，任何数量的断裂面都有可能。但通常只观察到一个断裂面，当围压增高，试件发生塑性变形时，则有数个断裂面发生。

五、岩石的破坏准则

当岩石是多向受力时，岩石发生破坏可用下述的通式表示：

$$\sigma_1 = f(\sigma_2, \sigma_3) \tag{1-36}$$

这种关系式称作破坏准则，它的几何表达形式是一个面，称作破坏面或断裂面。应当记住，这是一种假设。存在着一些简单的数学表达式的破坏准则，但用处不大。下面介绍一些简单的物理假设的表达式，如库伦准则、摩尔假设及格里菲斯准则等，它们应用较广。

1. 库伦准则

库伦准则的表达形式为：

$$\tau = S_o + \mu\sigma \tag{1-37}$$

式中　τ——在剪切破坏面上的剪切应力；
　　　σ——在剪切破坏面上的法向应力；
　　　S_o——材料的剪切强度；
　　　μ——材料的内摩擦系数。

在二维条件下，库伦准则有如下形式：

$$\sigma_1[(\mu^2+1)^{1/2} - \mu] - \sigma_3[(\mu^2+1)^{1/2} + \mu] = 2S_o \tag{1-38}$$

在 σ_1-σ_3 平面内，这是一条直线，它与 σ_1 轴相交于 C_o，即单轴抗压强度（图 1-13）：

$$C_o = 2S_o[(\mu^2+1)^{1/2} + \mu] \qquad (1-39)$$

与 σ_3 轴交于 B 点，它并不是单轴抗拉强度，因式（1-38）中的 σ 只能是正的。这就要求：

$$\sigma_1 > S_o[(\mu^2+1)^{1/2} + \mu] = \frac{1}{2}C_o \qquad (1-40)$$

时，式（1-39）才有效，即直线 AC_oP 才是准则的有效部分。当 $\sigma_1 < C_o[1 - C_oT_o/(4S_o^2)]$ 时，$\sigma_3 = -T_o$，相当于单轴抗拉强度。库仑准则的另一种表达式为：

$$\sigma_1 = 2S_o\tan\alpha + \sigma_3\tan^2\alpha = C_o + \sigma_3\tan^2\alpha \qquad (1-41)$$

$$\tan\alpha = [(\mu^2+1)^{1/2} + \mu] \qquad (1-42)$$

该式给出了在试件破坏时的 σ_1 与 σ_3 的关系，这与三轴试验的结果基本吻合，即 σ_1 与 σ_3 近似呈线性关系如图 1-14 所示，断裂面与 σ_1 成一交角，小于 45°。

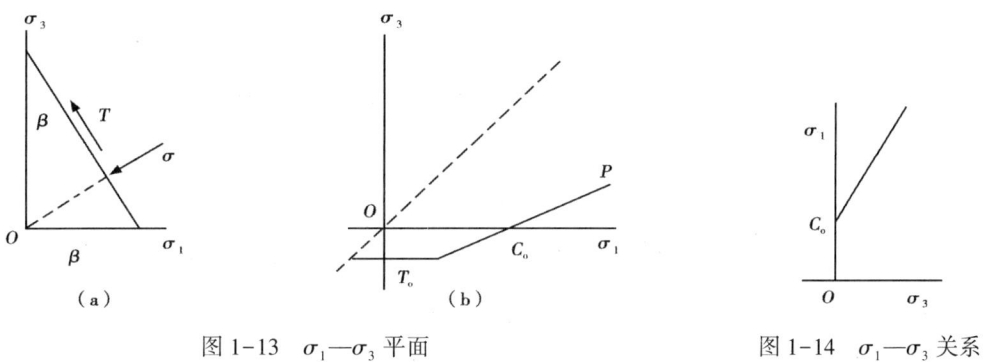

图 1-13 σ_1—σ_3 平面　　　　　　图 1-14 σ_1—σ_3 关系

2. 摩尔假设

摩尔假设认为当沿某平面发生剪切破坏时，作用在该平面的正应力和剪切应力之间的关系与材料性质有关，且可用下述通式表达：

$$\tau = f(\sigma) \qquad (1-43)$$

该式代表一条曲线，该曲线并不是一个明确的数学表达式，而是通过试验，在不同条件下得到不同的摩尔圆后，绘出摩尔包络线代表摩尔准则。破坏面的角度是通过垂直摩尔包络线来确定的，它与实验得的破裂面夹角应一致。摩尔包络线通常是向下凹的，如图 1-15 所示，因此当平均应力 $\frac{1}{2}(\sigma_1 + \sigma_3)$ 增加时，断裂面与 σ_1 方向的夹角增加，这与实验结果吻合。对脆性材料而言，随 σ_3 增加，$\sigma_1 - \sigma_3$ 也是增加的，因此 AB 曲线是稳定上升的。当摩尔包络线是直线并有下列形式：

$$\tau = S_o + \sigma\tan\Phi = S_o + \mu\sigma \qquad (1-44)$$

它与库仑准则是等同的（图 1-16）。但如前所述，实验所得摩尔包络线不是直线，而是稍许向下凹的，但并非抛物线。

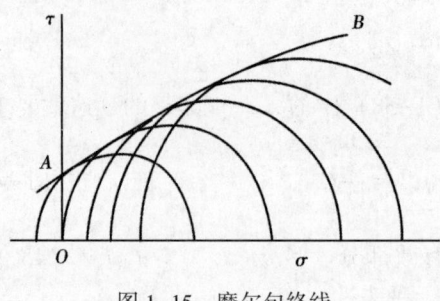
图 1-15 摩尔包络线

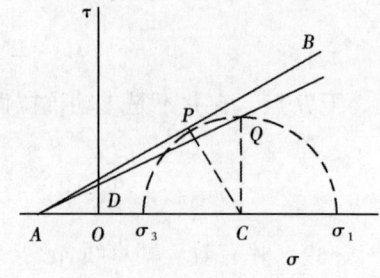
图 1-16 库仑准则

3. 平面格里菲斯准则

在二维情况下 (σ_1, σ_3)，格里菲斯准则认为材料在下述条件下发生破坏：

$$(\sigma_1 - \sigma_3)^2 = 8T_o(\sigma_1 + \sigma_3) \quad \text{当} \sigma_1 + 3\sigma_3 > 0 \quad (1-45)$$

$$\sigma_3 = -T_o \quad \text{当} \sigma_1 + 3\sigma_3 < 0$$

式中 T_o——材料的抗拉强度。

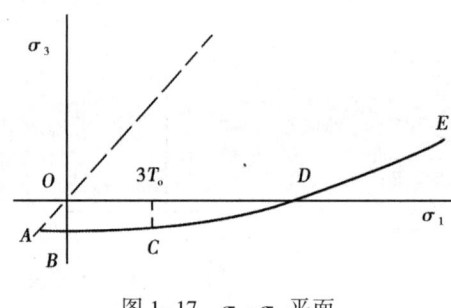
图 1-17 σ_1-σ_2 平面

当 $\sigma_3 = 0$，$\sigma_1 = C_o = 8T_o$，即单轴抗压强度是单轴抗拉强度的 8 倍。这预测虽与实验结果不都吻合，但还是可参考。该准则在 σ_1-σ_3 的平面中由直线 AC 和抛物线 CDE 组成，如图 1-17 所示。

该准则未考虑在压应力作用下许多裂纹会发生闭合。如裂纹发生闭合，则在这闭合面上有摩擦作用。对这进行修正，称修正的格里菲斯准则，它与库仑理论完全等同。

4. 格里菲斯准则的延伸

在三维条件下，该准则用下式表达：

$$(\sigma_2 - \sigma_3)^2 + (\sigma_3 - \sigma_1)^2 + (\sigma_1 - \sigma_2)^2 = 24T_o(\sigma_1 + \sigma_2 + \sigma_3) \quad (1-46)$$

这时单轴抗压强度 $C_o = 12T_o$。三轴试验时，$\sigma_2 = \sigma_3$，则准则为：

$$(\sigma_1 - \sigma_3)^2 = 12T_o(\sigma_1 + 2\sigma_3) \quad (1-47)$$

这是一条抛物线。值得指出的是，这准则是注意到中间应力 σ_2 对破坏的影响，而库仑准则和修正的格里菲斯准则认为中间应力 σ_2 对破坏是没有影响的。

5. 有效应变能准则

库仑、摩尔及格里菲斯理论认为当应力在最危险方向上的裂纹面上达到某临界值时，破坏开始。并认为一旦破坏在某应力值下开始，它将在同样甚至较低的应力值下继续。破坏从最危险方向上的裂纹面上开始，它必须平行中间应力方向，这时破坏是稳定的，即如需要裂纹继续延伸，则要增加施加的应力。当应力增加后，破坏则在其他非危险方向的裂缝面上发生。考虑一定体积的岩石含有随机和均匀分布的闭合裂纹，假设在初始的稳定破坏过程中，每个裂纹的滑动都会引起岩石的破坏，而这与裂纹周围的应变能成正比。中间主应力的作用

是改变所有不平行于它的裂纹面上的有效剪应力。当最小和中间主应力相等时，所有与最大主应力轴对称的裂纹，它们在一定角度范围内且有 ($|\tau|-\mu\sigma_n$) >0 都会引起岩石破裂。当中间主应力在最大和最小主应力之间时，这些裂纹中的某些不滑动，而另一些与中间主应力斜交的则开始滑动。

有效剪切应力能准则认为当且有 ($|\tau|-\mu\sigma_n$) >0 的所有裂纹面上有效剪切应力产生的应变能的总和达到的最大值将确定岩石的强度。如要考虑中间主应力对岩石强度影响，则有效剪切应力能准则的数学表达式太复杂。按中间主应力的定义，它是在最大主应力和最小主应力之间，它的两个极端状况就是它等于最大主应力或等于最小主应力。这时有效应变能准则的表达式为：

$$\omega_{eff} = 2\pi N \overline{C}^2 \int_{\beta_1}^{\beta_2} (|\tau|-\mu\sigma_n)^2 \sin\beta d\beta \quad 当 \sigma_1 > \sigma_2 = \sigma_3$$

$$\omega_{eff} = 2\pi N \overline{C}^2 \int_{\beta_1}^{\beta_2} (|\tau|-\mu\sigma_n)^2 \cos\beta d\beta \quad 当 \sigma_1 = \sigma_2 > \sigma_3 \tag{1-48}$$

式中　N——在 $2\beta_1$ 到 $2\beta_2$ 区间内的裂纹数；

　　　$\overline{C}$——由裂纹尺寸和形状决定的平均因子。

β_1 和 β_2 如图 1-18 所示。

有效应变能准则的特点是：

(1) 三轴试验时，$\sigma_1>\sigma_2=\sigma_3$ 或在 $\sigma_1=\sigma_2>\sigma_3$ 的压缩试验中，岩石强度都随围压而线性增加，这与库仑准则相同。但增长率相当于库仑准则中的内摩擦系数。内摩擦系数大于裂纹面的滑动摩擦系数。

(2) 在 $\sigma_1=\sigma_2$，$\sigma_3=0$ 的双向压缩试验中，岩石强度大于单轴抗压强度。

(3) 当 σ_3 为任何常数值时，当 $\sigma_2=\sigma_3$ 变化至 $\sigma_2=\sigma_1$ 时，强度在中间有一个最大值。

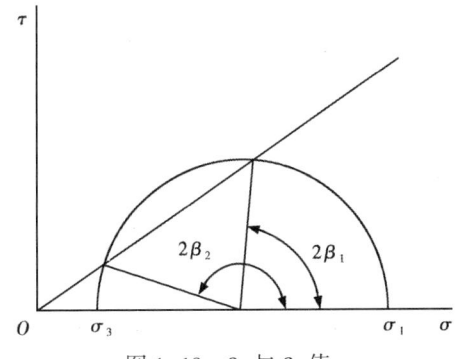

图 1-18　β_1 与 β_2 值

6. Hoek-Brown 准则

Hoek-Brown 提出的破坏准则是一种经验性的，其表达式为：

$$\sigma_1 = \sigma_2 + \sigma_c(m\frac{\sigma_3}{\sigma_c} + s)^{1/2} \tag{1-49}$$

式中　σ_c——完整岩石的单轴抗压强度；

　　　m，s——材料常数。

众所周知，做三轴试验时，当围压从小变大时，岩石材料从脆性破坏转变至延性（ductile）破坏，Mogi 认为对大部分岩石这种转换发生在围压较高，且 $\sigma_1=3.4\sigma_3$ 的情况下，如图1-19 所示。

有效应变能准则不仅能很好解释压缩应力条件下的整个破裂面，且能预测中间主应力的作用，这与观察到的试验结果相似，并与三轴试验的强度数据接近，比延伸的格里菲斯准则预测得好。

六、强度试验对比

将三轴试验结果与破坏准则对比,如图 1-20 所示。图中最大主应力和最小主应力都被单轴抗压强度相除以无量纲形式出现,并选用了几个摩擦系数值,将不同的破坏准则也绘于图中。图 1-20 中所列的数据见表 1-1。对比的结果表明库仑准则和修正的格里菲斯准则相对较好,而内摩擦系数在 0.5~1.0 中变化。

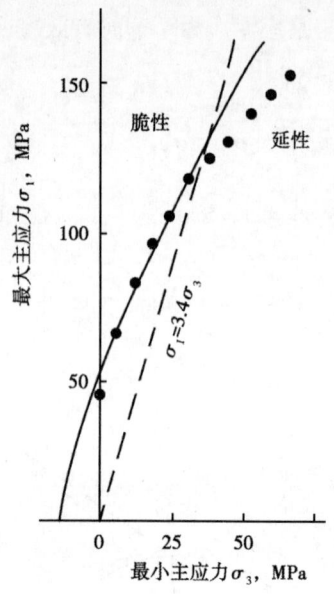

图 1-19 脆性破坏与延性破坏

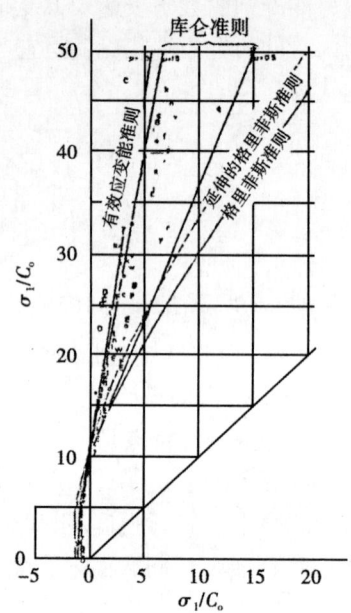

图 1-20 三轴试验结果与破坏准则对比

表 1-1 三轴试验结果(如图 1-20 所示)

岩石名称		σ_c, MPa	字母
大理岩	I	137.9	a
大理岩	C	68.9	b
大理岩	C	51.7	c
大理岩	W	68.9	d
花岗片麻岩		175.8	e
花岗岩	B	166.8	f
花岗岩	W	233.0	g
砂岩	I	12.3	h
砂岩	RS	179.3	i
砂岩	P	155.1	j
砂岩	DD	39.8	k
砂岩		42.0	l
砂岩	OC	—	m
白云岩		165.5	n
白云岩	W	82.8	o
白云岩	CF	—	p

续表

岩石名称		σ_c, MPa	字母
白云岩	B	—	q
白云岩	W	151.7	r
石灰岩	C	68.9	s
石灰岩	V	330.9	t
石灰岩		137.9	u
硬石膏		42.4	v
玄武岩		262.0	w
页岩	S	55.2	x
页岩		103.4	y
斑岩		275.8	z
石英岩	S	—	A
辉绿岩	F	489.5	B
石英岩	C	468.8	C
燧石岩脉材料		572.2	D
石英页岩（干的）		213.0	E
石英砂岩（干的）		62.5	F

平面和延伸的格里菲斯准则预测单轴抗压强度和单轴拉伸强度的比值为 8 和 12。修正的格里菲斯准则给出的强度比值为：

$$C_o/T_o = 4/[(\mu^2+1)^{1/2} - \mu] \tag{1-50}$$

式中 μ——库仑准则中的内摩擦系数

试验结果与这些准则预测结果列于表 1-2。

表 1-2 抗压强度与抗拉强度对比

岩石名称	C_o, MPa	T_o, MPa	C_o/T_o	μ	$C_o/T_o = 4/[(\mu^2+1)^{1/2} - \mu]$
石英岩	460.5	28.0	16.4	0.9	8.5
花岗岩	228.9	20.96	10.9	1.4	12.5
辉绿岩	486.1	40.0	12.1	1.7	15.0
砂岩	49.98	3.58	13.5	0.5	5.5
大理岩	89.6	6.89	10.0	0.7	7.5
粗石英	149.95	13.7	10.9	1.0	9.5
石英岩	193.05	20.68	9.3	1.0	9.5

从表 1-2 中可以看出 C_o/T_o 的实验结果是在 12 左右，修正的格里菲斯准则预测的 C_o/T_o 比值与实验结果相差较大。

直接拉伸试验所得的抗拉强度与其他间接法测得的抗拉强度列于表 1-3 中。

表 1-3　抗拉强度对比　　　　　　　　　　　　　　　单位：MPa

测试方法	岩石名称		
	大理岩	砂岩	粗面岩
直接拉伸	6.89	3.58	13.7
劈裂法（α=15°）	8.72	3.72	12.0
三点弯试验	11.79	7.86	25.2
圆筒压裂	17.2	8.27	24.1

从表 1-3 中可以看出劈裂法测得的抗拉强度与直接拉伸法测得的比较接近，这两种试验方法在试验中都给出较均匀的拉应力。其他两种试验方法由于断裂面上的应力不均匀，导致所测的强度为直接拉伸法的二倍或更多。

第五节　岩石断裂韧度测量

断裂力学是近 40 多年来发展起来的一门新兴学科，它是在传统的强度理论（如第四节）很难解释生产中的一些突发事件后发展起来的。如某些构件在应力不高的情况下发生突然脆性破坏等。经过许多研究发现，材料中存在的某些缺陷，往往造成应力集中，它大大高于试件的平均应力，从而引起裂纹的扩展，最后造成试件的破裂。因此断裂力学着眼于从裂缝尖端局部区域的应力场、位移场来研究材料的断裂韧度和试件所能承受的载荷，研究裂缝扩展规律，建立断裂判据等。脆性断裂基本上是在线弹性状态下发生的，如果考虑裂缝尖端塑性区（微裂隙区）就有弹塑性断裂力学。

根据裂缝面的受力变形方式，可将裂缝分为三种类型（图 1-21）：Ⅰ 型（张开型）、Ⅱ 型（剪切型）、Ⅲ 型（撕开型）。Ⅰ、Ⅱ 型裂纹问题属于平面问题。平面应力和平面应变是平面问题中的两种基本状态。

在裂纹尖端附近的应力表达式为：

$$\sigma_{ij} = \sigma \sqrt{\frac{a}{2r}} f(\theta) \tag{1-51}$$

式中　a——裂纹半长，如图 1-22 所示。

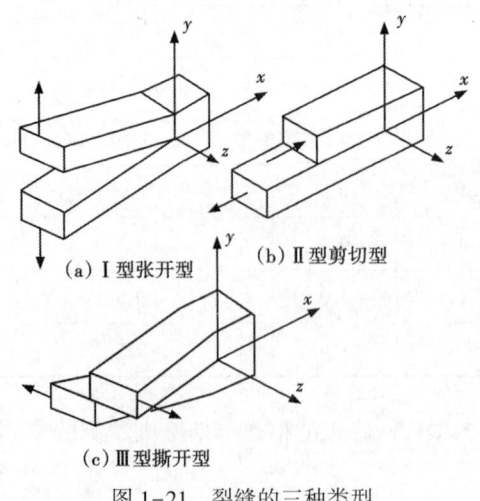

图 1-21　裂缝的三种类型

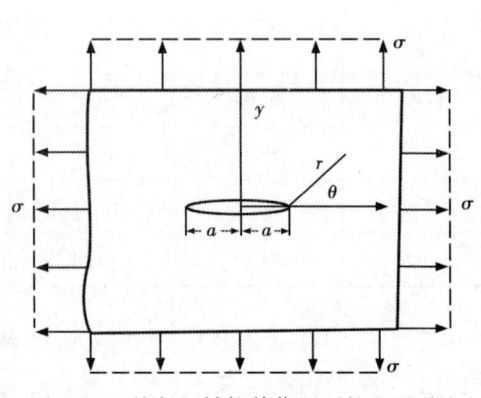

图 1-22　均匀双轴拉伸作用下的 Ⅰ 型裂缝

r——某点距裂纹尖端的距离;

$f(\theta)$ ——与 θ 有关的函数。

当 r 比 a 小很多时,裂纹尖端的应力可写成:

$$\sigma_{ij} = \frac{K}{\sqrt{2r\pi}} \cdot f(\theta)$$

式中 $K=\sigma\sqrt{\pi a}$ ——应力强度因子。

在断裂力学中,用应力强度因子来表示裂纹尖端的应力状态,使应力表达式与裂纹受力类型无关,仅在表达式中的 K 加一个下标,如 K_I, K_{II}, K_{III}。当应力强度因子达到临界值,裂纹发生失稳扩展时,该应力强度因子称作材料的断裂韧度,如 I 型断裂用 K_{IC} 表示。

岩石断裂韧度是用来衡量岩石阻止裂纹扩展的能力。本章介绍的断裂韧度测量局限在 I 型断裂时的断裂韧度。

岩石断裂试验中采用的试样形状很多,如图 1-23 所示。

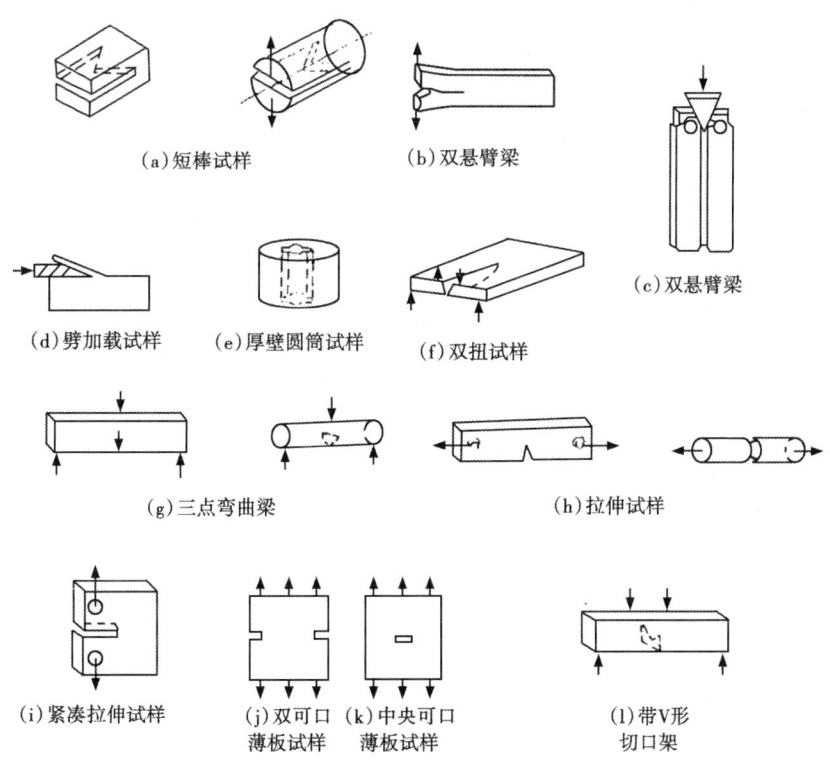

图 1-23 岩石断裂试验用的试样种类

在这些试样中,矩形截面的三点弯曲梁和紧凑拉伸试样在金属断裂测试标准中被定为标准试样。三点弯曲梁加工简单,在岩石断裂试验中应用较广。由于地质勘探中钻取大量岩心,因此采用圆形截面的三点弯曲梁愈来愈多。

近年来,带 V 形切口的短棒拉伸试样引起了广泛兴趣,并被引用到岩石断裂试验中来。兼顾到 V 形切口的优点和弯曲梁的优点,出现了带 V 形切口的圆形断面或矩形断面的三点弯曲梁试样。

双扭试样多被用来测定裂纹扩展速度。

一、普通三点弯曲试件

三点弯曲梁试件的形状如图 1-24 所示。

试验中，一些研究者严格按照金属试验规范 ASTM E399 进行，这时试件尺寸较大（达 400mm），带切口的试件进行疲劳预裂后再进行断裂试验。另一些研究者进行试验时，切口不进行预裂，采用初始切口深度和最大荷载计算出近似断裂韧度。后一种方法较为简单，但结果偏低，其原因将在试样预裂一节中再加介绍。

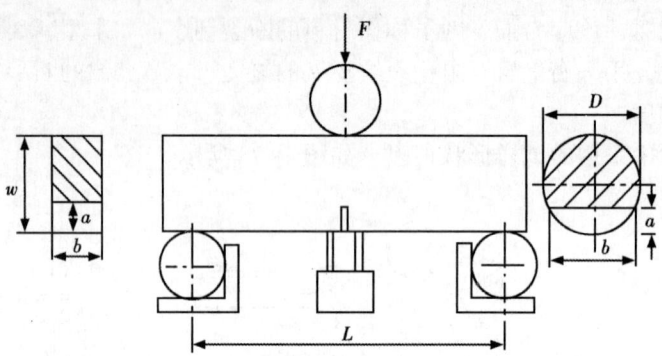

图 1-24 矩形截面和圆形截面的弯曲梁

1. 断裂韧度计算公式

当弯曲梁为矩形断面时，$l/w=4$，应力强度因子的计算式为：

$$K_I = \frac{4F}{bw}\alpha^{\frac{1}{2}} \times f(\alpha) \tag{1-52}$$

$$\alpha = \frac{a}{w}$$

式中 a——裂纹长；

F——载荷；

b，w——试件尺寸，如图 1-24 所示。

$$f(\alpha) = 2.9 - 4.6\alpha + 21.8\alpha^2 - 37.6\alpha^3 + 38.7\alpha^4 \tag{1-53}$$

当 $0 \leqslant \alpha \leqslant 0.6$ 时，式（1-53）有效（ASTM-1972）。

$$f(\alpha) = \frac{3}{2} \times \frac{1.99 - \alpha(1-\alpha)(2.15 - 3.93\alpha + 2.7\alpha^2)}{(1+2\alpha)(1-\alpha)^{\frac{3}{2}}} \tag{1-54}$$

当 $0 \leqslant \alpha \leqslant 1$ 时，式（1-54）有效（ASTM 1998）。

如规范中的试验条件都能满足时，所求的应力强度因子就等于断裂韧度 K_{IC}，可用下式表达：

$$K_{IC} = K_I \tag{1-55}$$

当弯曲梁为圆形截面时，$L/D = 3.33$，应力强度因子计算公式为：

$$K_1 = 0.25 \frac{L}{D} \times YF/D^{1.5} \tag{1-56}$$
$$= 0.8825YF/D^{1.5}$$

其中
$$Y = 12.7527\alpha^{0.5}(1 + 19.646\alpha^{4.5})^{0.5}/(1-\alpha)^{0.25} \tag{1-57}$$

当 $0 \leq \alpha \leq 0.6$ 时,式（1-56）有效。

2. 对试样尺寸的要求

在金属断裂测试规范中为了获得可靠的断裂韧度,提出了对试件尺寸的要求,其表达式为：

$$a, b, (w-a) \geq 2.5\left(\frac{K_{IC}}{f_y}\right)^2 \tag{1-58}$$

式中 $(w-a)$ ——韧带长,如图 1-24 所示。

f_y——屈服强度；

b——试件厚度。

在岩石断裂试验中,常用抗拉强度 f_t 来代替 f_y,这时用上式算出的岩石试件尺寸一般都相当大,如花网岩试件尺寸过 260mm ($f_t = 10$MPa, $K_{IC} = 2.3$MN·m$^{-3/2}$)。

Munz 指出,对试件的厚度与高度应有不同的要求,上述公式对试件厚度 b 与韧带长 $(w-a)$ 都用 2.5 的系数是不妥的。

1) 试件最小厚度

Schmidt 在对花网岩进行试验的基础上指出,当试件厚在 13~103mm 之间变化时,K_{IC} 基本上不变。

Munz 从 J 积分的研究引出的最小厚度公式为：

$$b \leq \beta_1 \left(\frac{K_{IC}}{f_y}\right)^2 \tag{1-59}$$

$$\beta_1 = \frac{A(1-v^2)}{E} \times f_y$$

式中 v——泊松比；

E——弹性模量。

$A = 25$ 或 50,f_y 用岩石抗拉绳度 f_t 代替。

用上式计算花岗岩、石灰岩和大理岩的试件最小厚度都在 1mm 以下。因此可以认为,岩石试样厚度对 K_{IC} 没有什么影响,一般采用的岩石试件厚度都可满足 K_{IC} 测试要求。

2) 最小韧带值

适用于线弹性断裂力学的试件最小韧带值可用比较 J 积分和断裂韧度的方法获得。Schmidt 对花岗岩进行紧凑拉伸试验时进行的这种对比如图 1-25 所示,该图表示 K 随裂纹长度变化的情况。由于试验时保持预裂后裂纹长度比 $a/w = 0.5$,因此 K 与 $(w-a)$ 的关系与图（1-25）相似。为了进行对比,将 J 积分按下列公式换算成相应的断裂韧度：

$$K_{JC} = \left(\frac{J_{IC} \times E}{1-v^2}\right)^{0.5} \tag{1-60}$$

研究最小韧带的另一种方法是分析 K 随韧带变化而变化的情况。当 K 值开始趋向稳定时的韧带可以认为是最小韧带值。Schmidt 对石灰岩的试验如图 1-26 所示。

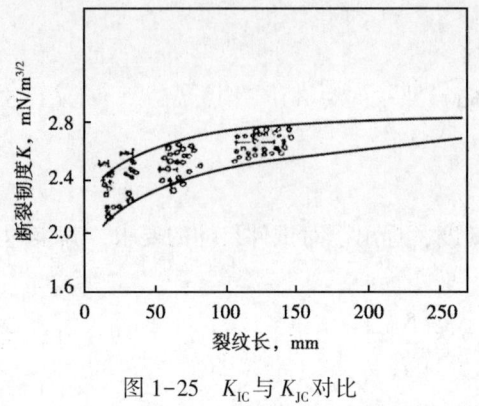

图 1-25 K_{IC} 与 K_{JC} 对比

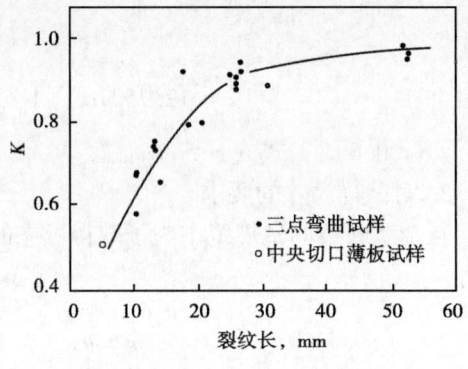

图 1-26 K 随裂纹长度的变化

孙宗颀在对比了紧凑拉伸试验和三点弯曲试验后指出，二者所测得的 K_{IC} 值基本一致。前者的韧带值在 50mm 以上，后者的韧带值为 25~30mm，这与图 1-26 的结果相似。因此可以认为这是岩石断裂试验中所需的最小韧带值，从而有

$$(w - a) \geq 0.6 \left(\frac{K_{IC}}{f_t}\right)^2 \quad (1-61)$$

2）最小裂纹长度

断裂试验时，常在试件上做人工切口，模拟裂纹。裂纹长对断裂韧度的影响如图 1-27 所示。结果表明，当切口比在某一范围内（图中 A~B），断裂韧度是一常数。最小裂纹长度对应于曲线左拐点处的切口比，它约为 0.15~0.2，相当于裂纹深为 10mm 左右。式（1-58）可以写为：

$$a \geq 0.2 \left(\frac{K_{IC}}{f_t}\right)^2 \quad (1-62)$$

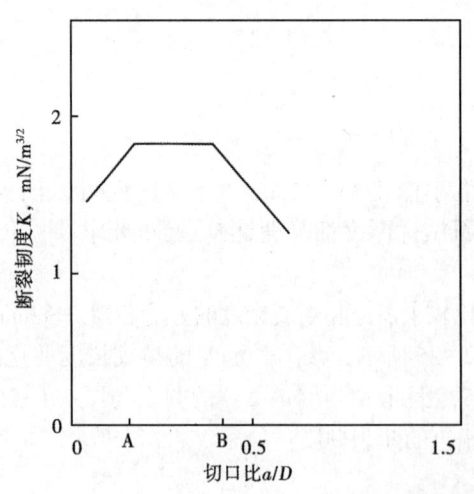

图 1-27 断裂韧度随切口比变化的示意图

当裂纹比值大于某值时（图 1-27），K 值降低，这是由于较小的韧带造成的。因为自由边界接近裂纹端部，会影响到它的应力场。因此曲线的右拐点给出了韧带的最小值。

图 1-27 中，对应于 $a/D = 0.5$，曲线并不对称（对 $\phi 40~50$mm 试件而言），这意味着对岩石试件的裂纹深度和韧带长有不同的要求。它反映在式（1-61）和式（1-62）中。因此试件尺寸中最重要的是试件的韧带。以上试件尺寸的讨论主要针对结构相对均质的岩石，如花岗岩、石灰岩和大理岩等。对其他一些孔隙度较大的岩石，如凝灰岩等，上述讨论不一定都合适。

3) 试样的预裂

岩石断裂试验中对试样是否要进行预裂有不同的看法。

不预裂时，试验步骤简单，但所测得的断裂韧度值一般偏低，其原因是不预裂试件在计算断裂韧度时，采用初始裂纹长度 a_0，从而忽略了在裂纹延伸前产生的微裂隙区。此外，不预裂试件中裂纹多由人工切口端部的晶界薄弱面向前扩展。

岩石在拉伸试验中的应力—应变曲线常呈非线性。之所以能将线弹性断裂力学用于非线性的岩石材料，是因为岩石断裂试验在预裂试件上进行时，裂纹端部已经有了一个发展完全的微裂隙区。此时应力—应变曲线显示了较好的线性关系。图1-28展示了试件未预裂和预裂后的应力—应变关系。

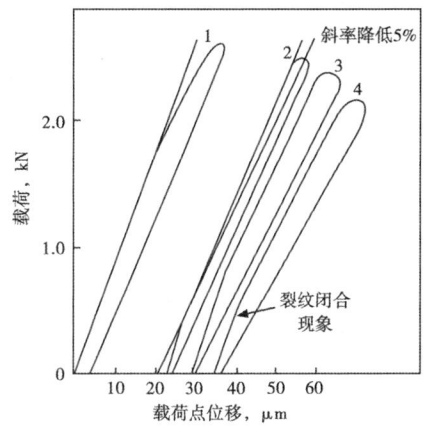

图1-28 载荷—载荷点位移曲线

1—未预裂试件的加、卸载循环；2，3，4—预裂试件的加、卸载循环

试件预裂有两种方法。

一是采用疲劳预裂，常在伺服试验机上进行。加载时用切口张开位移控制，加载幅值一般达试件破坏载荷的85%或90%。循环加载的频率较低，通常为1~2Hz。由于用切口张开位移进行控制，当裂纹疲劳延伸时，载荷自动下降，而柔度则增加。国内曾采用阜新矿业学院研制的PL-1型装置进行预裂，这种装置频率为50Hz，振幅为0.1mm，由于采用定位移振幅加载，所以随着裂纹的扩展，载荷相应减少，这便于控制裂纹的扩展。也曾在2t高频疲劳试验机上用频率为150Hz引发裂纹。

另一种预裂方法是对试样进行单循环加载。加载方式和装置与普通三点弯曲试验完全一样，不同的是当载荷达到最大值后开始下降时，立即进行卸载，试件预裂就算完成。

3. 测试方法

在伺服试验机上进行弯曲试验的测试装置如图1-29。在试件上跨切口两边装有切口张开位移计（COD），在试件两侧各装有一个位移计（LVDT），用来测定载荷点位移。COD位

图1-29 测试装置

移计在试验中给伺服控制提供反馈信号,试验在应变控制下进行。

当使用普通材料试验机进行弯曲试验时,一旦裂纹开始扩展,便需迅速停止加载,使裂纹在压力机的弹性能作用下,缓慢地扩展直至断裂。试验时一般用 X-Y 记录仪给出力 F—切口张开位移(COD)关系曲线,或力 F—载荷点位移 δ_F 关系曲线。预裂后的试件在试验中可以进行几个加载—卸载循环,如图 1-28 所示,这样可以计算几个 K_Q 值。

4. 试验结果计算

从计算式(1-52)、式(1-56)看,需要首先确定裂纹长度和临界荷载。

1)裂纹长度的确定

用不预裂试件进行断裂试验时,裂纹计算长度即为初始切口深度,可以在断裂试验后在试件上直接量出。

预裂试件的裂纹长度主要采用柔度法来确定。曾经用染色法量测疲劳预裂试件的裂纹长度,但都存在一些问题。或者由于预裂裂纹的闭合,而使染色液很难浸入预裂裂纹中(预裂后加染色液);或由于试件周期性加载—卸载,染色液浸入未预裂的裂纹端部岩石,从而影响测量精度。

柔度法测量裂纹长度基于下述原理:不同裂纹长度的试件给出的力—位移曲线的柔度是不一样的。裂纹愈长,柔度愈大。因此,如果知道柔度值时,便可推算出裂纹长度。柔度是指力—位移曲线中直线部分斜率的倒数。

计算矩形截面弯曲梁柔度的无量纲公式为:

$$b \cdot E \cdot C = 26.19 + 37.3 \tan^2 \left(\frac{\pi \alpha}{2w} \right)$$
$$b \cdot E \cdot \lambda = 7.8 + 35.4 \tan^2 \left(\frac{\pi \alpha}{2w} \right)$$
(1-63)

式中　C——载荷点位移曲线的柔度;
　　　λ——切口张开位移曲线的柔度。

计算圆棒弯曲梁柔度的无量纲公式为:

$$D \cdot E \cdot C = 15.6719 \left\{ 1 + 0.1372(1+v) + 11.5073(1-v)^2 \left(\frac{a}{D} \right)^{2.5} \left[1 + 7.0165 \left(\frac{a}{D} \right)^{4.5} \right] \right\}$$
(1-64)

$$D \cdot E \cdot \lambda = D \cdot E \cdot C \times \left[0.2475 + 0.7351 \left(\frac{a}{D} \right) + 1.4257 \left(\frac{a}{D} \right)^2 - 1.1834 \left(\frac{a}{D} \right)^3 \right]$$

式中　v——泊松比;
　　　E——弹性模量。

此式适用于 $0 \leq \frac{a}{D} \leq 0.6$,$L/D = 3.33$。

利用上两式求裂纹长度时,先要确定 E。这可以用上式进行反算。根据初始裂纹长,由第一次加载曲线求出初始柔度 C_0 或 λ_0,即可确定 E 值。

2)临界荷载

按金属断裂测试规范 E399 和 YB 947-78,临界载荷用降低 5% 的割线来确定,如图 1-

28 所示，也有用声发射急增点所对应的载荷作为临界载荷。但这两种方法离散性较大，因此目前计算时一般采用最大载荷值作为临界载荷。

5. J 积分

J 积分允许将线弹性断裂力学应用到非线性的弹性材料上去。由于它与积分路径无关，J 积分像线弹性条件下的应力强度因子 K 一样，反映裂纹端部的状态。

如果相对于裂纹长和试件宽来说，非线性区非常小时，则 J 积分等于能量释放率 G，即：

$$J = G = -\frac{\partial U}{\partial A_C}\delta_F \tag{1-65}$$

式中　A_C——裂纹表面投影面积；
　　　U——贮存的弹性势能。

J 积分的临界值用 J_{IC} 表示，它与断裂韧度 K_{IC} 有下列关系：

$$J_{IC} = (1-v^2)K_{IC}^2/E \tag{1-66}$$

在位移控制条件下，$U=W$，此处 W 为外力所做的功。J_{IC} 测量要求用几个带不同切口深度的试样进行试验，并作 W–a 曲线，以求 $\dfrac{dW}{da}$。后来有人提出用一个预裂试样进行数个加载—卸载循环来求 J_{IC}。

对上述办法作进一步改进，提出了在一个预裂试样上用一次加载求 J_{IC}。

$$J_{IC} = \eta \times \frac{W}{A_{eq}} \tag{1-67}$$

其中

$$A_{eq} = b(D-a)$$

$$\eta = \left(1 - \frac{a}{D}\right) \times \frac{d\ln g}{d\left(\dfrac{a}{D}\right)}, \quad \text{当 } 0 < \frac{a}{D} < 0.5$$

或

$$\eta = 2.5 \quad \text{当 } 0.5 < \frac{a}{D} < 1$$

其中 $g = D \cdot E \cdot C$ 是无量纲柔度。

6. 其他参数计算

只要位移计在测量前经过标定，断裂试验所得到的载荷—位移曲线还可用来计算下列参数。

（1）断裂总功 W_f，即使试件分成两半所需要做的功：

$$W_f = \int_0^\infty F d\delta_F \tag{1-68}$$

式中积分即等于载荷 F—载荷点位移 δ_F 曲线下面的面积。

（2）断裂比功 $\overline{R}$：

$$\overline{R} = W_f/A \tag{1-69}$$

它的单位是 J/m²。

（3）能量释放率 G：

$$G_{IC} = K_{IC}^2(1-v^2)/E \tag{1-70}$$

它的单位是 J/m²。

二、V 形切口试件

近年来发展了对岩石、陶瓷等脆性材料采用 V 形切口试样做断裂试验。

这种试样的人工切口不是直切口，而是由两道相交一定角度的直切口组成，在切口平面形成 V 形切口，未切割的实体部分具有尖角状。进行断裂试验时，裂纹面自尖角开始扩展。

裂纹面前沿宽度逐渐增加，引起使裂纹延伸所需的外力增大，这时裂纹是稳定增长。当它增长到某一临界值 a_c 时，裂纹增长变为不稳定，并突然扩展到剩余部分。临界裂纹长度 a_c 时的应力强度因子等于临界值，即断裂韧度，用 K_{SR} 表示。与一般常用直切口试件相比，V 形切口试件有以下优点：首先试件无须进行预裂，因为试件在加载过程中（$a_0<a<a_c$），会产生尖锐的裂纹。其次，相应于最大载荷时的临界裂隙长度 a_c 与试验选用的材料无关，它只决定于试件的几何尺寸。因此当试件尺寸选定后，试验中无需测定临界裂隙长，也不必测量位移值。最后，在线弹性范围内，试验简便，只要测定最大载荷的大小。

1. 试样说明

带 V 形切口的短棒试样（a）和弯曲梁试样（b）如图 1-30 所示。试样尺寸比例如下。

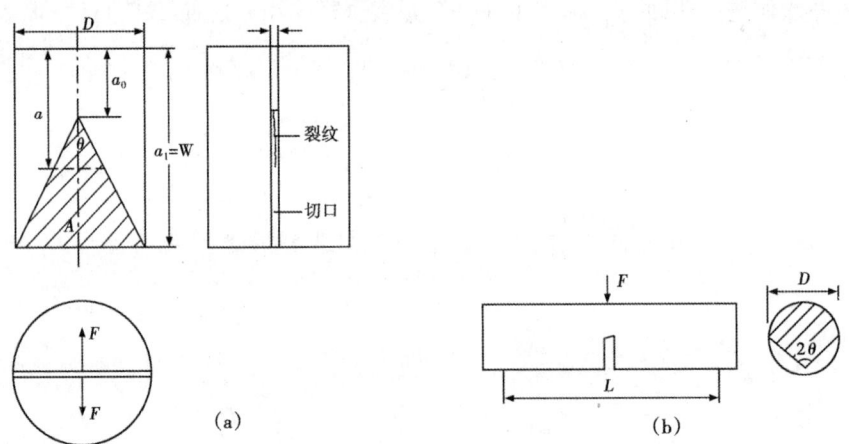

图 1-30 短棒试样和弯曲梁试棒

短棒试样，试样直径 D，试样长 $W=1.45D$，V 形角 $\theta=54.6°$，裂纹端部位置 $a_0=0.48D$，$a_1-a_0=0.97D$，切口宽 $t\leq0.03D$ 或 1mm。

弯曲梁试样：试样直径 D，试样长度不小于 $4D$，支点跨距 $L=3.33D$，V 形角 $\theta=90°$，裂纹端部位置 $a_0=0.15D$，切口宽 $t\leq0.03D$ 或 1mm。

2. 试件制备

短棒试样是先将岩心切成长 $1.45D$ 的短棒，然后借助专门的夹具，使短棒倾斜，分两次进刀，在短棒两侧各切一条 27.3° 的斜直切口，形成 V 形切口，如图 1-31 所示。

切口完成后，在开口端面两半各粘贴一块 6mm 厚的铝板，用以安装施力的夹具，此铝板要求相互平行，并与开口中心线对称。

3. 测试

短棒拉伸试验装置如图 1-32 所示，为了消除少许的偏心力，在试验装置中设置了一段链条或球面装置。

当试验不进行非线性校正时，试验只需记录最大荷载值。

当试件较小时，应进行非线性校正，要记录载荷—位移曲线，并做三次加、卸载循环。试验使用伺服或刚性试验机，实行应变控制。对 $D>50\text{mm}$ 的试件，第一次卸载在载荷达到峰值前开始。载荷—位移曲线如图 1-33 所示。

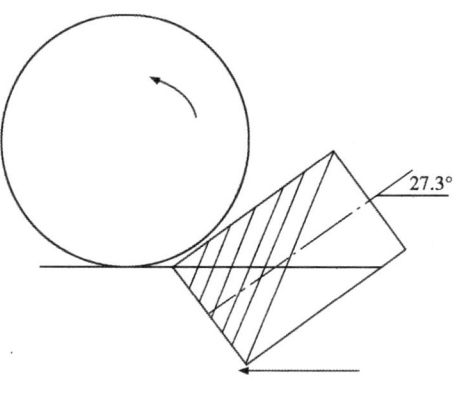

图 1-31　V 形切口加工原理

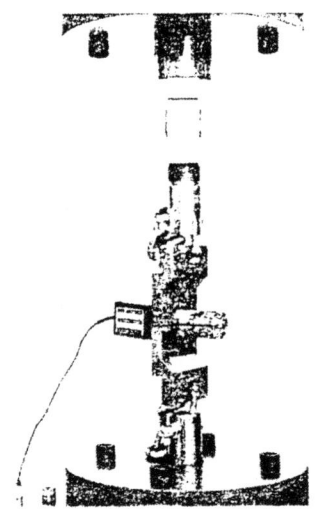

图 1-32　短棒拉伸试验装置

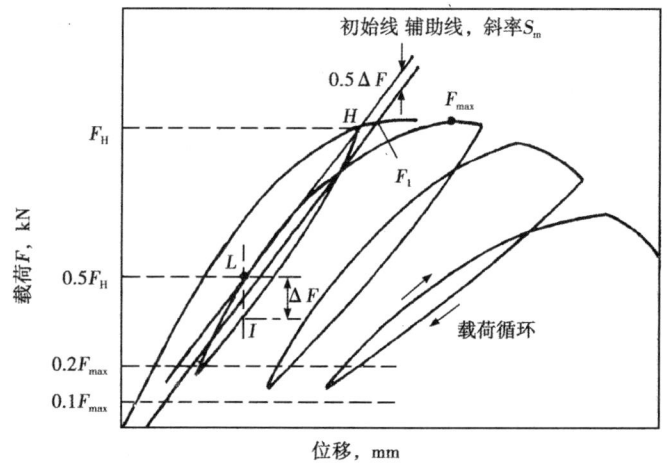

图 1-33　载荷—位移曲线

4. 断裂韧度计算公式

短棒试样的应力强度因子的计算公式为：

$$K_{SR} = \frac{F_{max}}{D \cdot w^{0.5}} \times Y_m^* \tag{1-71}$$

式中，Y_m^* 是无量纲应力集中系统的最小值。

当试样长度与直径的比值不同时，计算公式是不同的。Shannon 等给出了一个较通用的公式：

$$\begin{aligned}
Y_m^* = &\, 19.98 - 9.54\left(\frac{w}{D}\right) + 6.8\left(\frac{w}{D}\right)^2 \\
&+ \left[-118.7 + 125.1\left(\frac{w}{D}\right) - 22.08\left(\frac{w}{D}\right)^2\right]\alpha_0 \\
&+ \left[379.4 - 363.6\left(\frac{w}{D}\right) + 84.4\left(\frac{w}{D}\right)^2\right]\alpha_0^2
\end{aligned} \tag{1-72}$$

其中
$$\alpha_0 = a_0/w_o$$

此式适用于当 $\alpha_1 = \dfrac{a_1}{w} = 1$、$0 \leqslant \alpha_0 \leqslant 0.4$、$1.5 \leqslant w/D \leqslant 2.0$。

当 $w/D = 1.45$，试件的断裂韧度也可按下式计算：

$$K_{SR} = 24.0 \times F_{max}/D^{1.5} \tag{1-73}$$

如试件尺寸与前面给的尺寸比例有出入时，则要计算校正系数 C_K。

$$C_K = [1 - 0.6\Delta(w/D) + 1.4\Delta(a_0/D) - 0.01\Delta\theta] \tag{1-74}$$

$$K_{SR} = C_K \times 24.0 \times F_{max}/D^{1.5} \tag{1-75}$$

式中，$\Delta(w/D)$，$\Delta(a_0/D)$ 和 $\Delta\theta$ 是指试样实际尺寸与规定尺寸之差值。例如 $\Delta(w/D) = w/D - 1.45$。

对带 V 形切口的弯曲梁，其断裂韧度的计算公式如下：

$$K_{CB} = 0.8325 \times Y_{cm}^* \times F_{max}/D^{1.5} \tag{1-76}$$

其中

$$Y_{cm}^* = 7.2984 + 54.026 a_0 - 122.34 a_0^2 + 374.67 a_0^3 \tag{1-77}$$

适用于 $0.05 \leqslant a_0 \leqslant 0.25$；$a_0 = a_0/D$。

5. 非线性校正

当试件尺寸较小时，不能忽视裂纹端部微裂隙区的影响，需要进行非线性校正。经校正后的短棒试件的断裂韧度为：

$$K_{SR}^C = \left(\dfrac{1+P}{1-P}\right)^{0.5} \dfrac{F_m}{F_{max}} K_{SR} \tag{1-78}$$

式中各项校正系统按上述方法确定。其根据是裂纹的长度可以通过试件的柔度来测量，并假设在临界裂隙 a_c 时，卸载曲线的柔度为起始加载曲线的二倍，即 $\lambda_F(a_c) = 2\lambda_F(a_0)$。

1) 确定载荷—位移曲线上各点的柔度

国际岩石力学协会（ISRM）的建议如图 1-33 所示。试验时卸载到 $(0.1-0.2) F_{max}$ 区间内，然后加载。在第二次加载曲线上取 $F = 0.5 F_H$ 的 L 点，连接 LH，过 L 点作垂直线，与卸载曲线交于 I。过 LI 的中点作 LH 的平行线，作为辅助线。在另一加载循环中，用同样方法可以得到另一条辅助线。计算这些辅助线的柔度 λ（或斜率 s），并与试件最开始的加载曲线的斜率 s_o 相比较，选取两条斜率分别大于 $s_o/2$ 和小于 $s_o/2$ 的进行计算。

2) 计算 F_m

式（1-78）中的 F_m 是对应临界裂隙长 a_c 的载荷。可按图 1-34 方法确定。图中 F_1 和 F_2 为按前述方法确定的两条辅助线。在 F_2 线上确定 F_2' 点（图 1-34）。连接 F_1-F_2' 然后在它们的连线上确定另一点 F_e。它们的确定是基于假设通过 F_e 的辅助线的横坐标上的位移恢复量与辅助线 F_2 或 F_1 的位移恢复量相等（均为 L），使：

$$F_e = s_m \times L = F_1(s_m/s_1) \tag{1-79}$$

式中，$s_m = \dfrac{s_o}{2}$。连接横坐标点（δ_{Fe}）与 F_e 的直线 F-δ_F 曲线与相交，交点的 F 值即为所以求的 F_m。

3) 计算校正系数 p

图 1-35 给出了确定校正系数 p 的方法。两条辅助线与横坐标相交，其间距为 Δx_o。另取它们的载荷平均值 $F = \dfrac{1}{2}(F_i + F_{i-1})$ 作水平线，与两条辅助线相交，其两交点的间距为 Δx，则：

$$p = \frac{\Delta x_o}{\Delta x} \tag{1-80}$$

当 Δx_o 为零时，$p=0$，意味着裂纹扩展是纯弹性的。当 $p=1$ 时，意味着裂纹没有扩展，Δx 完全是塑性变形引起的。

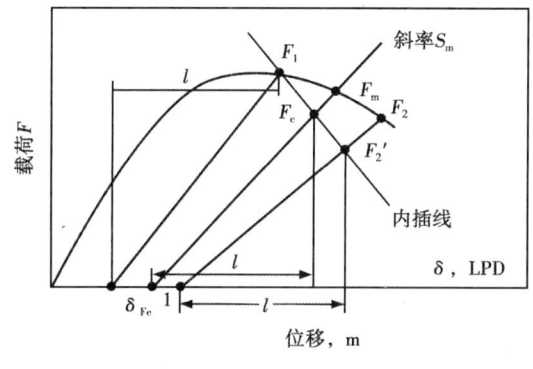

图 1-34 确定 F_m 的示意图

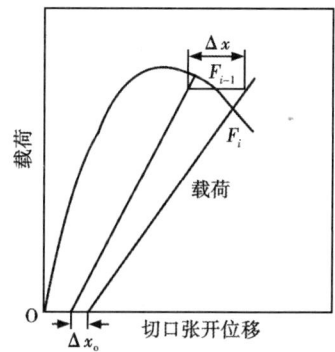

图 1-35 非线性校正原理图

6. 试件尺寸讨论

Barker 在研究短棒试样的尺寸效应时指出，随着试件尺寸的增大，断裂韧度 K_{SR} 将趋近 K_{SR}^C，并提出了金属短棒试样的最小尺寸：

$$D \geqslant 1.25(K_{SR}^C/\sigma_{ys})^2 \tag{1-81}$$

他还指出，当试样尺寸小于式(1-81) 时，经弹塑性处理后所以得 K_{SR}^C 的明显偏大，因此是无效的。试验所测得的位移，很大成分是试件弯曲张开，而不是裂纹延伸的结果。

国际岩石力学协会（ISMR）建议的短棒试验方法则认为：由于可以进行试验结果的弹塑性处理，因此无需规定试件的最小尺寸。

试验表明，岩石试件尺寸达 100mm，p 值也不会小于 0.05，如图 1-36 所示。但花岗岩等岩石在试样尺寸达 50mm 后，p 值趋于稳定。金属也有类似现象。

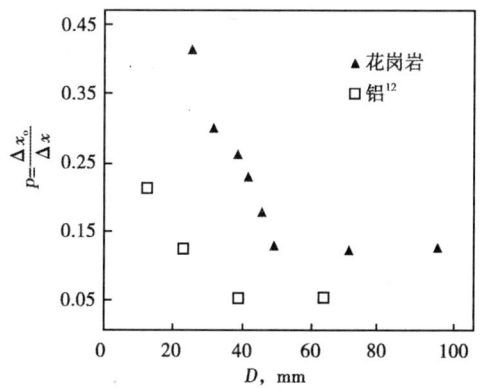

图 1-36 p 值随试件尺寸的变化

为了确定 K_{SR}^C 的有效性，最好测定至少两种不同尺寸的试样，两种尺寸试样的直径比应大于2。

7. 裂纹扩展过程

为了研究裂纹扩展过程，采用了几个同种岩石的试样，分别施加不同的载荷卸载，并作切片检查。图1-37绘出了裂纹位置的观察结果。其虚线表示裂纹的平均位置，实线表示裂纹实测结果。很明显，在加载过程中，裂纹延伸的前沿并不是一条直线，也不是一条光滑曲线，而是一条前后交错的折线，在平均线前后波动3mm左右。

V形切口对裂纹的发展虽能起一定的导向作用，但裂纹常偏离切口平面2~3mm，见图1-37（c）。

镜检表明，大部分裂纹穿过晶粒，少量的裂纹沿晶界面扩展。除主裂纹外，还有分支裂纹和环状裂纹，分支裂纹既有在晶粒内的，也有在晶界面的。

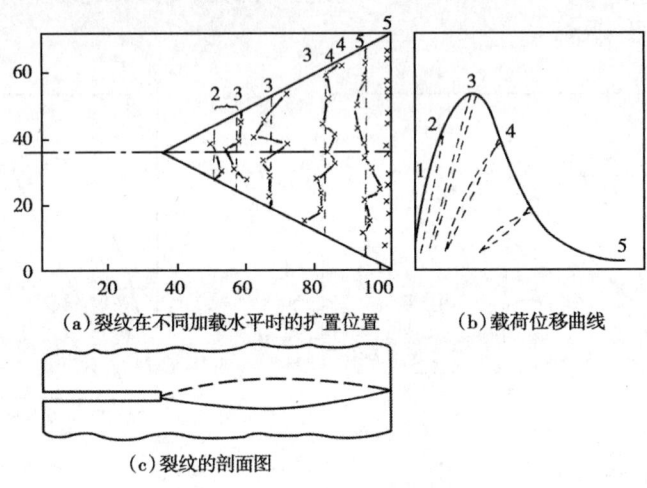

图1-37　裂纹位置的观察结果

8. 其他参数的计算

利用短棒试验初始加载线的斜率 s_o，计算岩石的弹性模量 E：

$$E = s_o g_o / D \tag{1-82}$$

$$\begin{aligned}
g_o = \lambda_o \cdot E \cdot D = & -[21.88 + 74.25(w/D) - 49.73(w/D)^2] \\
& -[308.13 - 1558.92(w/D) + 706.08(w/D)^2] \times \beta_o \\
& +[3599.6 - 7544.9(w/D) + 3335.4(w/D)^2] \times \beta_o^2 \\
& -[6011.4 - 10625.7(w/D) + 3763.4(w/D)^2] \times \beta_o^3
\end{aligned} \tag{1-83}$$

式中　$\lambda_o = \dfrac{1}{s_o}$ 为试样初始加载的柔度，mm/kN；

$\beta_o = a_o / W$。

计算能量释放率：

$$G_{SR}^C = (1 - v^2) \cdot (K_{SR}^C)^2 / E \tag{1-84}$$

计算将试样裂成两半所做的功 W_{SR}：

$$W_{SR} = \int_0^\infty F \mathrm{d}\delta_{(CMOD)} \tag{1-85}$$

计算断裂比功 $\overline{R}_{SR}$：

$$\overline{R}_{SR} = W_{SR}/A \tag{1-86}$$

式中 A——试样 V 形实体的面积。

9. 厚壁圆筒试件

该法是在一个空心圆柱形岩样内施加内压直至发生径向破裂，从而测定岩石的断裂韧性。

测断裂韧度用的厚壁圆筒的外径 R 与内径 r 比值一般较大，在 10 左右。因为无论是单裂纹或双裂纹试件，当 R/r 比值在 10 左右时，无量纲应力集中系数有一最小值，这样只需记录试样发生破坏时的最高压力值，不必知道裂纹的具体尺寸，就可计算岩石的断裂韧性。

试样：在外径为 100mm 的岩棒上，钻一直径为 10mm 的内孔。要保证内孔与外圆同心，厚壁圆筒长为 40~60mm，在内孔壁上沿径向用钢丝锯开一单向裂纹 3~4mm，也可开双向裂纹，这时要保证双向裂纹与试样中心线在同一平面内。裂纹深度 L 与壁厚 $(b-a)$ 之比，对单向裂纹小于 0.4；对双向裂纹小于 0.2。

试验：对厚壁圆柱形岩样施加内压进行断裂韧度测定的装置如图 1-38 所示。在岩样内孔中放一橡胶软管作为衬套，以防止高压液体进入裂缝。试样的上下端分别用压盖和枣核形密塞密封，并在轴线方向施加一小压，约 0.5MPa。高压油从下端压盖中的通孔进入衬套，并向试样内孔孔壁加压。内孔的液压逐步增加，直到试样破裂，试验时记录液压油的压力及注入液压油的体积。

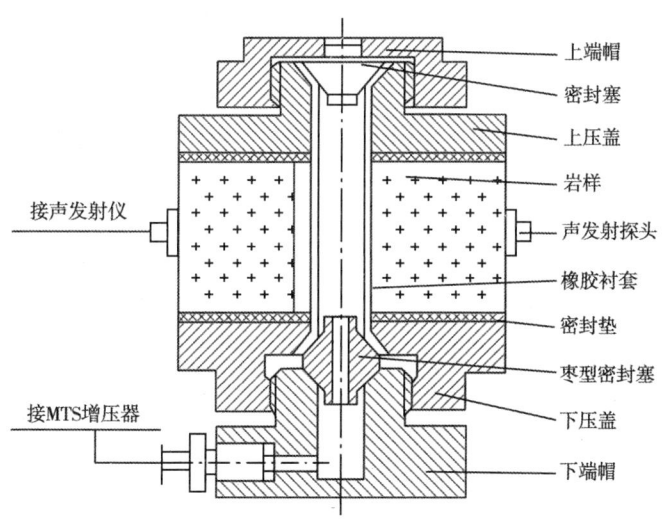

图 1-38 岩石断裂韧性测试装置

由图 1-39 可见，当外径与内径之比 w 大于一定值后，K^* 不随 $L/(b-a)$ 比值的增加而增加，相反随该比值增加而减小，并当该比值达到某一值时有一最小值，在达到这最小值前裂纹处于稳定扩展，达到这最小值时，发生失稳破坏，因此该试验一般取 w 值较大的试样，这时只需记录试验中的最高压力值就可计算岩石的断裂韧度为：

厚壁圆筒的应力强度因子的计算公式为：

$$K_I = K^*(p\sqrt{\pi a}) \qquad (1-87)$$

式中　p——试样内孔中液压油的压力，MPa；
　　　a——试样内孔的半径；
　　　K^*——无因次应力集中系数，它是 $L/(b-a)$ 和 $W=b/a$ 的函数，如图1-39所示。

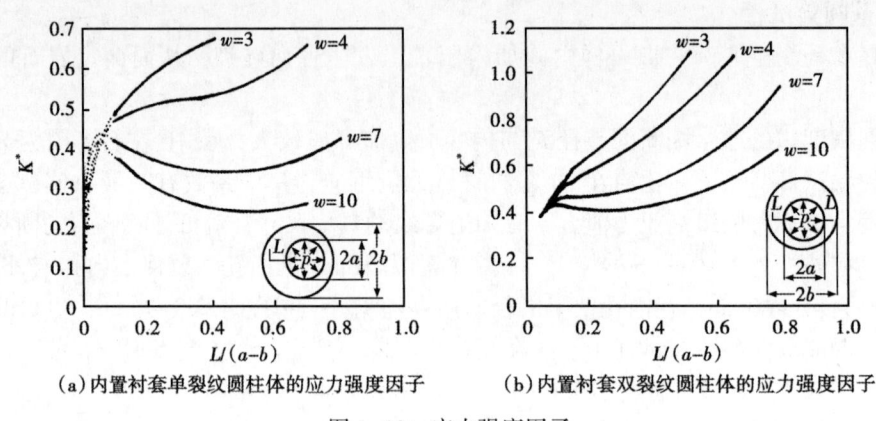

(a) 内置衬套单裂纹圆柱体的应力强度因子　　(b) 内置衬套双裂纹圆柱体的应力强度因子

图1-39　应力强度因子

三、双扭试件

双扭试件通常用来研究材料裂纹扩展速度与应力强度因子的关系。它在计算断裂韧度时不需要知道裂纹长度，并且在试验时施加压载荷比较容易实现。但在试验前试件要进行预裂。

1. 试样说明

双扭试样形状如图1-40所示。

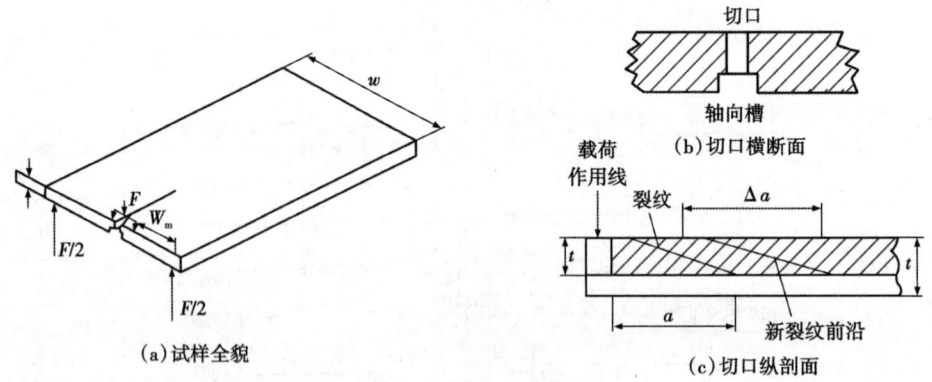

图1-40　双扭试样

双扭试件宽（w）与厚（t）之比为15:1。曾经发现当比值小于12:1时，所求得的 K_{IC} 值偏高，并随该比值变小而继续增大。试件厚度与岩石颗粒尺寸之比应大于5:1。因此试件的尺寸一般为 0.25cm×4cm×7cm 至 0.4cm×6cm×8cm。

加工时要求试样上下面平整，不平行度误差在 0.025mm 以内。沿中央轴线开一条通槽，槽宽1mm，深为1/3，在试件的一端沿中央轴线开一个长1cm、宽1mm 的切口，在加载过程中，裂纹从切口开始，并沿导向槽延伸。

2. 试件测试

试验在一般试验机上进行。为了获得合理的 K_{IC} 值，双扭试件要进行预裂。预裂的方法与三点弯曲试件单循环加载预裂相似。加载时控制压头下降速度约为 0.005cm/min，当裂纹开始从切口端延伸后，进行卸载，完成预裂过程。此后开始断裂试验加载，控制压头下降速度为 2cm/min（为预裂时速度为 400 倍）。记录裂纹快速发展时的临界载荷，并进行计算。

3. 断裂韧度计算公式

双扭试件可以看做是两个带矩形断面的弹性扭棒。在试验过程中，由于导向槽在试件下表面，因此裂纹扩展时，下表面的裂纹要超前上表面裂纹 Δa，裂纹前沿接近垂直于加载方向，因此由弯曲力矩引起的张应力是造成裂纹扩展的主要原因。故这种试件仍属于张开型裂纹，即 I 型裂纹。其断裂韧度 K_{IC} 的计算公式为：

$$K_{IC} = F_c W_m [3(1+v)/(wt^3 t_n)]^{\frac{1}{2}} \tag{1-88}$$

式中　F_c——临界载荷；

W_m——力臂长；

t_n——试件中央开槽处的厚度。

4. 裂纹扩展速度测定

双扭试件的柔度与裂纹长度成直线关系：

$$C = \delta/F = Ba + Q \tag{1-89}$$

式中　δ——载荷点位移，

B，Q——由试验确定的常数。

或写成：

$$\delta = F(Ba + Q) \tag{1-90}$$

对式（1-90）求时间的导数，即得裂纹扩展速度。在实验中载荷变化率 dF/dt 和位移变化率 $d\delta/dt$ 都比较容易测定。常用方法如下。

1）载荷松弛法

试样先快速加载至某一预先确定的值，然后使压头停止移动，即 $d\delta/dt = 0$。当裂纹延伸时，发生载荷松弛，这时裂纹扩展速度 v 计算公式为：

$$v = \frac{a_o F_o}{F^2} \cdot \frac{dF}{dt} \tag{1-91}$$

式中　$\dfrac{dF}{dt}$——在压力松弛曲线上 F 点的斜率；

a_o，F_o——松弛试验终了时测得的裂纹长度和压力。

这种方法允许在一个试验中测定许多个裂纹扩展速度。

2）等位移速率加载方法

采用等位移速率进行加载，直至压力成为一个常数（$dF/dt = 0$）。这时裂纹扩展速度为：

$$v = \frac{d\delta/dt}{BF} \tag{1-92}$$

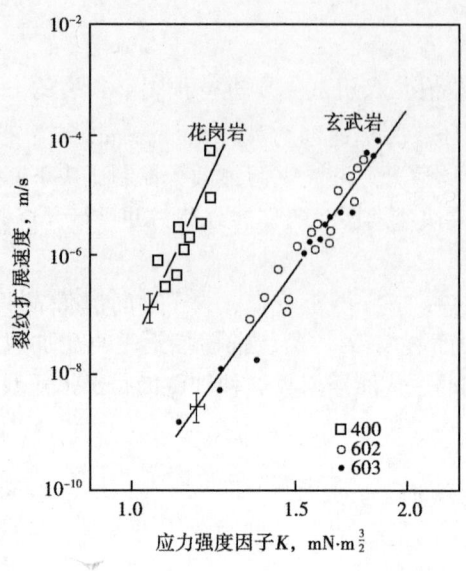

图 1-41 v-K 曲线（坐标为对数坐标）

式中 B——常数，用柔度标定法确定。

测得花岗岩与玄武岩的裂纹扩展速度 v 与 K 的曲线如图 1-41，v 与 K 的关系可表达为：

$$v = AK_I^n$$

式中 A，n——实验确定的常数。

四、影响岩石断裂韧度 K_{IC} 的因素

1. 岩石各向异性的影响

大多数岩石都具有平面各向异性，如沉积岩中层理结构，变质岩中的片理和板状结构以及岩石中的微节理组。它们引起岩石不同方向断裂韧度的差异。

Schmidt 和 Costin 对按不同方向切成的石灰岩和油页岩试样进行了断裂韧度测试，其结果见表 1-4。

由表 1-4 可以看出，裂纹沿层面传播时的断裂韧度最小。沿其他两个方向传播时，对油页岩 D 型试件 K_{IC} 提高 43%~117%，A 型试件提高 30%~63%，石灰岩、砂岩试件情况类似。对大理岩，裂纹沿片理面扩展时 K_{IC} 最低，沿其他两个方向分别提高 37% 和 23%。

表 1-4　不同方向测得的 K_{IC} 值　　　　$mN \cdot m^{-\frac{3}{2}}$

试验方向	石灰岩	油页岩			试验方向示意图
D	0.905~0.910	1.076	0.674	1.020	
A	0.852	0.977	0.604	—	
ST		0.750	0.370	0.470	
含油量		80mL/kg	160mL/kg	200mL/kg	
试验方法		三点弯曲		短棒	

一般可以认为花岗岩是各向同性的。如 Peng 和 Johnson 在三个垂直方向上测得的断裂韧度值仅相差 4%。但当它有裂隙面时，花岗岩也表现出各向异性。Halleck 和 Kumuick 测得最小断裂韧度是沿裂隙面扩展时的值，当裂纹沿其他方向发展时 K_{IC} 值要高出 40% 和 81%。

2. 水的影响

水对岩石断裂的影响包含化学作用和机械作用，譬如，对岩石的应力腐蚀或使破碎带摩擦力降低。有水存在时，测得的断裂韧度低于在空气中测得的结果。如油页岩低 10%，砂岩低 33%~66%，石灰岩低 34%，石英岩低 15%。也有人认为水对渗透性低的岩石（如花岗岩、石英岩和玄武岩）的断裂韧度没有什么影响。

图 1-42 给出了水和水蒸气对岩石 K—v 曲线的不同的影响。曲线 B 是周围介质为水蒸气时获得的。曲线 A 是周围介质为液态水时获得的。它可以分为三个不同的区段。区段 I 受水化学作用的动力学控制，或受水对裂纹端部岩石的溶解作用控制。区段 II 受水从周围介质

传输到裂纹尖端的速率控制。区段Ⅰ、Ⅱ受周围介质压强的影响，而区段Ⅲ则与周围介质无关。

对硅酸盐类岩石来说，水介质的应力腐蚀是使裂纹端部较强的硅氧键 Si-O-Si 水解为较弱的氢氧键组 Si-OH-OH-Si。而对碳酸盐类岩石则认为没有这种作用。

在25°的液相水介质中，对应于应力腐蚀下限的应力强度因子为 $0.52K_{IC}$，在水蒸气中，则为 $0.64K_{IC}$。对人造石英，当裂纹扩展速度小至 10^{-8}m/s 时，在水介质中未发现应力腐蚀极限。

3. 温度影响

大部分岩石断裂试验是在常温（20~25℃）下进行的。曾在水介质中进行了温度影响的试验。如人造石英在80℃水介质中测得的断裂韧度比在20℃水介质中测得的低20%。

Hoagland 用液氮制得 -196℃ 环境，对砂岩、石灰岩和花岗岩进行试验，这时断裂消耗能量要比在空气和室温条件下测得的结果分别低35%，8%和21%。他认为砂岩对温度敏感，是由于组成它的石英和方解石颗粒具有不同的热膨胀系数，在砂岩中产生附加的内应力，从而使断裂试验结果较低。

4. 围压的影响

一般说来，岩石的断裂韧度随着围压的增加而增大。图 1-43 给出了不同岩石的几种试样的测试结果。其中曲线 1、2、3 为砂岩和石灰岩的双悬臂梁试件，曲线 4 为石灰岩的厚壁圆筒试件，曲线 5 为石灰岩的单边裂纹试件。为防止围压液体渗入，试验前对上述试件的外壁采取了涂聚氯丁橡胶或加膜套的措施。

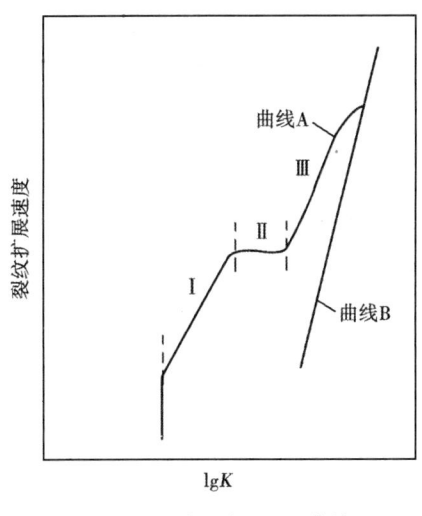

图 1-42 岩石的 K—v 曲线

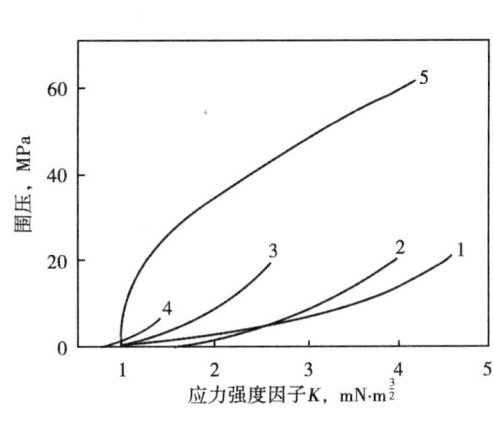

图 1-43 围压对 K 的影响

五、断裂韧度测试

国内外学者对岩石断裂韧度测试做了许多工作。表 1-5 列出了其中一部分试验成果。

紧凑拉伸试样和三点弯曲梁试样所得结果基本相同。短棒拉伸试验结果接近或略高于紧凑拉伸和三点弯曲梁试验结果。双切口薄板试样和中央切口薄板试样所得试验结果与三点弯曲梁结果吻合。厚壁圆筒试样所得结果则低于上述各种试验结果。

表 1-5 岩石的断裂韧度值

岩石名称	平均粒度 mm	弹性模量 GPa	抗拉强度 MPa	试验方法	断裂韧度 K_{IC}，mN/m$^{-3/2}$
Tennessce 砂岩	0.15			双扭	0.45±0.002
Ruhr 砂岩	0.5	36	17~25	三点弯曲梁	1.4±0.11
Pennant 砂岩				短棒	2.56±0.07
Indjana 石灰岩	中粒			三点弯曲梁 单切口拉伸	0.99 0.93
Klinthagen 石灰岩				短棒	1.87±0.25
Shelly 石灰岩				短棒	1.44±0.04
Anvil Points 油页岩 （80mL/kg）				三点弯曲梁 D 三点弯曲梁 A 三点弯曲梁 ST	1.076 0.98 0.75
Anvil Points 油页岩 （160mL/kg）		8 8 4	12.5 3.3	三点弯曲梁 D 三点弯曲梁 A 三点弯曲梁 ST	0.674 0.604 0.370
油页岩：干 温				短棒	0.73±0.03 0.44±0.33
油页岩（200mL/kg）				三点弯曲梁 D 短棒 D 短棒 ST	0.85~0.95 1.08 0.46
Westerly 花岗岩	0.75	62.5	13.7	紧凑拉 短棒 厚壁圆筒	2.61±0.04 2.27±0.03 1.82±0.07 0.90±0.08
Stripa 花岗岩	0.30	65~70		紧凑拉伸 短棒	2.23~2.43 2.36±0.13 2.70±0.27 2.39~2.46
Jidate 花岗岩				V 形切口三点 弯曲梁 短棒	1.73±0.21 2.26±0.65 1.12±0.35
Kallax 辉长岩		57.0	18.0	短棒 三点弯曲梁	2.5~3.2 2.69
Ekeberg 大理岩		—		V 形切口三点 弯曲梁 短棒	1.89±0.12 2.25±0.36
大理岩	大颗粒			三点弯曲梁	1.45

续表

岩石名称	平均粒度 mm	弹性模量 GPa	抗拉强度 MPa	试验方法	断裂韧度 K_{IC}，mN/m$^{-3/2}$
湘南大理石				三点弯曲梁 V形切口三点	1.64±0.16 1.8 1.7
Kirnua 石英岩		73.0	21.4	三点弯曲梁	2.66

不预裂的岩石试件的近似断裂韧度，要低于预裂试件的测试结果。以花岗岩试件为例，前者要比后者小24%，其他岩石也类似，只是差别不同而已。对紧凑拉伸试样，带直切口的三点弯曲梁及双扭试样等在试验前试样都要进行预裂。带V形切口的三点弯曲梁和短棒拉伸试样在试验过程中会产生预裂纹，从而使试验程序简单化，不须事先预裂。它的特殊要求是当试件较小时，需要进行非线性校正。

试件的刚度是柔度的倒数，对比各种类型试件的无量纲柔度，可以知道它们刚度的高低（表1-6）。

表1-6 不同试样的无量纲次柔度

a/D 或 a/W	圆棒三点弯曲梁 g_s	V形切口三点弯曲梁 g_c	短棒试样 g	紧凑拉伸试样 g
0.15	17.22	26.81		
0.20	18.87	28.20		
0.30	24.70	33.68		
0.40	35.70	43.15	98.54	22.18
0.50	56.83	60.77	138.03	37.28
0.60	100.14		197.85	67.18
0.70	191.24		295.69	133.60

由表1-6可知，V形切口试件的刚度小于其他试件的刚度，而短棒试样的刚度最大。由于我国通常使用普通材料试验机进行试验，选择低刚度试样试验对于控制试验过程是有利的。此外试验机的刚度在做拉伸和压缩试验时是不同的，一般做拉伸试验时试验机的刚度比做压缩试验时的小，有时仅为做压缩试验时的刚度的1/4。因此最适宜用普通材料试验机的试样是V形切口的三点弯曲梁。

从目前试验结果可以看出，无论是用三点弯曲梁试件还是用短棒试件，试件直径为ϕ50mm 时都能给出较合理的断裂韧度值。

六、岩石复合断裂试验

至今大部分岩石断裂试验都侧重于I型断裂。而当荷载相对于裂纹有任意夹角情况下，则产生复合型断裂。从工程应用看，研究复合型断裂是有重要意义的。对I型和II型的复合型断裂理论，按力学性质可以分为能量类、应力类、应变类、其他类和经验判据类等5类。

每一理论都常用两个公式表示。一个是用来预测断裂的起始角度,另一个是用来预测断裂发生时的K_I和K_{II}的大小。各种基本理论见有关参考书,本小节着重介绍有关岩石复合断裂试验情况。

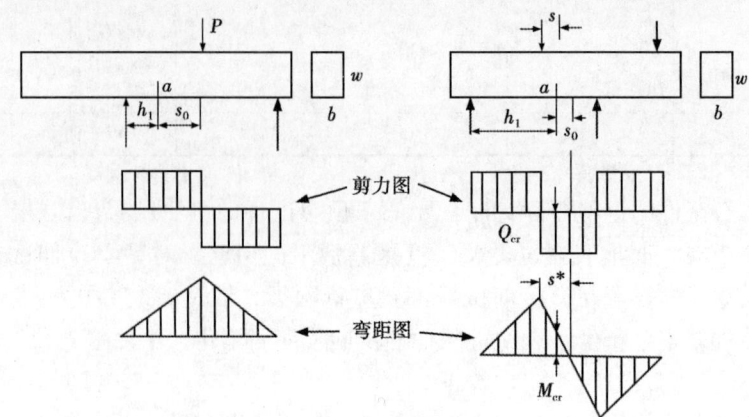

图1-44　三点与四点弯曲梁的剪力图和弯力图

一般可用三点弯曲或四点弯曲梁进行复合断裂试验。试样裂纹尖端的K_{II}决定于该处剪力,K_I决定于该处的弯矩。它们的剪力图和弯矩图如图1-44所示。选定不同的裂纹位置s_0,便可以得到不同的K_{II}/K_I值。当裂纹处剪力为零,则为纯I型。反之,当裂纹处弯矩为零,则为纯II型。对三点弯曲试件,由于裂纹过于靠近支点时,试验测定和标定计算会遇到困难,因此难以得到较大的K_{II}/K_I值。试样裂纹尖端的应力强度因子K_I和K_{II}决定于裂纹位置s_0和裂纹深度,可以用有限元或边界元进行计算。下面介绍简单计算方法。

$$K_I = \overline{K}_I M_{cr}/(bw^{3/2}) \tag{1-93}$$

$$K_{II} = \overline{K}_{II} Q_{cr}/(bw^{1/2}) \tag{1-94}$$

$$\overline{K}_I = \left(4.15 - 0.105\frac{s^*}{w}\right)/\left(1 - \frac{a}{w}\right)^{3/2}, \quad 当 s_1/w \geq \frac{1}{3}, h_1/w = \frac{1}{6} \tag{1-95}$$

$$\overline{K}_{II} = \left[1.47 - 5.1\left(\frac{a}{w} - 0.5\right)^2\right]\sec[\pi a/(2w)]\sqrt{\sin\frac{\pi a}{2w}},$$

$$当 s_1/w \geq \frac{1}{2}, h_1/w = \frac{1}{3} \tag{1-96}$$

式中　M_{cr},Q_{cr}——分别为裂纹处的弯矩和剪力;
　　　b,w,s^*,h_1,s_1——参见图1-44标注。

预裂后的试样在伺服试验机上进行试验时,用切口张开位移进行控制,试验时记录载荷位移曲线。

石灰岩和花岗岩的复合断裂试验可以分为四个类型。试样未进行预裂,复合裂纹从切口端部开始延伸;试样已预裂,复合裂纹仍从切口端部开始延伸;试样已预裂,复合裂纹从预裂裂纹端部开始延伸。

图 1-45 给出了花岗岩、石灰岩、大理岩和油页岩试验结果与理论的比较。对花岗岩、石灰岩来说，应变能密度理论较符合实际，最大正应力理论次之，能量释放率理论最差。对大理岩来说，等效周向应力理论和能量释放率理论较符合实际。

图 1-45 中，油页岩最下面的 3 个三角黑点，是裂纹沿层面延伸使结果偏低。

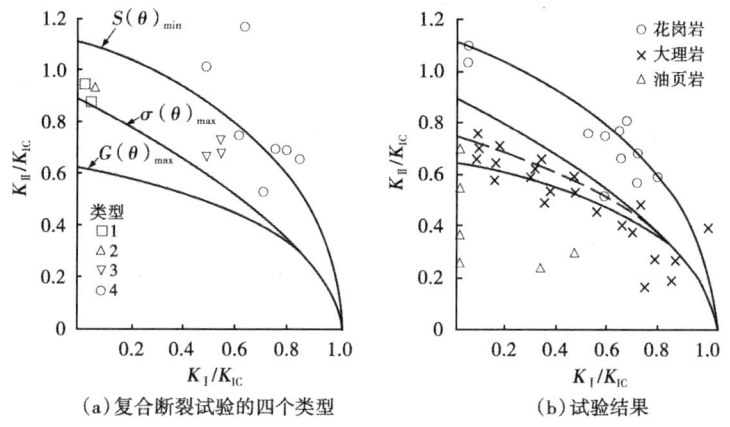

(a) 复合断裂试验的四个类型　　(b) 试验结果

图 1-45　花岗岩、石灰岩、大理岩和油页岩试验结果与理论结果的比较

第二章 地应力、裂缝测试技术及原理

第一节 地应力及其测试技术概述

地层中的应力是由岩体的自重及构造力所引起的。由于漫长的地质时期,一个地质构造单元,有可能受过多次的地壳运动,每经过一次地壳运动地应力将重新进行分布,因此在研究地应力时,既要研究现代应力场的分布也要考虑有其继承性的一面。

对地应力的认识和其他学科一样,也经历了由浅入深的过程。20 世纪 40 年代有些人认为在考虑压裂时,根据表面密度求出上覆岩层的总重量来确定破裂压力,但事实上破裂压力往往小于上覆岩层的总重量。1957 年赫伯脱(Hubbect)与威廉士(willie)提出地下应力是三个互相垂直而又不相等的应力,即两个水平主应力与一个垂直主应力。当岩体内可加的流体压力增加到足以破裂表面的程度,则最可能破裂的地方就是与最小主应力垂直之处,这个结论至今为世界所公认。50 年代美国哈斯特等人通过测量地应力得到的结果指出:"地下介质处于压应力状态,其应力值随深度线性增加"。在此后的十余年里世界上众多的地应力研究人员通过大量的地应力测量逐步建立起了一个临界深度的概念:"自临界深度以下,水平向应力不再大于垂向应力"。在不同的地区由于构造特征,岩性等因素的影响,其临界深度是不同的;有油气聚集的构造,水平两向主应力绝大多数油田均小于垂向应力。

一、目前对地应力、天然裂缝的一般结论

(1) 地层深部地应力是由一个垂向应力(它取于上覆岩石自重)和两个水平主应力(它取决于岩石自重引起的应力分量及各种地质构造作用的总结果)组成,这三个应力既互相垂直又不相等。

(2) 水力压裂裂缝垂直附近断层走向。

(3) 破裂压力主要受原来的区域应力及井周围的微裂缝分布的流体渗入情况的影响。

(4) 在地壳松弛区,裂缝是垂直的,其破裂压力一般来说比上覆岩石压力要小且方位也大致垂直附近断裂走向;在地壳压缩区,如果变形较大,裂缝应该是水平的,其破裂压力等于或大于上覆岩石压力。

(5) 天然裂缝的形成与古构造运动有关,天然裂缝的走向与区域构造的主断裂走向近似平行;逆断层有一部分是垂直。

二、测试主要技术途径及应用

(1) 现场直接测量人工裂缝、天然裂缝及最小主应力。

测量的具体做法是通注水井或压裂井,在该井附近任意方向选三点信号采集点,在监测点上布上接收器,接收地层中裂缝信号,自动计算通过若干点得出裂缝的长度和方向和水流方向;同时在注水过程中用瞬时停泵法,确定地层中最小主应力值和最大主应力。

（2）用不定向岩心进行三向应力和天然裂缝分布的测量。

采用主要手段，在室内用波速各异性、差应变、凯塞效应及古地磁等，对不定向岩心综合性的测量与分析。在做岩心分析之前对新近—古近系沙河街组岩石的古地磁进行测量，先后在曲阳县和蓟县打取露头岩样若干块，在室内进行以现在磁北为零的古地磁偏角测量，尔后进行岩心定向工作，任务是相当细致而艰巨的。

（3）井孔崩落掉块与地应力关系研究与测量。

首先是在室内在三向应力不等的条件下进行井孔崩落掉块研究，同时采用地层倾角测井资料，进行应力方向处理，这种方法由于地层中古地磁偏角与地面磁场有一定偏差应用时要修正。

（4）柱状应力剖面和天然裂缝分布的预测。

采用声波、密度、自然电位、电阻率等曲线，用弹性理论，进行综合性处理分析，得出岩石力学参数：弹性模量、泊松比、剪切模量、地层出砂系数、地层孔隙压力、孔隙度、地层破裂压力、地层三向应力分布、天然裂缝分布、砂体分布等曲线。

（5）用电阻率、声波等多种测井资料和成像技术识别地层中的天然裂缝分布及方向。

（6）室内模拟地层条件下岩石裂缝实验。实验岩石有粉砂岩、页岩、石灰岩、砂岩、白云岩及在不同围压下砂岩的破坏曲线等。

（7）现代应力场的数值模拟的研究。根据桩74断块实测应力值，用有限元方法来描述断块油田现代应力场特征、油气分布特征。

（8）根据天然裂缝测量来研究天然裂缝的成因类型、分布规律及在油田开发过程中天然裂缝闭开变化过程的探讨。

（9）根据人工裂缝测量来确定现代应力场与古应力场的关系；现代应力场与断层走向的分布规律。

（10）根据人工裂缝、天然裂缝及地应力分布，来确定油气分布、井网布局、水平井方向位置及其他应用研究。

（11）同时也列举其他油田的应用，如裂缝油田的开发，深、浅地层断套管主要原因及套管强度设计，深部地层固体碱岩的开发等方面的应用。

三、地应力裂缝测试技术

1. 地应力裂缝测试简介

现代医学要解救疑难病人，要靠仪器检测。如超声波扫描找出腹内病灶、用X光解决肺骨科病灶问题、用核磁共振解决心脑血管病灶问题。

我研发声发射监测仪AE—4型仪器，专解决地下油层疑难问题，用三元二次方程计算每一事件，上万个事件标在直角坐标内，若干事件用统计方法，事件密集呈线性为裂缝，事件分散为液体孔隙入径。裂缝方向精度误差小于1°，裂缝全长误差小于20m。我们采用低频监测井深，可测5000m和浅层信号弱，必须采取低频。采用自动门槛和手动门槛把干扰信号压在门槛以下，录取峰值信号为真实信号。用智能采集，只有"0"通道先收到后，然后1通道、2通道参与计算，其他方向来的信号不采集。

我们的检验标准是很严格的，不管任何测试公司都可用这4条检验。外国公司监测的成果不敢检验，因为他们的检测结果是一条弧形裂缝，与地应力不符，是错误的。

1) 裂缝检验标准

成熟压裂监测必须有检验标准，没有标准的成果是对是错，就像没有一把尺子来衡量对与否的标准。

现在裂缝监测市场有点乱，都说自家好，比如 GPS 定位、四维空间定位、数字化动态回放等。但他们的特点：在现场不出成果，回去再用软件作秀，把外围无关紧要的东西，说得天花地转，就是不讲地质力学，因为他们怕用力学分析结果，因为他们的东西不真实。

地应力裂缝监测技术通过千余井的监测成果与井的实际动态进行分析对比，得出一套较完整的检验标准。

(1) 首开第一条裂缝时，必须与水力压裂基本理论一致；水力裂缝延伸方向必须与附近断层走向垂直。

(2) 如果是水井，其裂缝直对或接近油井时，这口采油井必然是高含水井。

(3) 注水井裂缝远离采油井，这口井供液不足。

(4) 采油井在注水井两条裂缝中间，且该井驱动最好，采收率最高。

(5) 注水方向偏流必有死油区。

上述 5 条标准可检验任何监测裂缝是否正确。

2) 裂缝分布与水平地应力差有关

排量为 $4m^3/min$ 以上，水平地应差小于 1.5MPa，地层绝大多数开四条裂缝（不包括转向缝），裂缝之间夹角平均 45°左右；水平应力差越大，压开的裂缝越少，如水平应力在 5MPa 左右，地层只压开一条裂缝。

现在绝大多数裂缝监测者，都给出一条裂缝，这显然是错误的，我国各油田压裂，绝大多数都是多裂缝，一条裂缝很少见。

地层压开第一条裂缝，在井孔裂缝两侧是压缩区，影响约 45°左右，在 45°左右又有渗透，有渗透就能出裂缝，压开第二条缝，在 360°井孔可压开四条裂缝。

低应力区油田，多数裂缝夹角为 45°，如图 2-1（a）所示。陕北 1900m 以上油田，裂缝夹角 60°左右，如图 2-1（b）所示。

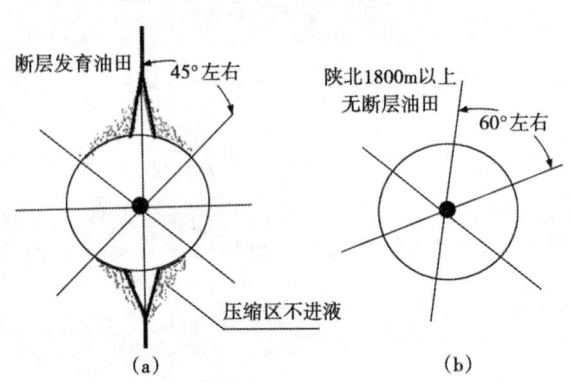

图 2-1 多条裂缝夹角与水平地应力差的关系

2000m 以下裂缝夹角 45°左右（延安以南油层例外）。如压裂排量在 9m/min，裂缝夹角大约 30°左右。

2. 声发射裂缝监测方法简介

声发射定位监测裂缝技术，是目前国内外科技含量较高的监测技术，不受环境限制，地面不管在山地、江中、滩海、沙漠均可监测，尤其是在四川高山较多特殊地形（其他方法很难完成），而声发射定位监测裂缝技术，都能准确监测裂缝长度、裂缝方向和裂缝之间的夹角，以及水驱前缘方向与距离。

1) 声发射定位监测裂缝方法

利用压裂施工使岩石产生开裂或闭合及水流动，产生的低频声音、声发射信号，来测定裂缝方位、长度及几何形态，这是我们研究应用取得的一项新技术。这一新技术通过大量的室内物理模拟试验，了解水力压裂产生的声发射（裂缝张开与闭合产生都低频信号）信号的特征、频率、能量等参数，在完成室内模拟研究和试验的基础上，又在现场进行了几千口井水力压裂裂缝形态的监测，都得到满意成果（裂缝方向、裂缝夹角、裂缝长度及水驱形态）。

注入地层的水使地层裂缝张开及闭合水流动，不断地出现低频声音、声发射信号，并以弹性波形式向外匀速传播，当弹性波遇到接受微低频信号的检波器时，就被仪器接收、放大、发送到中央信号处理系统。

在压裂井或注水井周围，布上3个以上的接收信号检波器，进行信号的采集及时差处理。信号距压裂井最近的监测点为 S_0，坐标 $(x、y)$，顺时针的第二个接收点为 S_1，坐标为 $(x_1、y_1)$，第三个接收点为 S_2，坐标 $(x_2、y_2)$。如三圆相交定位图如图2-2所示。

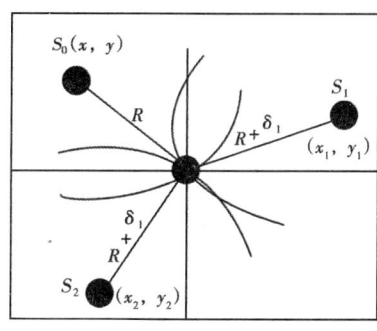

图2-2 三圆相交定位图

P_c 声发射定位信号，最近检波器收到为 S_0，距离为 R，信号到 S_1 时，距为 $R+\delta_1$，则信号到达 S_2 时，距离为 $R+\delta_2$（$\delta_2 = v \cdot t_2$）。δ_1、δ_2 是信号源点 S_0 点与到 S_1、S_2 点的水平距离差，v 是信号在储层中的传播速度。P_c 点的求得：是以 S_0、S_1、S_2 点为圆心，以 R、$R+\delta_1$、$R+\delta_2$ 半径画圆，三圆的交点既为震动信号 p_c 点，三个圆方程式为：

$$\begin{cases} x^2 + y^2 = R \\ (x - x_1)^2 + (y - y_1)^2 = (R + \delta_1)^2 = (R + v \cdot t_1)^2 \\ (x - x_2)^2 + (y - y_2)^2 = (R + \delta_2)^2 = (R + v \cdot t_2)^2 \end{cases} \quad (2-1)$$

地层裂缝开裂或闭合时，出现若干 P_c 点，并把每一 P_c 点求解计算，绘在坐标位置点上，以压裂井或注水井为原点的直角坐标图，通过若干 P_c 点，可准确地得出水力压裂产生的多条裂缝方向、夹角及裂缝长度。第三代仪器精度的提升和频率的降低，现在也可监测注入地层的水，水驱入径驱动方向距离前沿。现场一个小时内，（不作业，不关井）随时可监测出，油水井组动态关系。

2）裂缝测试方法

地面法裂缝测试接收系统示意图如图2-3至2-5所示。

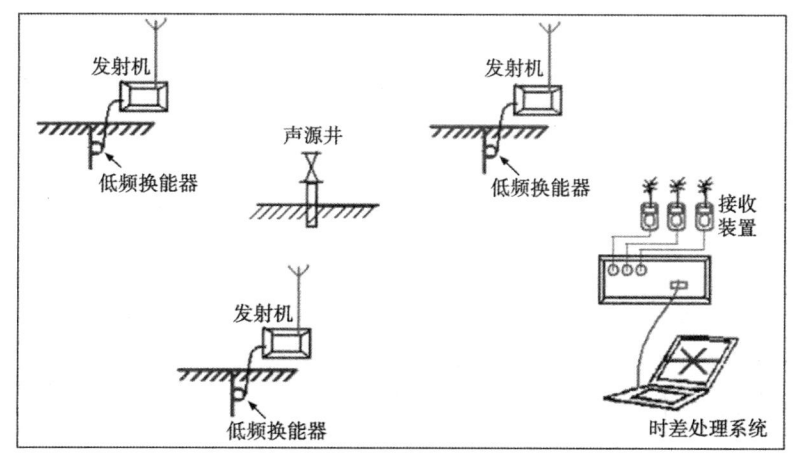

图2-3 地面法裂缝测试接收系统示意图

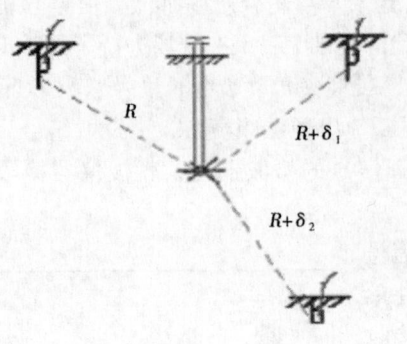

图 2-4 声波接收示意图

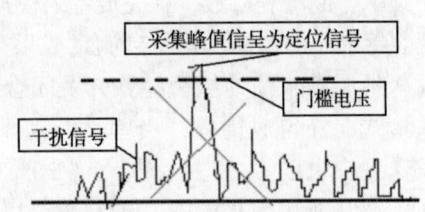

图 2-5 干扰信号处理

采用门槛电压控制干扰信号，因地层中和地面的可干扰信号幅度比压裂信号幅度低，采用门槛控制可把大多数干扰信号压掉

仪器采用低频、门槛技术，录取峰值信号。

智能化采集，可去掉绝大多数干扰信号，定位信号真实、准确、可靠。

该方法，不受环境限制，探井、注水井只要是压裂施工井和注水井都可以测，更不受深度限制（因接收的均为低频信号）（图 2-6）。

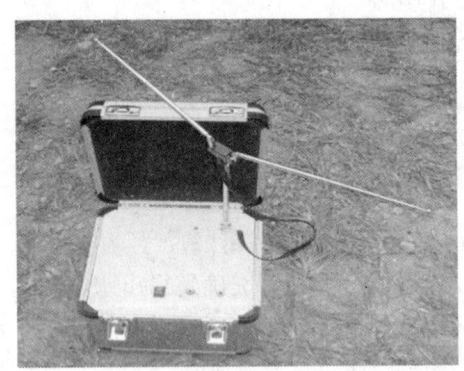
(a) 前置放大器

(b) 处理计算系统

图 2-6 前置放大器和处理计算系统

信号接收布置：捡波、放大载频发射中央处理机上，仪器共 3 台，布在压裂井或水井任意方向。

中心接收处理系统：接收、滤波、门槛处理干扰、采集、时差处理、定位程序计算，把地层每一 PC 点（地层破裂点）标在计算机桌面直角坐标图上，采集若干点，就形成裂缝形态、水驱入径图，现场可出成果图。

3) 自检理论及标准

对监测成果提出以下 4 项检验标准：

(1) 第一条裂缝延伸方向必须与水力压裂基本理论一致，如图 2-7 所示。

(2) 注水井裂缝直对井接近采油井，这口井必然出现高含水（裂缝导流能很高）。

(3) 注水井裂缝远离采油井，这口井会出现供液不足（因低渗透驱动距离有限）。

(4) 采油井在注水井两条裂缝中间，这口井驱动最好，采收率最高（受地应力影响例外）。

上述 4 项检验标准可检任何监测方法结果是否正确。

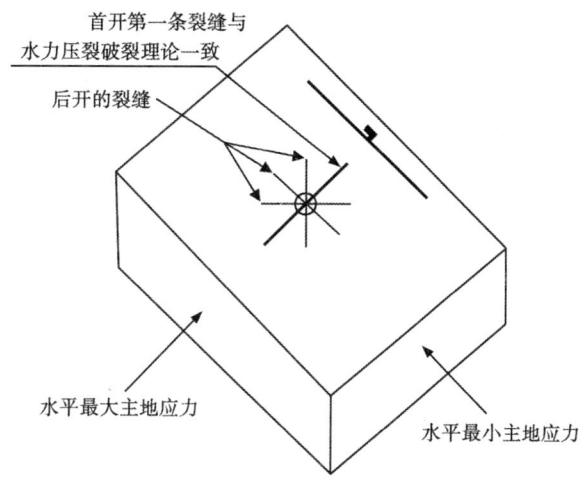

图 2-7　第一条裂缝延伸方向必须与水力压裂基本理论一致

通过注水井监测，可了解注入储层的水在储层驱动方向趋势，在现场 1h 内，可基本弄清注采井组动态关系（基本定量），可代替注示踪剂了解油水动态关系。

4）裂缝监测精度

该测试系统，测试裂缝方向误差小于 1°，裂缝长度误差 ±20m。

5）压裂过程中测地应力方法

水力压裂的理论，油田油层的应力场是客观存在的，油田的应力场是由三向应力组成，σ_v 垂直应力，σ_H 水平最大主地应力，σ_h 水平最小主应力，如图 2-8 所示。

中国地质构造的油层，绝大多数是分布在纵横断层之中，大规模的地质构造运动之后，地层滑移、松弛等活动。一般油层的应力分布，垂直应力为最大，其次为水平最大主应力、水平最小主应力，水平最小主应力与垂向应力之比，一般是垂向应力的 0.6~0.7 之间，地层中的三向应力场，水平最小主应力为最小。低渗透油田需要压裂改造，把地层压开裂缝使油层增加导流能力。如需求水平最小主应力时，根据水力压裂的理论，用水平的压张力压裂地层，压开第一条缝时，进行瞬时停泵，裂缝要闭合，在闭合的瞬间正是地层最小主应力的反弹力。

测地应力一般用压裂瞬时停泵得出，如图 2-9 所示。

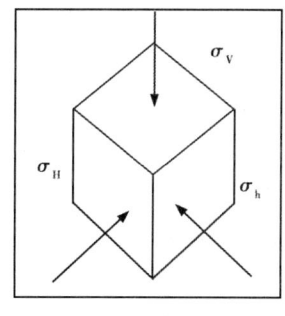

图 2-8　三向应力

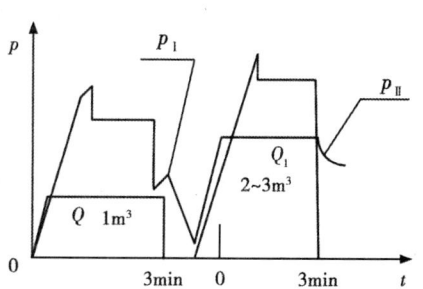

图 2-9　压裂瞬时停泵得出地应力

$$\sigma_h = p_1 + p_W \tag{2-2}$$

σ_h——水平最小主应力，MPa；

p_1——用 $1m^3/min$ 的排量压力，地层开第一条缝时的瞬时压力，MPa；

地层开第一条缝之后，然后提高排量 $2~2.5m^3/min$，压裂 3~5min 地层压开第二条缝时或第三条缝时，这时瞬间停泵的压力，为夹角 45°的压力值。

计算水平最大主应力值的公式为：

$$\sigma_H = p_W + p_{II} + [(p_{II} - p_I)/45 \times 90] \tag{2-3}$$

式中 p_I——第一次停泵压力，MPa；

p_{II}——第二次停泵压力，MPa；

p_W——井孔液柱压力，MPa；

σ_H——水平最大主应力，MPa；

σ_h——水平最小主应力，MPa；

声发射定位裂缝监测安全说明：

(1) 该仪器监测可远离井场，在 1500m 以内场地任意方向进行监测。

(2) 监测裂缝或水驱前缘时，不作业、不关井，在正常注水条件进行（特殊要求例外）。

(3) 不用现场电，自带电源。

(4) 仪器体积小，均是无线接收信号。

(5) 现场监测水驱前缘，不用任何化学药品，安全环保。

6) 多条裂缝与一条裂缝分析

油田储层水力压裂是压开一条裂缝，还是多条裂缝，这项研究很少有人去做更深入的研究。从收集的全国各油田压裂裂缝形态数据分析情况看，更需要利用先进高精度水力裂缝监测仪器和软件来说明和解释，水力压裂会产生多条裂缝。

笔者长期致力于水力压裂裂缝测试研究，并直接从事现场监测工作 30 多年，足迹遍布全国 16 大油田，为碱岩、钾岩、硫黄岩开发提供了精准的监测成果和开发方案。

笔者组织开发研制的监测仪器，是目前国内外最先进、高精度的水力裂缝、水驱前缘测试仪器，能监测出多条裂缝以及裂缝之间夹角、缝长、水驱前缘方向和距离，测试结果投影在构造井位图上。通过投影图，成果非常直观，便知井组动态关系到多个井组动态关系。引进压裂设备的同时，也引进压裂相关软件，主要是在压裂施工前模拟出一条裂缝形态，并应用在压裂施工设计中，给人们造成水力压裂地层开裂只是一条裂缝的印象。

目前国外在中国微地震水力压裂监测技术有：单井九分向技术、国内东方物理所引进外国软件和硬件、武汉大学研浅层微地震监测技术，他们共同特点都是取信号的纵波、横波的首波，把信号和干扰信号混在同一起波形中，因不能人工选取信号（人工选信号很少数据），大型压裂收到信号高达几万点，只好用滤波方法去掉干扰，并且降低灵敏度，其结果，造成大量数据信号丢失。井下单井多分向监测，收到纵向信号非常窄，接收时差非常少。横向时差采集不到，压裂排量用 $1~12m^3/min$，通过定位计算，其结果都是一条裂缝，交给中国用户。

如果有一条裂缝方向与地应力方向一致还好说，但他们采集裂缝延伸方向，不是垂直断层走向，而是任意方向，随着监测井位置方向变化而变化，采集裂缝是弧形裂缝，然后通过室内软件加工来修正裂缝形态，所给的裂缝延伸方向，绝大多数与水平井走向垂直，是水平井控制裂缝延伸方向（他们给的不是地应力控制裂缝延伸方向）。

由于国外公司对水力压裂研究起步较早，造成国内大部分油田对外国监测技术的盲目认可，实际忽略了油藏开发对监测数据全面性需求和油田进一步开发对技术数据支撑的重要认识，同时由于国际公司的原因，还对其单井井下监测技术及结果缺乏科学分析和判断。对国外监测在后面加以论述。

本书提供的监测理论和技术观点，是通过用自行研制的监测仪器所获得的技术数据，证明监测水力压裂实际压开多条裂缝。开裂的过程：先压开第一条裂缝，然后压开第二条、第三条、第四条裂缝全过程，完全可以看出裂缝之间的夹角、裂缝方向、裂缝长度、水驱前缘方向与距离，躲开裂缝布井可用九点法布置，防止水淹水窜。

漠121井压裂过程中裂缝开裂次序。

压裂排量1.5m³/min，约3min，地层压开一条裂缝，裂缝方向北西45°，缝长约30m（瞬时停泵可求水平最小主地应力，井口压力+液柱压力），如图2-10（a）所示。

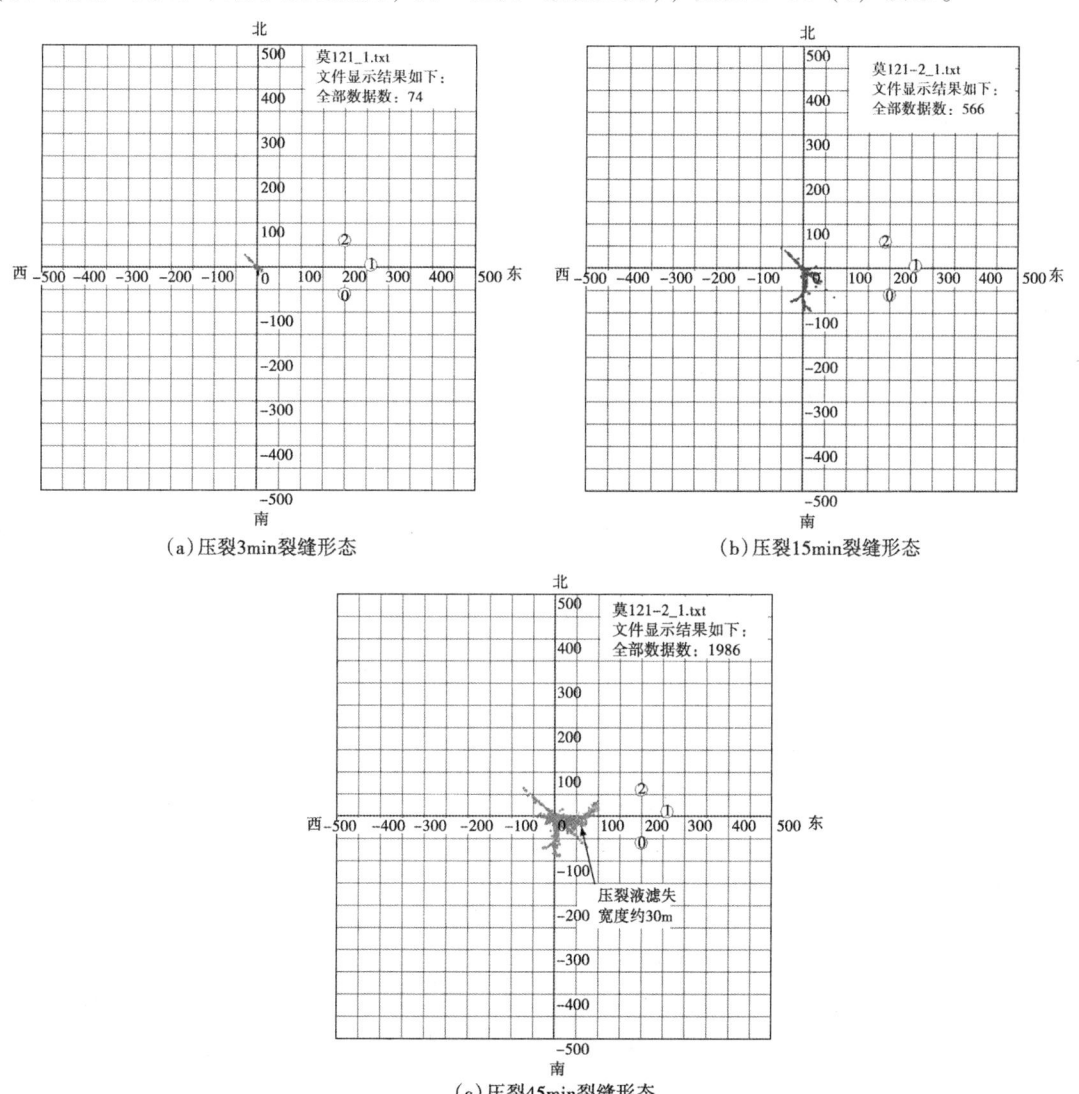

图2-10 新疆莫121井裂缝成果图

压裂排量 3m³/min，压裂 15min，地层压开两条主裂缝：北西 45°，裂缝长 80m，近南北裂缝，裂缝长约 85m，这两条缝与北西 45°，裂缝长 80m，近南北裂缝，裂缝长约 85m，这条裂缝与北西 45°缝夹角多数 45°，如图 2-10（b）所示。

压裂排量约 3m³/min，压裂 45min，地层压开三条主裂缝，如图 2-10（c）所示：
①北西 45°，裂缝长 110m。
②近南北裂缝，裂缝长约 90m 东西裂缝，裂缝长约 100m。
③裂缝转向北东 45°，缝长又延伸 50m。这条缝与北西 45°缝，夹角 45°与南北缝夹角 90°（瞬时停泵可求水平最大主地应力，在最后停泵，井口压力+液柱压力）。

首压开第一条裂缝北西 47°与北东 47°断层走向垂直。第二条缝为南北缝与北西 45°夹角 45°。第三条东西裂缝延伸到东部断层附近，转向与断层走向平行。裂缝总长约 400m，这条缝与北西 45°。东西缝与北南缝夹角 90°，东西裂缝地层吸水较好，宽度可达 50m（图 2-11）。建议：该区块加大压裂规模。用压裂瞬时停泵求水平最大主应力和最小主应力。

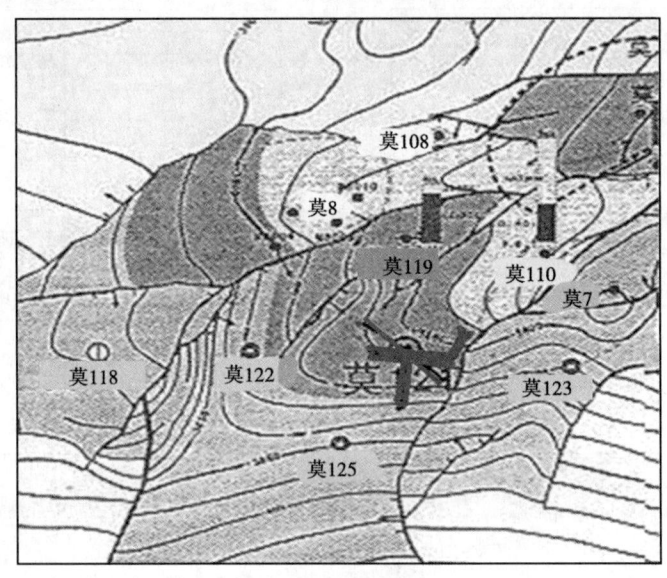

图 2-11　新疆莫 121 井裂缝成果投影构造井位图

求地应力方法如下。

坐封后，小排量压裂，用 1~1.2m³/min 压裂时间约 3min 左右，关机停泵，取瞬时压力，如图 2-12 所示为 10.5MPa（地层开一条裂缝）；地层压开多裂缝，与第 1 条裂缝垂直的裂缝，停泵瞬时压力 14MPa（图 2-12），这比较准确地求出水平最大和最小主应力，再与垂向应力进行比较，也可确定地层，是否水平裂缝。

地层压开多条裂缝，这条缝与第一条裂缝夹角近 90°，如图 2-13 和图 2-14 所示。

7）关于水力裂缝高度的讨论

微地震不管是井下九分向或地面微地震，它们给的裂缝高度最低几十米，最多上百米。人们都知道，地层在有渗透孔隙的条件下，地层进液才能造缝。煤层从自然伽马看有的孔隙只有 7m，压后井温曲线只有 5m 左右。

南阳安棚碱矿，自然伽马和中子曲线可确认 5m 左右。B101 井裂缝高 5.4m，云 3 井只有 5m 左右。

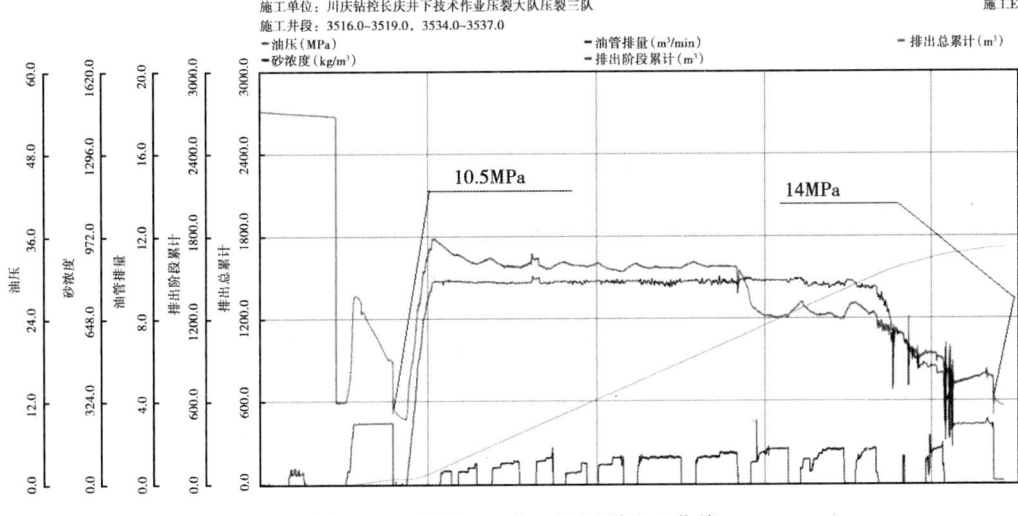

图 2-12 延页 502 井 1 层压裂施工曲线

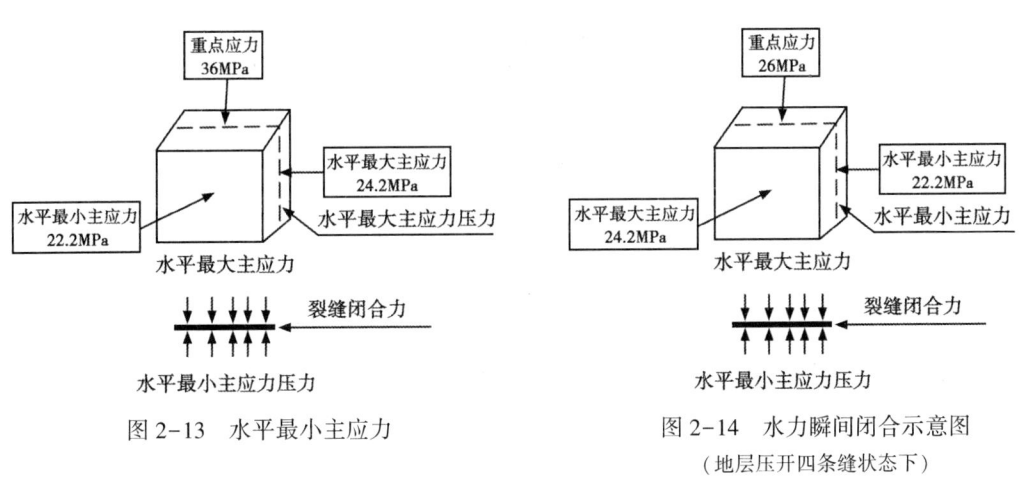

图 2-13 水平最小主应力　　　　图 2-14 水力瞬间闭合示意图
　　　　　　　　　　　　　　　　（地层压开四条缝状态下）

没有孔隙地层不进液，不会出现裂缝。

有些公司有无孔隙的地层，给出几十米上百米裂缝，真的不可思议。

如图 2-15 至图 2-17 所示。

通过参数计算 B101-2 井，裂缝高度约 6m 左右，通过数字测井和密度测井，资料分析 B101-2 井裂缝高约 5m 左右，两种方法确定裂缝高与碱层厚度基本一致。

井下超声波照 B101-2 井和云 3 井在井壁上的裂缝高，如图 2-18、图 2-19 所示。

用超声波井下电视观察 B101-井孔裂缝方位。

为了观察 B101-2 井裸眼井段碱层裂缝位置和方向，借助井下超声波电视，对压裂的裸眼井段进行超声波扫描录像。并用照相机和录像机自动记录。B101-2 井测试井段为 2285～2294m 共计 9m，测得的裂缝是垂直裂缝，裂缝高度 2285～2294m 井段，共计 8m。碱七层已全部压开，在碱层中夹有夹心层。

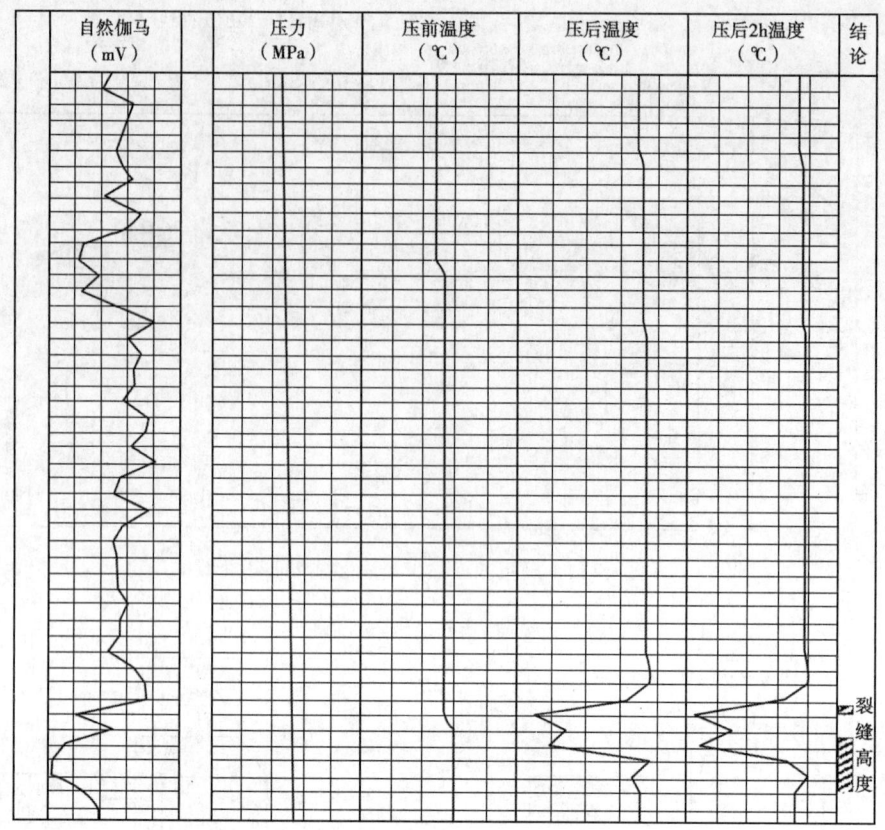

图 2-15　鸡西 (2-9) 测井资料

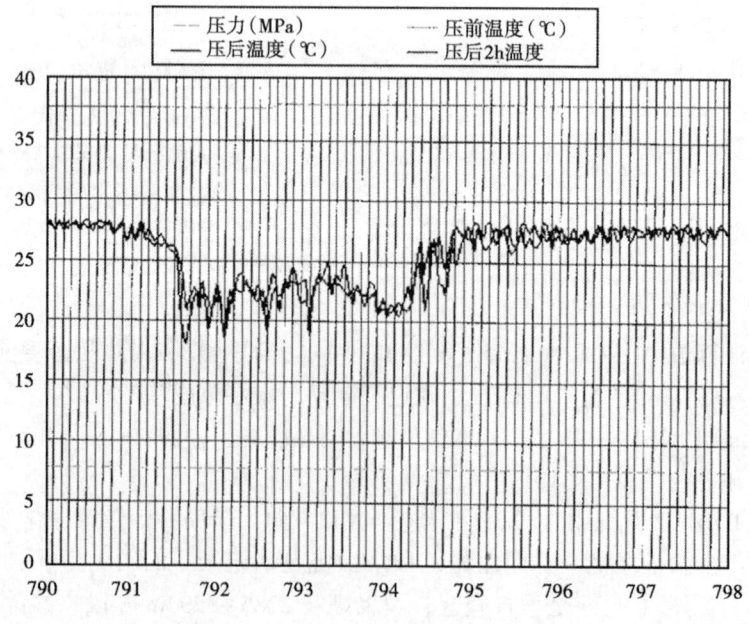

图 2-16　鸡西煤成气井压裂后两小时井温曲线 (缝高约 5m)

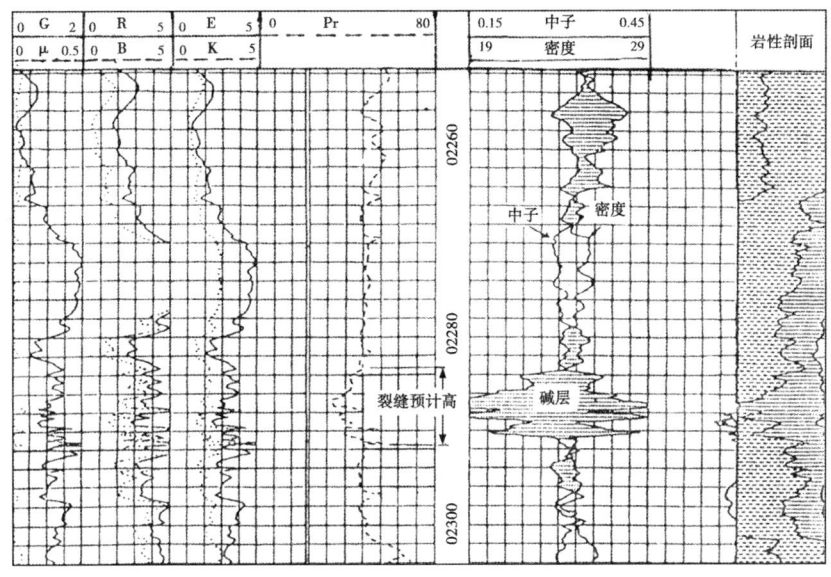

图 2-17 101-2 井柱状应力剖面图（南阳安棚 101-2 井测井曲线）

G—剪切模量；R—地层出砂系数；E—杨式模量；K—体积模量（以上量纲×10^{10}Pa）；p_1—地层破裂压力，MPa；μ—泊松比（无量纲）

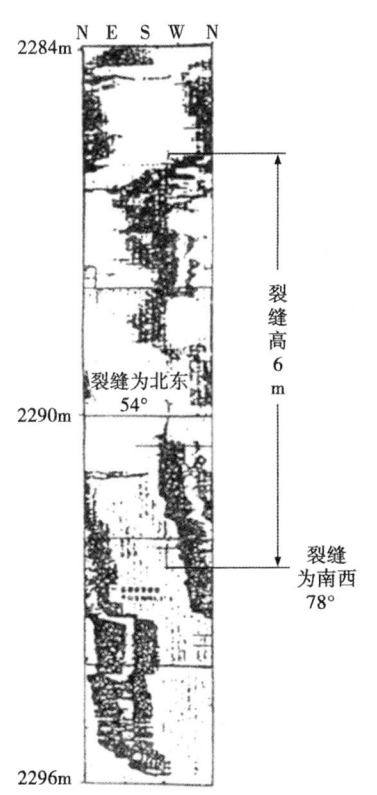

图 2-18 B101-2 井超声波井下电视测井图像，裂缝方向北东 54°，缝高 8m，1988 年 4 月 16 日

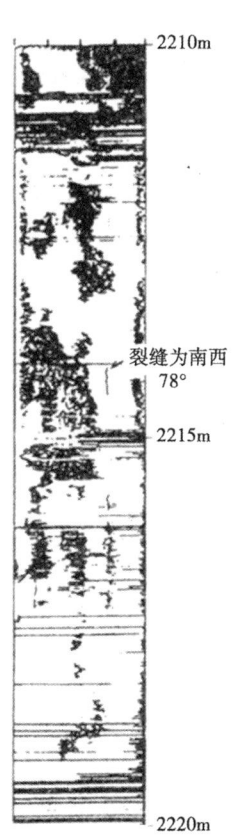

图 2-19 YN3 井超声波井下电视测井图 23 裂缝方位南西 78°，裂缝高 6m，1988 年 10 月 8 日

第二节　用不定向岩心对地应力及天然裂缝的测定

岩心筛选：

本研究是用不定向岩心，测地层中三向应力分布和天然裂缝方向的分布，很关键的问题是在岩心库筛选做三向应力的岩心，采用的岩心：小砾岩、花岗岩、白云岩、石灰岩、大理石等较均质，没有层理界面，没有裂隙（用肉眼观察不到）全径岩心。

天然裂缝岩心的筛选，主要是区分开天然裂缝和钻井过程中诱发的裂缝。

天然裂缝在岩心上的角度，大多数为60°~90°之间，开裂的位置在岩心上不一致，而且在裂缝中间或表面，有填塞物或污染物贴在裂缝面上。还有一种近似水平或层理面一致的裂缝，这种裂缝大多数由钻井过程应力释放所致。这种裂缝可忽略，因在垂向应力作用下为闭合状态。

诱发的裂缝是钻井过程中产生的，由于地层中水平两向主应力差比较小（小于5MPa）最小主应力梯度均小于0.015MPa/m，当钻井钻头对地层刮磨产生一定温度，使井孔壁产生膨胀力 P_T，（每增加4℃在井壁上增加1MPa的膨胀力）再加上钻井液密度和上返摩阻力，使钻井液的外推力超过地层最小主应力值，地层产生破裂，破裂面垂直地层最小主应力，与水平最大主应力方向平行。这种裂缝是在岩心中间开裂，裂缝角度均为90°（与岩心轴向平行）在裂缝面上，有较新的叶状拉纹，也没有污染，裂缝开裂长度几米至几十米。天然裂缝的方向与诱发的裂缝一般差90°左右。

一、凯塞效应方法测地层中三向应力值的大小

1. 原理

大部分物质声发射（即由物质本身微观变形而产生的声音）的重要特征之一为不可逆性（即凯塞效应）。对于岩石，也同样具有这种特性。从微观破裂及力学角度来讲，声发射的不可逆性是岩石材料微观破裂不可逆性的反映。因此，可以应用这一特性，对取自地层中任意深度的岩样作声发射特征与应力关系的试验研究。由于地层中的岩石各向应力状态不同，当把岩石重新加载来研究其声发射与应力关系时发现，如果所加载荷小于以前的应力值时，很少观察到声发射信号，只有等于或超过以前的应力值时，才有声发射信号产生，此时声发射信号对应的载荷值就是所要测的地应力值（单向）。利用岩石的凯塞效应，可以测出岩石在地层中的三向应力值，声发射与应力关系曲线如图2-20所示。

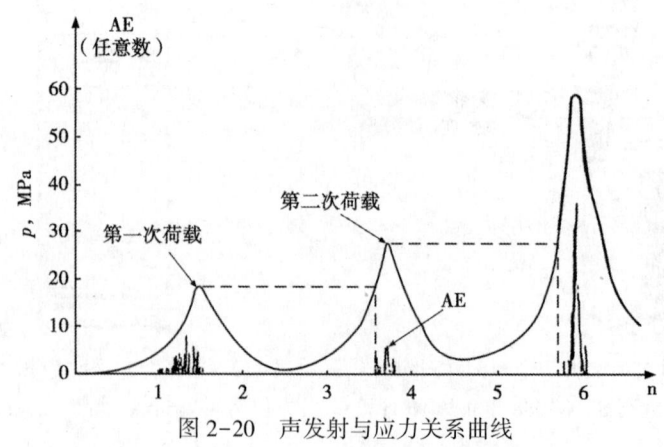

图2-20　声发射与应力关系曲线

2. 岩石采集加工及试验方法

将钻井取出的岩心，按照地层的位置，取垂直于地表一组，平行于地表取二组（按最大主应力方向、最小主应力方向，方向的确定如图 2-21）。每组三块以上试样如图 2-21 所示。试验装置及仪器如图 2-22 所示。

磨平试样的两个端面，其不平行度不大于 0.05mm，并将两端粘上特殊的胶。这样处理的目的是防止试样的两端面产生摩擦，影响凯塞效应测定。

将试样放在试验机上（图 2-22），换能器 4 用耦合剂粘在试样上，由电动计量泵 11 供给的高压液体，经防波形传导的特殊管线 12 进入液压缸 6，推动活塞，把垂向应力传给试样 3 和拉压传感器 2，加载后应力变化由拉压传感器输入到计算机采集系统 9，试样受载后产生的声发射信号，由换能器 4 接收并送入前置放大器 7，再通过四通道声发射综合参数分析仪 8 进行鉴别处理，输入计算机自动采集系统，计算机打出处理结果。岩心三向应力测定声发射曲线如图 2-23 至图 2-25 所示。测试成果见表 2-1，通过两个油田凯塞效应测量可以看出垂向应力最大，水平两向主应力居中和最小值。

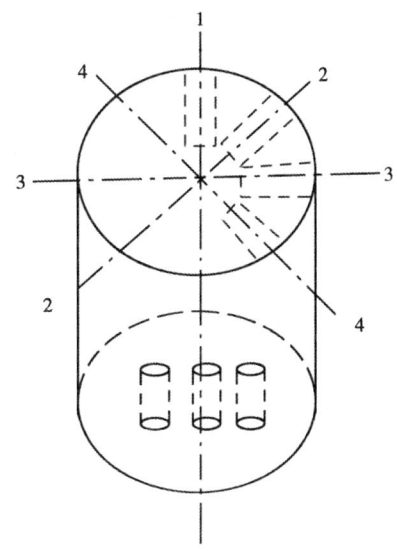

图 2-21 试样采取方法

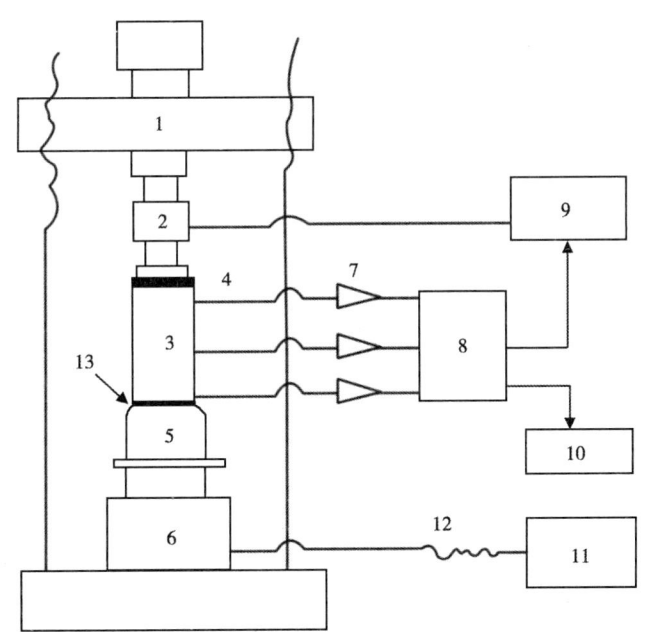

图 2-22 试验仪器和装置

1—材料试验机；2—拉压传感器；3—试样；4—换能器；5—平衡块；6—液压缸；7—前置放大器；8—综合参数分析仪；9—计算机采集系统；10—记录仪；11—电动计量泵；12—管线

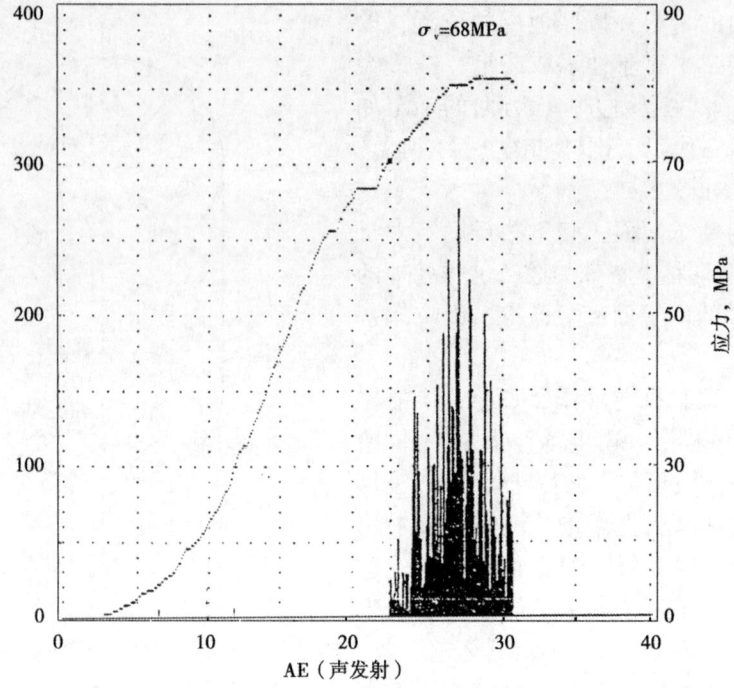

图 2-23　F23 井岩心垂向测试结果（井深 3032m）

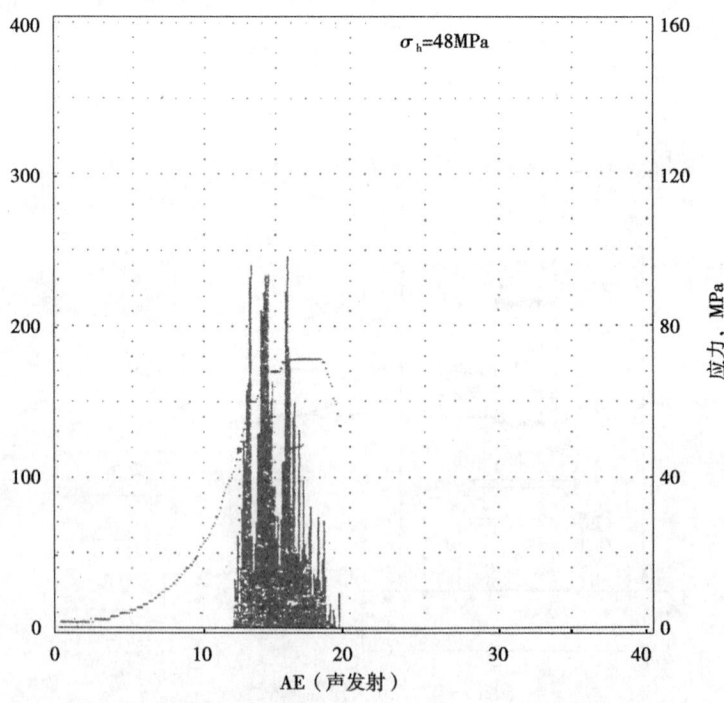

图 2-24　F23 井岩心水平最小主应力方向测试结果（井深 3032m）

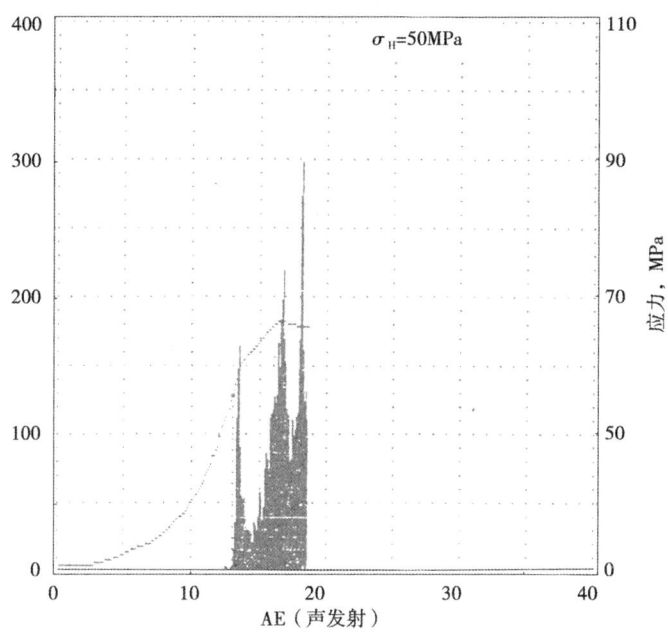

图 2-25 F23 井岩心水平最大主应力方向测试结果（井深 3032m）

表 2-1 三向应力大小的测定表

井号	井段，m	σ_v，MPa	σ_H，MPa	σ_h，MPa
F26	3280.49	80.00	79.00	66.00
F23	3032.00	68.00	58.00	48.00
桩74	3621.34－3626.10	87.44	66.70	63.04
		96.36	71.16	65.62
平均		91.90	68.93	64.33
桩59	3510.00－3518.00	87.39	69.22	64.03
		90.95	64.28	60.57
平均		89.17	66.75	62.30

二、波速各向异性方法测地层中应力分布

岩石波速各向异性测量，是不定向岩心测定之首，因波速测量是利用较方便的换能器，它能在岩心的垂直方向和水平方向任意角度进行测量，能较准确地找出岩心的波速差异，因为最慢、中间、最快波速是一一对应的最大主应力、中间主应力和最小主应力的方向，如凯塞效应、差应变、古地磁等试验都是在波速差异方向的基础上进行的。

地层中的岩石是处在三向应力作用状态下，当从地层取出时，要进行空间的应力释放，在应力最大的方向，在应力释放过程中要出现微小的裂隙，这些小裂隙被空气所占据，而空气和岩石波阻不同：

$$Z = \rho \cdot C \quad (2-4)$$

式中　Z——波阻；

ρ——密度；

C——波速。

对于岩石 $Z=108\times10^4 g/(cm^2 \cdot s)$。

对于空气 $Z=0.004\times10^4 g/(cm^2 \cdot s)$。

所以，在声波传播的路程中，空气体积越大波速越慢，应力也就越大；反之，波速越快应力也就越小（不包括泥岩和页岩）。从而可通过声波传播的速度确定应力方向。波速各向异性测量示意图如图 2-26 所示，测试成果数据见表 2-2。

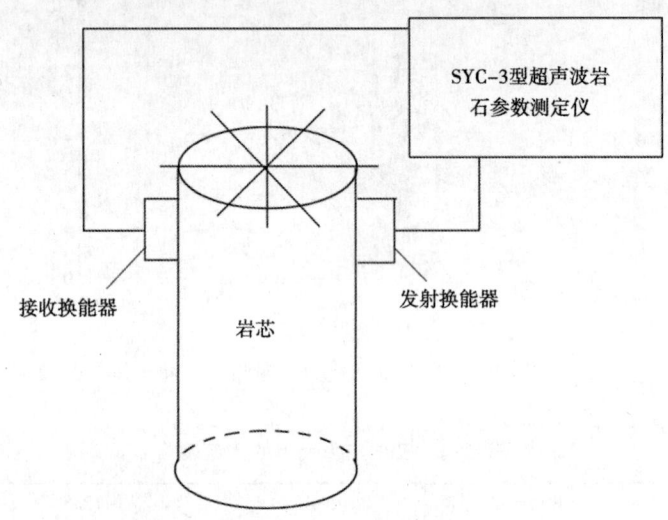

图 2-26 岩石波速各向异性测量示意图

表 2-2 岩心波速各异性测量数据

井号	井段，m	岩心方向	岩样长，mm	波走时间，μs	波速，m/s
桩74-S1	3259.44~3266.16	垂直方向	25.0	143	2000.0
		水平最大方向	119.5	531	2329.4
		水平最小方向	119.5	523	2340.5
桩58	3510~3518	垂直方向	37.6	230	1773.6
		水平最大方向	94.5	510	1920.7
		水平最小方向	94.5	488	2010.7
桩74	3621.34~3626.10	垂直方向	25.0	136	2118.6
		水平最大方向	111.2	534	2155.0
		水平最小方向	111.2	488	2365.9
F15-8	2947	垂直方向	23	107	2150
		水平最大方向	24.9	106	2349
		水平最小方向	24.9	103	2417
F23	3022.11	垂直方向	116	270	4296
		水平最大方向	116	268	4328
		水平最小方向	116	265	4377

续表

井号	井段, m	岩心方向	岩样长, mm	波走时间, μs	波速, m/s
F10	2855.8	垂直方向	106.7	661	1614
		水平最大方向	112.3	684	1642
		水平最小方向	112.3	676	1661
F26	3280.49	垂直方向	24.5	110	2227
		水平最大方向	24.9	111	2243
		水平最小方向	24.9	106	2349

通过波速测量，垂向波速最慢，应力最大，水平两向波速，大多数都比垂向快，说明应力占中和最小。

三、差应变方法测地层三向应力分布

差应变分析（DSA）测试就是通过对试样进行室内三维试验来确定就地主应变的方向，并由此推论就地主应力的方向。由于要完全了解岩样在地层中的方向是不太可能的，因此用古地磁来确定岩样的方向。

对岩样进行差应变分析的测量以确定主应变方向，并由此推论就地主应力的方向。这一实验的基本原理即：岩样从地下应力状态下取出，由于去掉了地下情况下的应力而引起岩样的形变（膨胀）。同时使得岩石中的微裂缝张开，它们张开的方向和密度，正比于从地下取出岩心的就地应力场的空间变化。因此，由于取心过程中而造成的微裂缝群体就是地应力的反映。

试验过程是对岩样加三维围压后测得三个方向上的应变，就理论上而言，在加围压期间，各个方向上的形变量，正比于被消除掉的就地应力条件下形变的数值。最简单的情况是：由于原来就地应力的消除，岩样将会在原最大膨胀的方向上表现出最大的压缩性应变。

当对岩样加围压过程中，岩样中由于应力的消除而造成的微裂缝会首先闭合，而后是微裂隙的闭合。连续加压测试形成的形变是岩石内压力学特性的函数，在高压情况下为内压形变，在低压情况下为由微裂缝控制的形变。因此可区分形变的控制因素，从而可以直接确定微破裂的作用，最大主应变方向垂直于最大裂纹密度的方向，因此，就会表示出最大主应变的方向。如果假定岩样的性质是各向同性的（或者，至少在横向上备向同性）弹性体材料，那么主应力与主应变的方向之间就存在着一一对应的关系（$\varepsilon_1 \geqslant \varepsilon_2 \geqslant \varepsilon_3$；$\sigma_1 \geqslant \sigma_2 \geqslant \sigma_3$）。

将钻井取心加工成长4in，平行于岩心轴向的侧面加工成相互垂直的侧面宽为1.5in。将一组成90°角的应变片贴在三个相互垂直的平面上（图2-27），并将其放入加压室内，如图2-28所示。

对制备好的岩样进行重复加载，加三向等同的围压超过地下情况。对其三个方向上的三维应变进行重复测量，测得备方向的应变量。在每一次压力调节时，要有足够的时间以避免滞后带来的误差。

已测出的六组应变量中选用三组较好数据（垂直方向、水平最大方向、水平最小方向）的应变量计算地层中的三向应力值，如图2-29、图2-30所示。

垂直方向的应力用测井密度曲线进行积分：

$$\sigma_v = \int_0^D \rho(D)g\mathrm{d}D \qquad (2-5)$$

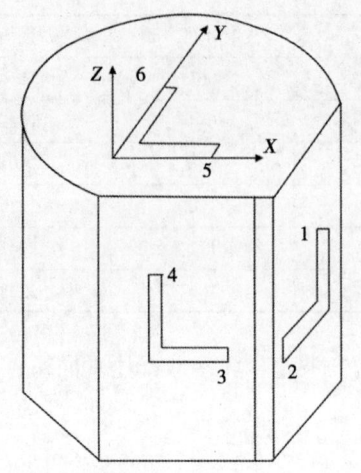

图 2-27 测试样品及应变片粘贴示意图

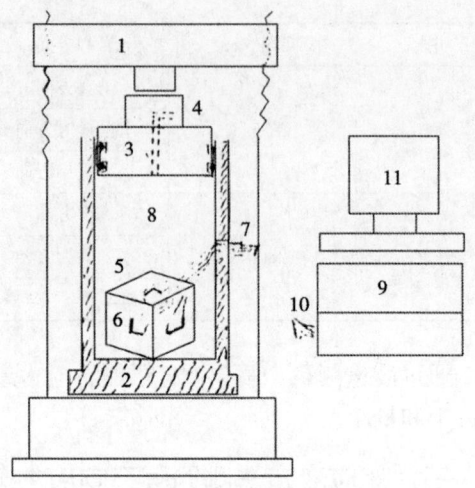

图 2-28 加压室

1—试机；2—液压缸；3—活塞；4—液压油进出口；
5—岩样；6—应变片；7—应变电线；8—机油；
9—应变仪；10—应变电线；11—计算机

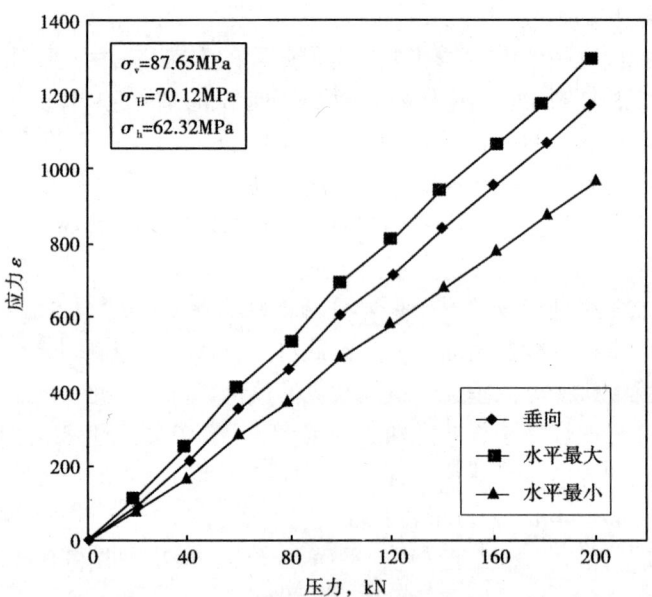

图 2-29 Z74 井差应变实验结果（井深 3622m）

式中 σ_v——垂直应力；

$\rho(D)$——岩石的密度（ρ）随深度（D）的函数；

g——重力加速度。

也可用经验公式：

$$\sigma_v = D^{1.06} \cdot 0.015 \tag{2-6}$$

$$\sigma_H = \varepsilon_H / \varepsilon_v \cdot \sigma_v \tag{2-7}$$

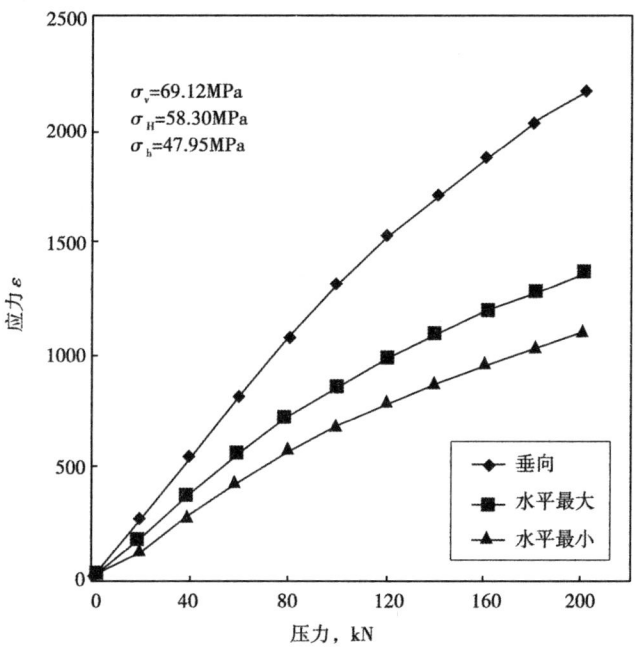

图 2-30 F23 井差应变实验结果（井深 3032m）

$$\sigma_h = \varepsilon_h / \varepsilon_v \cdot \sigma_v \tag{2-8}$$

式中 σ_v——垂向应力值，MPa；

ε_H——水平最大主应力方向应变量；

σ_H——水平最大主应力值，MPa；

ε_h——水平最大主应力方向应变量；

σ_h——水平最小主应力值，MPa；

ε_v——垂直方向应变量；

D——井段深，m。

另外，还可选用本井或附近井的瞬时停泵法规定的最小主应力值来计算三向应力值；

$$\sigma'_v = \varepsilon_v / \varepsilon_h \cdot \sigma'_h \tag{2-9}$$

$$\sigma'_H = \varepsilon_H / \varepsilon_h \cdot \sigma'_h \tag{2-10}$$

式中 σ'_h——瞬时停泵得出水平最小主应力值，MPa。

通过大芦湖和桩74断块两口井测量，垂向岩心应力为最大，水平两向岩心应力为第二位和第三位。

四、利用岩石的古地磁偏角来确定地层中应力方向和天然裂缝走向

测试仪器英国 Moldpin Limieed 磁性测定仪共分三部分：(1) 磁性测定仪包括计算机、软件、电源；(2) 交变退磁仪；(3) 无磁切割机。测试岩样规格为圆柱形 25mm×25mm。

原理：岩石的磁性是由其所含有的铁磁性物质所决定的，不同的岩石有不同成岩过程，因而获得磁化的机制也不同。例如火成岩，不论是喷发岩或侵入岩，它们都是从熔融状态的

岩浆,在地磁中冷却而获得磁化的。在其冷却过程中当温度下降至其所含铁磁性矿物的居里点温度时,这些铁磁性矿物就被当时的磁场所磁化,获得热剩磁,从而使整个岩石获得了总体磁化。这个总体磁化是与当时的地磁场密切相关,其磁化方向完全一致,因而可靠的记录了成岩年代地磁场各种信息。

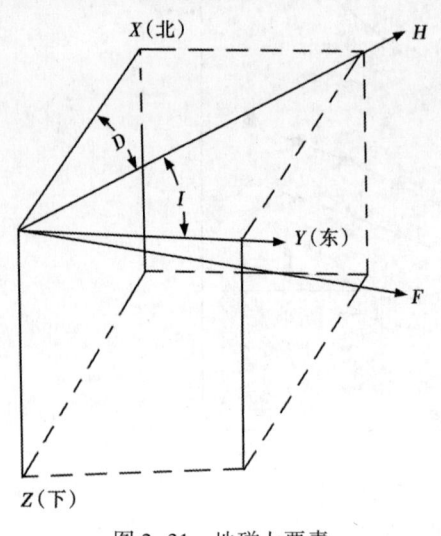

图 2-31 地磁七要素

沉积岩在成岩过程中,没有经过高温磁化这个过程,但由于构成沉积岩的各种小颗粒中,必有从火成岩上风化剥蚀下来的,已被磁化的微小颗粒,就像一个小磁针,在沉积脱水固结过程中,在当时地磁场作用下定向排列,从而使整个沉积岩体获得一个与当时地磁场相关的总体剩磁,这个总体剩磁在一个地区沉积岩体磁化方向是一致的,这样获得的剩磁叫做沉积剩磁或碎屑剩磁。从钻井井下取出的岩心基本上都是碎屑剩磁。

描述某点的地磁场,一般用磁偏角 D、磁倾角 I、水平强度 H、垂直强度 Z、总强度 F、北向分量强度 X、东向分量强度 Y 等 7 个参数(通称七要素)。规定磁偏角 D 是以磁北为零点,顺时针旋转为正值($0°\sim360°$),磁倾角 I,是以水平方向为零点,向下为正值,向上为负值($-90°\sim90°$)七要素之间的关系如图 2-31 所示。

统一规定磁偏角 D 由北向东为正,磁倾角 I 由水平面向下为正。从图中可看出,七要素之间有下列相互关系。

$$F = \sqrt{H^2 + Z^2} = \sqrt{X^2 + Y^2 + Z^2} \tag{2-11}$$

$$Z = F\sin I = H \cdot \tan I \tag{2-12}$$

$$H = F \cdot \cos I \tag{2-13}$$

$$X = H \cdot \cos D = F\cos I \cdot \cos D \tag{2-14}$$

$$Y = H\sin D = F\cos I \sin D \tag{2-15}$$

$$D = \arctan \frac{Y}{X} = \arcsin \frac{Y}{H} = \arccos \frac{X}{H} \tag{2-16}$$

$$I = \arctan \frac{Z}{H} = \arcsin \frac{Z}{F} = \arccos \frac{H}{F} \tag{2-17}$$

实际上,只要三个要素就可以完全描述该点地磁场情况,本研究采用磁偏角 D(以磁北极为零点,顺时针,在 $360°$ 范围内均可使用)、磁倾角 I 和总磁量 F。

用 Kaiser 效应方法、波速各向异性方法、差应变方法,在岩心上得出了水平最大主应力方向。但此结果只是在岩心上得出的,因岩心是不定向岩心,该结果还需要与地层中取心位置的应力方向要一致,这就需要用古地磁方法与地层对位。具体做法是:先在地面找到新近—古近系岩石露头,用露头岩石的磁偏角与地层中取出来岩心的磁偏角,进行对比取得方向的一致。露头岩石的磁数据见表 2-3,岩心上水平最大主应力方向和天然裂缝岩心方向的磁数据见表2-4、表2-5。

利用同一地质年代地层岩石的露头，以现在磁北为零点，DRM古地磁偏角D与地层中同一地质年代取出来的岩心，测得水平最大主应力方向的古地磁偏角D'。天然裂缝岩心方向的古地磁偏角D''进行比较，D'（D''）与D之差，就是岩石在地层中水平最大主应力方向和天然裂缝方向。差值得正是以磁北顺时针方向；差值得负是以磁北逆时针方向。计算的结果见表2-6、表2-7。

通过不定向岩心，用凯塞效应、波速各向异性、差应变及古地磁等方法测定三向应力分布方向、天然裂缝岩心方向，其测定的垂向应力为最大，水平两向主应力占中和第三位；三向应力的梯度分别为0.02438MPa/m，0.01976MPa/m，0.01719MPa/m。用古地磁确定的方向，后面用其他方法来验证。

表2-3 新近—古近系华北露头磁数据表

岩样号	取样地点		磁场分量M, 10^{-3}A/m			总磁量F 10^{-3}A/m	磁倾角I (°)	磁偏角D (°)
	经度(°)	纬度(°)	X	Y	Z			
1	38.6	114.5	0.863	0.878	1.269	1.768	45.87	45.49
2	38.6	114.5	0.906	1.023	2.140	2.537	57.51	48.67
3	38.6	114.5	2.129	1.281	2.856	3.328	59.13	48.62
4	38.6	114.5	0.377	0.650	1.610	1.777	64.99	59.91
5	38.6	114.5	0.900	1.023	2.140	2.537	57.51	48.67
6	38.6	114.5	0.857	0.730	1.388	1.787	50.97	40.44
7	38.6	114.5	0.313	0.348	2.874	2.912	80.74	48.04
8	38.6	114.5	0.854	0.694	2.429	2.667	65.63	39.08
9	38.6	114.5	0.543	0.437	1.801	1.931	68.82	38.83
10	38.6	114.5	0.271	0.367	1.344	1.420	71.25	53.52
11	38.6	114.5	0.322	0.448	1.723	1.807	72.44	54.27
平均							63.12	47.47

表2-4 岩心上水平最大主应力方向的磁数据表

岩样号	井段 m	磁场分量M, 10^{-3}A/m			总磁量F 10^{-3}A/m	磁偏角D' (°)	磁倾角I' (°)
		X'	Y'	Z'			
F26	3280	−0.054	0.012	2.984	2.984	131.83	88.94
		−0.386	−0.279	2.956	2.995	125.91	80.85
		−0.104	0.034	0.466	0.478	140.94	76.73
		−0.032	0.005	0.430	0.432	135.87	85.73
	平均					134.64	83.06
15-8	2947	0.026	−0.050	−0.044	0.072	207.35	−37.99
		0.148	−0.310	−0.012	0.344	205.53	−2.03
	平均					206.44	−20.01

63

续表

岩样号	井段 m	磁场分量 M，10^{-3}A/m			总磁量 F 10^{-3}A/m	磁偏角 D' (°)	磁倾角 I' (°)
		X'	Y'	Z'			
23	3032	0.541	0.186	2.232	2.304	198.94	75.62
		0.199	0.009	0.713	0.741	182.60	74.38
	平均					190.77	75.00
F10	2894	0.222	−0.235	1.603	1.636	133.39	78.60
		0.318	−0.303	2.767	2.802	136.47	80.98
	平均					134.93	79.79

表 2-5 岩心天然裂缝方向上的磁数据表

岩样号	井段 m	磁场分量 M，10^{-3}A/m			总磁量 F'' 10^{-3}A/m	磁偏角 D'' (°)	磁倾角 I'' (°)
		X''	Y''	Z''			
15-8	2988	0.555	−0.298	0.307	0.701	126.02	25.93
		0.239	−0.307	0.348	0.522	127.08	41.03
	平均					126.55	33.48
15-8	2929	0.545	0.353	0.502	0.821	134.50	37.74
		0.296	0.243	0.189	0.424	130.60	24.25
	平均					132.55	32.00
26	3276.32	0.284	0.573	2.278	2.366	95.30	72.32
		0.228	0.384	2.596	2.635	95.60	80.23
	平均					95.45	76.28
26	3284.49	−0.036	−0.140	2.847	2.851	96.50	87.09
		0.555	0.606	3.190	3.295	98.45	75.55
	平均					97.48	81.32
10	2874.43	0.163	0.006	1.573	1.581	94.10	84.00
		0.211	0.030	1.417	1.432	96.10	81.45
	平均					95.10	82.73
10	2894.39	−0.448	0.064	−1.746	1.803	100.47	75.48
		−0.418	0.260	−1.429	1.511	104.47	72.00
	平均					102.47	73.74
23	2896.32	−0.003	0.052	−0.026	0.058	93.47	26.52
23	3003.93	−0.245	0.438	2.490	2.540	119.22	78.60

表 2-6　樊家油田主要油层段水平应力方向表

井号	井段 m	岩心号	$D'-D$=水平最大主应力方向（°）		
			D'	D	$D'-D$
F26	3280	$4\frac{11}{19}$	134.64	47.47	87.17
F15-8	2947	$3\frac{22}{31}$	206.44	47.47	158.97
F23	3032	$5\frac{14}{19}$	190.77	47.47	143.30
F10	2894.39	$9\frac{3}{22}$	134.93	47.47	87.46

表 2-7　樊家油田主要油层段地层天然裂缝方向表

井号	井段 m	岩心号	$D'-D$=水平最大主应力方向（°）		
			D'	D	$D'-D$
F15-8	2988	$4\frac{5}{43}$	126.55	47.47	79.08
	2929	$22\frac{44}{50}$	132.55	47.47	85.08
F-26	3276.32	$3\frac{4}{18}$	95.45	47.47	47.98
	3284.49	$4\frac{2}{19}$	97.48	47.47	50.01
F10	2874.43	$2\frac{21}{23}$	95.10	47.47	47.63
	2894.39	$9\frac{3}{22}$	102.47	47.47	55.00
F23	2896.32	$1\frac{7}{22}$	93.47	47.47	46.00
	3003.93	$2\frac{11}{26}$	119.22	47.47	71.75

五、用不定向岩心测地应力的综合评价

用岩心测地层中的三向应力大小和方向，是一项综合性的测试，因任何一种单一的方法都不能完成上述任务，如超声波各向异性测量，利用超声波的灵活换能器测出岩心上的空间的波速变化，因地应力作用的岩心在释放过程中，使岩心松弛，在应力作用大的方向出现微裂隙（用肉眼很难观察到），当岩心取出地面，这些微裂隙造成岩心的波速各向异性，在波速慢的方向正是岩心在地层中受力最大的方向。该方法只能测出岩心上的应力方向（因我国大多数取心都不是定向取心，在岩心上没有方向），但不能对应到几千米深的应力方向上，这还得借用岩心上的古地磁来完成，因岩心上的古地磁是记录各地质时期，各种岩石成岩时当地的磁子午线（磁偏角），各个地质年代的岩心都有它的磁偏角方向，如第四系（更新统）Q 与现在当地的磁子午线偏-4°左右（北京）。古近系 E，岩心的磁偏角与现在的磁子午方向顺时针偏平均 47°左右（华北）。白垩系 K，岩心的偏角与现在的子午线方向偏 18°左右（松辽盆地）。侏罗系 J 岩心上的磁角与现在的子午线偏 6°左右（鄯善）；二叠系 P，石炭系 C，这两个年代的岩心磁角与现在磁子午线偏-15°左右（新疆），河南南阳新近—古

近系，地层磁偏角158°左右。总之，每一个地质年代的磁偏角都不一致。上述各地质年代的岩心偏角与现在磁子午线之差只是粗略的平均值，如应用这些数据最好取当地露头重新测量，避免有误。

用超声波各向异性测出岩心上应力方向的磁偏角与现在磁子午线方向进行比较，岩心上的磁角数据大于或小于这个年代的磁偏角数据，都是与现在磁北的夹角，这个夹角正是岩心上的应力方向（水平最大主应力方向与几千米深取心位置的应力方向对应）。

用超声波各向异性和古地磁方法还得不出岩心对应地层中的三向应力的大小，还得借用凯瑟效应和差应变方法，这两种方法是在波速各向异性在岩心所测方向的基础上，在岩心的垂直方向和水平波速最快和最慢的两个方向钻取小岩样或贴上应变片来测出地层中三向应力的大小。

凯瑟效应方法，在浅层测出的结果岩心孔隙较小可以直接使用，在深部地层有孔隙的岩石所测出的应力值，只是比值关系，这还得借用密度测井资料，用积分方法得出垂向应力值，然后用实测的应力比值关系来计算水平两向应力值，或者借用这口井或邻井的瞬时停泵的最小主应力值，来计算水平最大应力和垂直应力值。

凯瑟效应方法噪声的屏蔽是一项技术很强的工作，如岩样端部摩擦声，机械转动的振动波都影响测试的准确性，否则得出的值是试样的破裂前兆值或其他噪声信号。

差应变试验，主要影响曲线的正常因素如岩样的颗粒差异太大，层理，裂纹，应变片贴不实，有悬空现象。

第三节 用测井资料处理现代应力场及天然裂缝分布

一、钻孔崩落掉块与地层中的应力分布

1. 孔壁崩落的原理

井壁崩落是由于地壳内存在水平差应力，从而在钻孔壁形成应力集中。当井孔周围水平最大主应力 σ_1 与最小主应力 σ_2 之差大于地层中岩石抗压强度时，井眼就会产生崩落掉块，形成井壁崩落椭圆，其长轴方向与最小主应力方向平行。

根据弹性理论，对井壁崩落的力学机制作如下分析

考虑无限大矩形平板中有一圆形小孔时的应力状态。由于圆孔的存在，矩形板中的应力状态必然改变，根据，Kirsch 公式及叠加原理，离井轴为 γ，与 σ_1 方向顺时针夹角为 θ 处的应力状态为：

$$\left.\begin{aligned}\sigma_r &= \frac{\sigma_1+\sigma_2}{2}\left(1-\frac{r_i^2}{r^2}\right)+\frac{\sigma_1-\sigma_2}{2}\left(1-4\frac{r_i^2}{r^2}+3\frac{r_i^4}{r^4}\right)\cos2\theta+\frac{r_i^2}{r^2}p_i \\ \sigma_\theta &= \frac{\sigma_1+\sigma_2}{2}\left(1+\frac{r_i^2}{r^2}\right)-\frac{\sigma_1-\sigma_2}{2}\left(1+3\frac{r_i^4}{r^4}\right)\cos2\theta-\frac{r_i^2}{r^2}p_i \\ \tau_{r\theta} &= \frac{\sigma_1-\sigma_2}{2}\left(1-\frac{3r_i^4}{r^4}+\frac{2r_i^2}{r^2}\right)\sin2\theta \end{aligned}\right\} \quad (2-18)$$

式中 σ_r——径向应力分量；

σ_θ——切向正应力分量；

p_i——井内液体压力;
$\tau_{r\theta}$——剪应力分量;
r_i——井孔半径。

在井壁上 $r_i = r$。
各应力分量为:

$$\left. \begin{array}{l} \sigma_r = p_i \\ \sigma_\theta = (\sigma_1 + \sigma_2) - 2(\sigma_1 - \sigma_2)\cos2\theta - p_i \\ \tau_{r\theta} = 0 \end{array} \right\} \quad (2-19)$$

当 θ 值为 0 和 π 时,σ_θ 有最小值:

$$\sigma_{\theta\min} = 3\sigma_2 - \sigma_1 - p_i \quad (2-20)$$

当 θ 值为 $\frac{\pi}{2}$,$\frac{3\pi}{2}$ 时,σ_θ 有最大值:

$$\sigma_{\theta\max} = 3\sigma_1 - \sigma_2 - p_i \quad (2-21)$$

因此,在 $\theta = \frac{\pi}{2}$ 或 $\frac{3\pi}{2}$ 两处的岩石,当受力超过该岩石的弹性极限强度时,就会产生崩落掉块,如图 2-32 所示,在钻井液的不断冲刷之下会使这两处井径扩大,明显的偏离原始井眼尺寸,形成类椭圆井眼。井壁崩落椭圆长轴方向与最小主应力方向平行,而与最大主应力方向垂直(图 2-33)。因此,可根据井壁崩落椭圆的长轴取向,确定地应力方向。

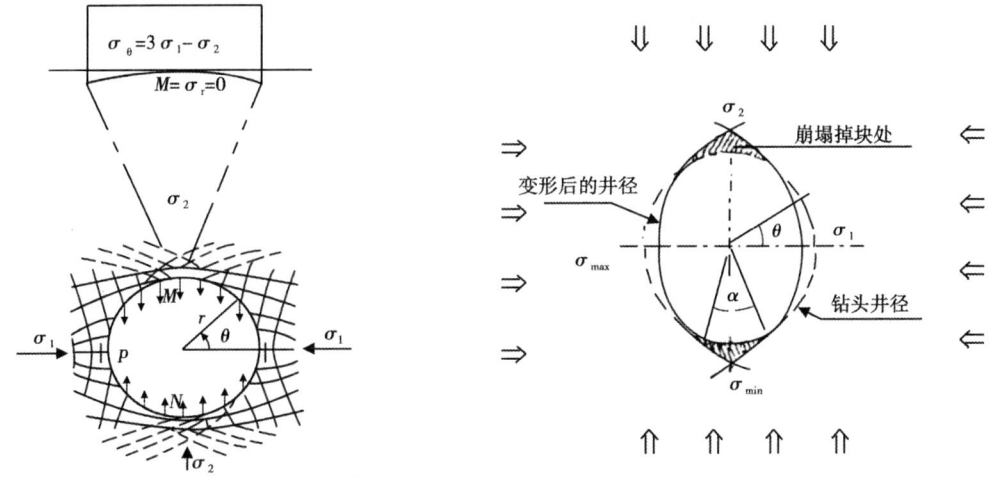

图 2-32 双轴作用下井孔应力分布图　　图 2-33 崩落掉块应力关系图

2. 钻孔崩落掉块室内试验

为了观察到不等的两个水平主应力作用下的井孔崩落掉块现象,在室内做了模拟试验。试验用的材料为混凝土、砂岩、花岗岩和汉白玉。试样尺寸为 7cm×7cm×10cm 的长方体。在正方形端面中心钻直径为 3.1cm 的井孔。将岩样放入真三轴应力仪如图 2-34 所示。

向岩样施加垂向应力和水平最小主应力,然后缓缓加载水平最大主应力(加载速率为 5MPa/min)。从表 2-8 可以看出,虽然岩样不同,材料特性各异,但出现崩落掉块的位置均为 $\theta = \frac{\pi}{2}$ 和 $\frac{3\pi}{2}$ 处,这是由于该点处的水平两向应力之差超过岩石的抗压强度(图 2-35)。

表 2-8 不同应力状态下井孔崩塌掉块结果

试样编号	岩性	σ_1 MPa	σ_2 MPa	孔径变化, mm		塌掉块方位	崩塌掉块 α 角, (°)
				$\theta=0, \pi$	$\theta=\frac{\pi}{2}, \frac{3\pi}{2}$		
01	水泥块	20.2	10.1	31.2~30.8	31.2~31.6	σ_2	22
02	水泥块	19.9	9.4	31.8~31.5	31.8~32	σ_2	22
03	水泥块	19.7	10.0	31.7~31.3	31.7~32	σ_2	22
04	砂岩	28.0	11.2	31.2~30.8	31.2~31.6	σ_2	22.3
05	砂岩	30.4	11.1	31.4~31.1	31.4~31.6	σ_2	18.05
06	花岗岩	48.2	10.4	31.2~30.7	31.2~31.5	σ_2	22
07	花岗岩	47.9	9.5	31.2~30.8	31.2~31.4	σ_2	22
08	白云岩	32.1	10.7	31.2~30.6	31.2~32	σ_2	22
09	白云岩	31.7	10.7	31.2~30.5	31.2~31.9	σ_2	22
10	白云岩	44.5	21.2	31.4~31.0	31.4~33	σ_2	35.8
11	白云岩	44.5	21.2	31.5~31.0	31.5~32.8	σ_2	35.8
12	白云岩	52.0	32.2	31.5~31.2	31.5~31.8	σ_2	45.5
13	白云岩	58.0	31.4	31.5~30.0	31.5~32.1	σ_2	45.5
14	白云岩	67.9	39.3	31.5~30.5	31.5~32.3	σ_2	56.6
15	白云岩	67.0	40.1	31.5~30.4	31.5~32	σ_2	57.0
16	白云岩	82.8	82.8	31.5~30.5	31.5~30.8	在一周 360°内均有裂纹掉块	

注：σ_1—水平最大主应力；σ_2—水平最小主应力；α—崩塌掉块破坏角度。

01~09 号试样最小水平主应力 σ_2 在 10MPa 左右，井孔崩落掉块角度在 22°左右；试样 10~16 号为较均质汉白玉，σ_2 值每增加 10MPa，σ_1 值（σ_1 为岩样在井孔崩落掉块时所加应力值）也增加 10MPa 左右，σ_2 值增加到 30MPa（初始值的 3 倍），破坏角 α 也增大到 3 倍左右（22°增加到 57°），成果见表 2-8。

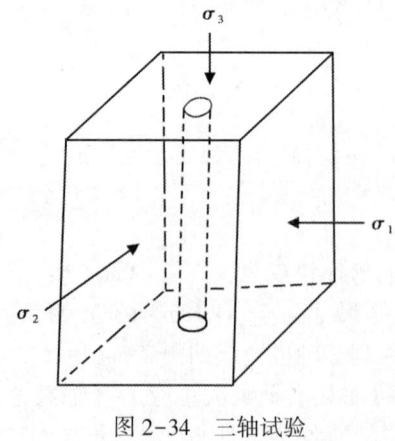

图 2-34 三轴试验

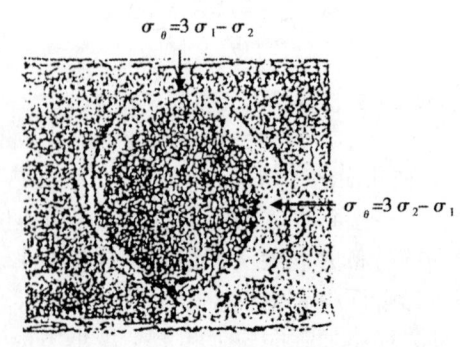

图 2-35 三轴试验崩落掉块样品

$$\alpha = PIAZ \quad (2-22)$$

当 C_{2-4} 井径曲线为长轴井径时，其长轴方位角（α）则为：

$$\alpha = AZIM + R_B + 90° \quad (2-23)$$

在有些测井记录中，有时直接记录 C_1 极板方位角（$PIAZ$），这时，可以直接从图上读取其长轴方位角。

根据形成井孔崩落椭圆理论和室内近似三维模拟井孔崩落试验，归纳如下

（1）钻孔横截面具有明显的长轴，在四臂地层倾角井径测井记录图上，一条井径曲线比较平直，接近或等于钻头直径，而另一条井径曲线则比钻头直径大得多。

（2）椭圆孔段在深度上具有一定的长度，在同一个钻孔的不同深度上，这种崩落孔有时较短，为几米或几十米，有时相当长，达几十米，甚至上百米，但其长轴方向基本不变。

（3）在钻孔横截面的两个正交方向上均有扩径现象，一条井径曲线扩径幅度不大。而另外一条则大得多，而且扩径幅度截然不同，但仍保持有相当明显的长轴方向，四条电导率曲线均较稳定或同步变化。

（4）在钻孔横截面，出现高角度拉张的天然裂缝有一定的宽，由于双井径曲线变化较小，难于辨别两种形态，这需要借助地层倾角的四条电导率曲线的分析，将该井段划分出来，予以剔除。

如桩 74-14-9 井井段 3180~3690m 最大水平主应力方向大多数井段为 35.30°~33.56°，而在 3250~3300m 这一段为 45°，如图 2-36。

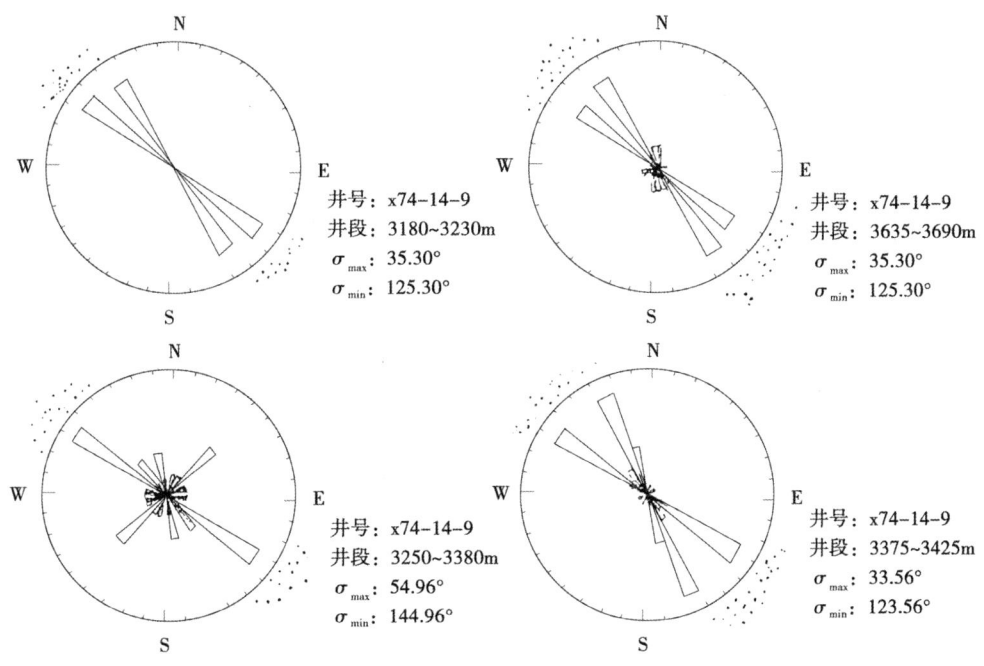

图 2-36　x74-14-9 井水平最大主应力方向平均为 39.8°

二、用测井资料处理地层柱状三向应力分布

地层中岩石从剖面上分析是十分复杂的，含有多种岩性的岩石，其力学性质也是根据不

同的岩性千变万化，岩石力学性质的连续性、层与层之间的力学关系是我们十分关心的，也是需要我们了解的内容。利用测井资料，如声波、密度、自然伽马测井曲线，通过计算，可以计算出连续的随井深变化的岩石力学参数曲线，并通过岩石力学参数曲线及地应力参数、地层孔隙压力，还可以计算出随地层深度变化的地层延伸压力曲线及柱状应力分布，计算公式如下：

$$v_p = \sqrt{\frac{E(1-\mu)}{\rho_b(1+\mu)(1-2\mu)}} \qquad (2-24)$$

$$v_s = \sqrt{\frac{E}{2\rho_b(1-\mu)}} \qquad (2-25)$$

$$E = \frac{\rho_b}{\Delta t_s^2} \cdot \frac{3\Delta t_s^2 - 4\Delta t_c^2}{\Delta t_s^2 - \Delta t_c^2} \qquad (2-26)$$

$$\mu = \frac{0.5\Delta t_s^2 - \Delta t_c^2}{2(\Delta t_s^2 - \Delta t_c^2)} \qquad (2-27)$$

$$G = \rho_i \cdot (\Delta t_s^2) = \frac{E}{2(1+\mu)} \qquad (2-28)$$

$$K = \rho_b(\Delta t_c^2 - 3/4\Delta t_s^2) = \frac{E}{3(1-2\mu)} \qquad (2-29)$$

$$R = \frac{\rho_i^2}{\Delta t_c^4} \cdot \frac{(1-2\mu)(1+\mu)}{2(1-\mu)} \qquad (2-30)$$

若无 Δt_s 波测井资料，泊松比可用下式计算：

$$\mu = 0.125Q + C \qquad (2-31)$$

其中
$$Q = \frac{\phi_s - \phi_D}{\phi_s} \qquad (2-32)$$

$$C = 0.15 \sim 0.3$$

$$\phi_s = \frac{\Delta t - \Delta t_{ma}}{\Delta t_f - \Delta t_{ma}} \frac{1}{CP} - \frac{\Delta t_{sh} - \Delta t_{ma}}{\Delta t_s - f\Delta t_{ma}} V_{sh} \qquad (2-33)$$

$$\phi_D = \frac{\rho_D - \rho_{ma}}{\rho_f - \rho_{ma}} - \frac{\rho_{sh} - \rho_{ma}}{\rho_f - \rho_{ma}} V_{sh} \qquad (2-34)$$

式中 Δt——声波时差，μs/m；
 Δt_{ma}——岩骨架时差，180μs/m；
 Δt_f——流体时差，620μs/m；
 CP——压实校正系数，值为1.1；
 Δt_{sh}——泥岩时差，μs/m；
 V_{sh}——泥质含量，%；
 ρ_D——地层密度，g/cm³；

ρ_{ma}——岩骨架密度，砂岩取 2.65g/cm^3，石灰岩取 2.71g/cm^3，白云岩取 2.87g/cm^3；

ρ_f——流体密度，1g/cm^3；

ϕ_s——由声波测井求出孔隙度；

ϕ_D——由密度测井求出孔隙度；

v_p, v_s——纵波、横波速度，m/s；

$\Delta t_c, \Delta t_s$——纵波、横波时差，μs；

E——弹性模量；

μ——泊松比；

K——体积模量；

ρ_b——容积密度，g/cm^3；

G——剪切模量，m/s；

R——地层出砂系数。

利用上述的岩石力学参数，并用下列公式可近似地求得各层的延伸压力 p_c：

$$p_c = (\sigma_v - p_0)\frac{2\mu}{1-\mu} + p_0 + \frac{K_{IC}}{\sqrt{\pi a}} \quad (2-35)$$

$$\sigma_v = (\rho_b/10)H$$

式中 σ_v——垂向应力，MPa；

p_0——地层孔隙压力，MPa；

H——由地面到压裂层的深度，m；

K_{IC}——岩石断裂韧度，MPa；

a——修正系数，值为 5。

用该方法我们对许多油田进行了岩石力学参数与地层破裂压力关系的计算，留 17 断块油田 17-69 井的柱状应力剖面图如图 2-37 所示。根据计算结果，在图中可确定产层和天然裂缝发育井段，从而可较直观地看出随井深变化的岩石力学参数、孔隙压力、破裂压力、产层及天然裂缝发育井段。

三、用常规测井资料识别裂缝

随着国内外测井技术的进展，对碳酸盐岩、砂岩地层的裂缝识别和裂缝性储层的评价技术有很大程度提高。用以探测裂缝的主要测井资料简述如下。

1. 电阻率测井识别裂缝

裂缝对岩石孔隙度的贡献很小，但很大程度提高了岩石渗透率。同理，地层中的裂缝对孔隙度测井也有一定的贡献，但裂缝使地层导电性变好，明显地影响电阻率曲线，有高角度裂缝的井段，双侧向电阻率有所降低如图 2-38（a）所示，且深、浅微电阻率之间出现"正差异"如图 2-39 所示；地层倾角测井贴井壁四极板，在高角度裂缝层段的电导率异常如图 2-38（b）所示，还可根据极板的方向估计裂缝走向；获取井壁成像技术——微电阻率扫描（FMS）是通过井壁四极板，每个极板上有 27 钮式电极进行扫描成像，是深部地层探测裂缝较好的方法。如图 2-40 所示。

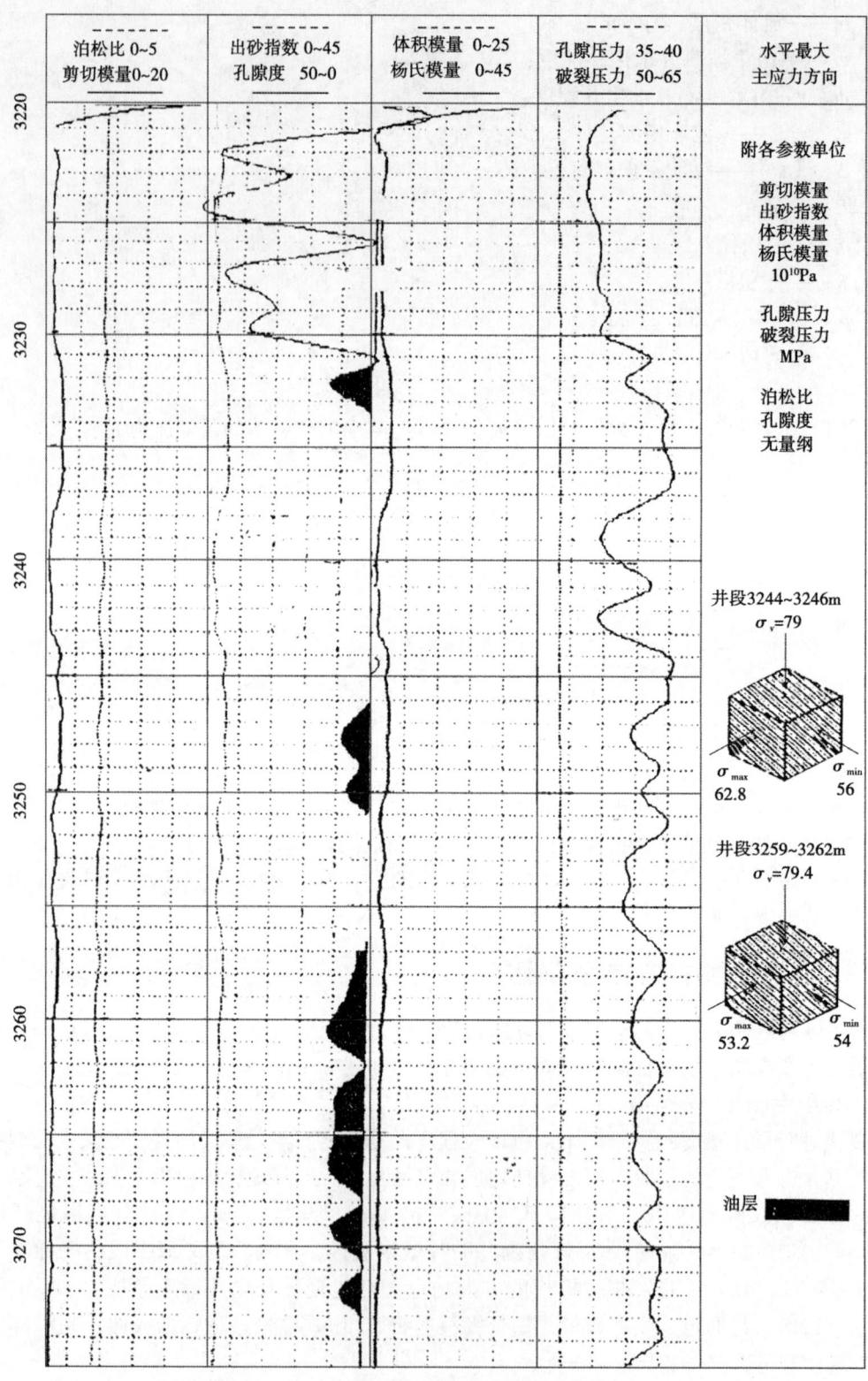

图 2-37 留 17-69 井岩石力学参数与地层破裂压力关系图

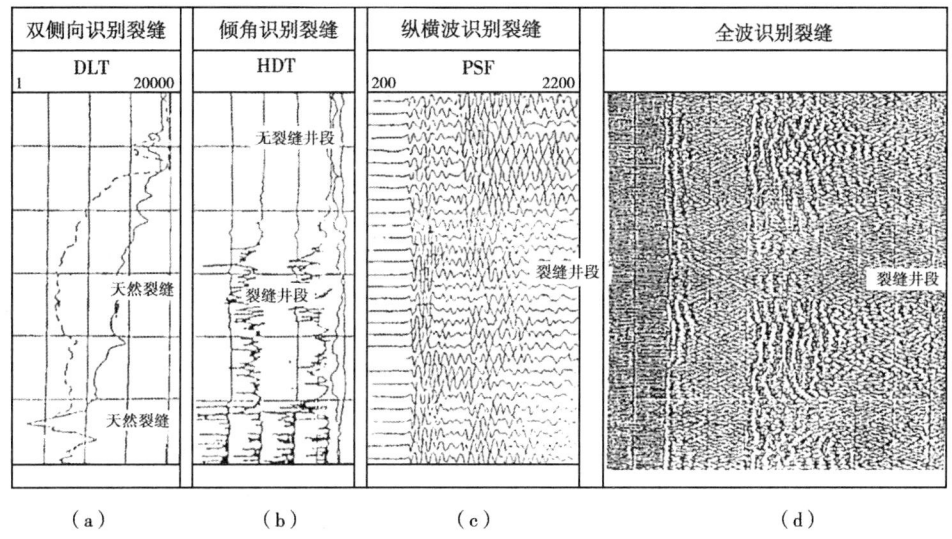

图 2-38　双侧、地层倾角、纵横波、全波相互对比识别裂缝

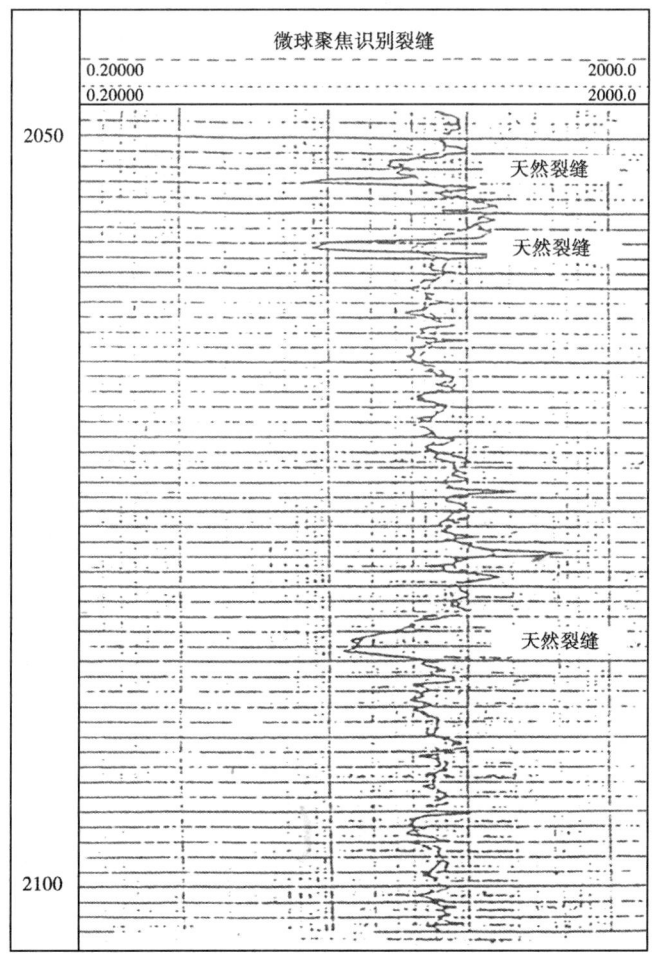

图 2-39　微球聚焦识别裂缝

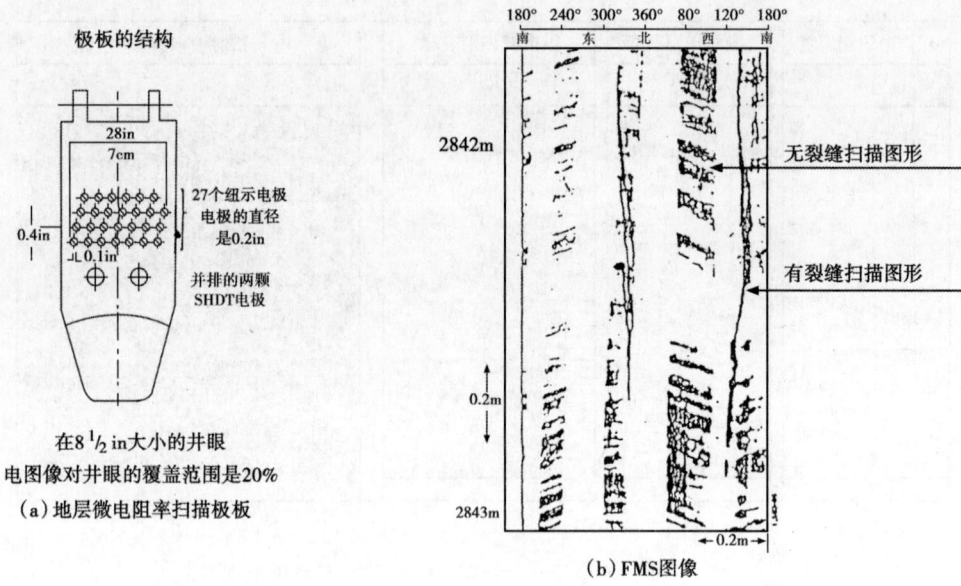

图 2-40 地层微电阻扫描测井识别裂缝

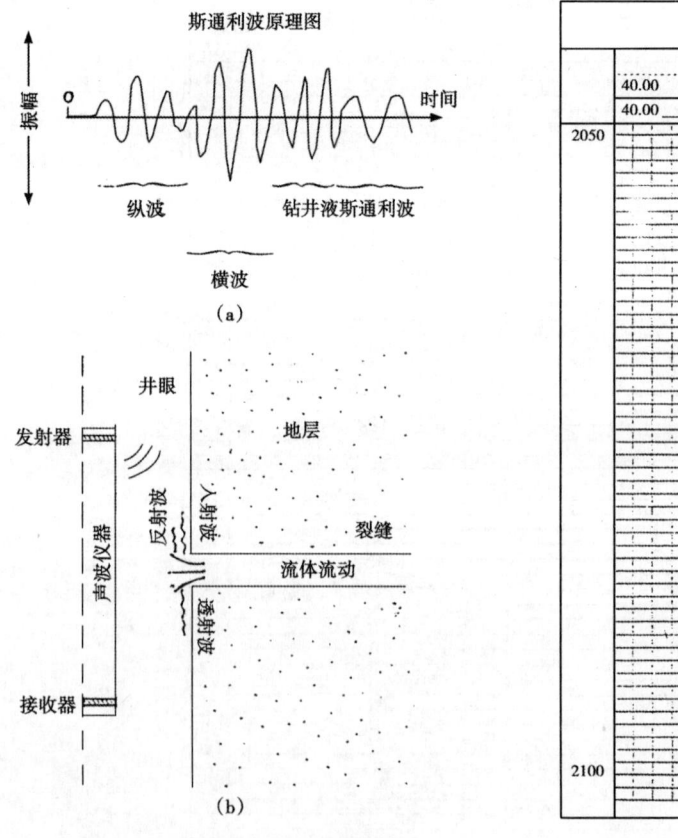

图 2-41 声波识别裂缝示意图

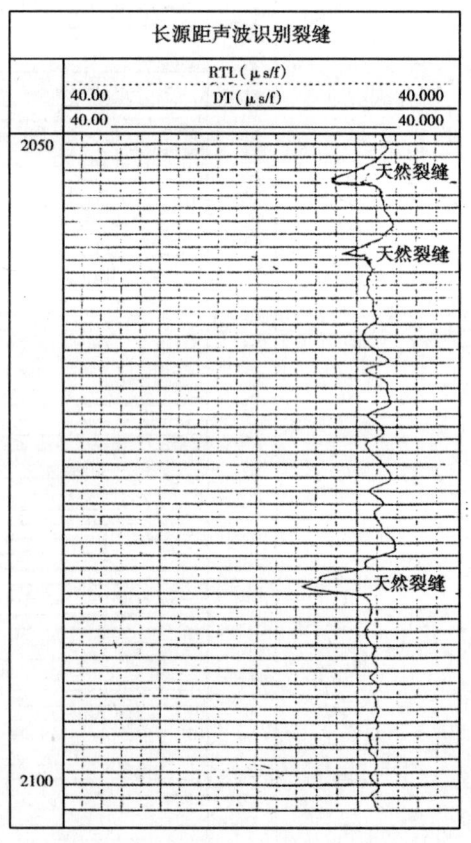

图 2-42 长源距声波识别裂缝

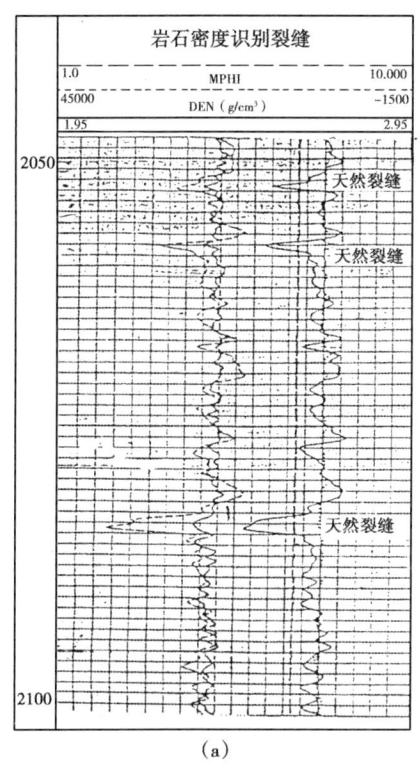
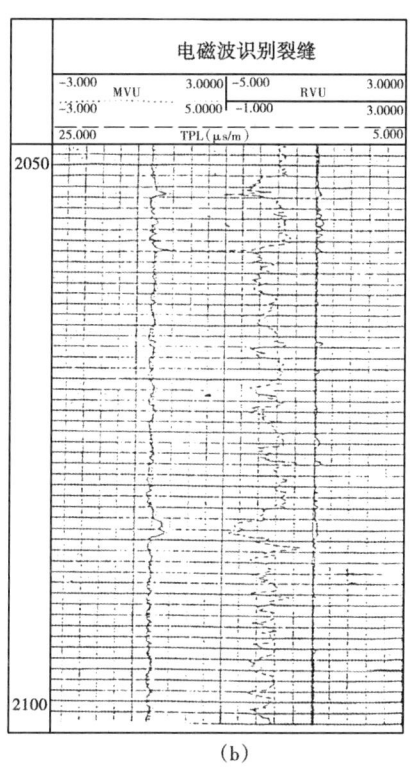

(a)   (b)

图 2-43 岩石密度电磁波识别裂缝

2. 声波、密度测井识别裂缝

裂缝及其所含流体在岩石中形成声阻抗界面而影响声波传播，这是用声波测井探裂缝的基础。如声波测裂缝示意图，如图 2-41 所示。长源距纵波测井声波时差和声波测井时差由于测距不同，当出现裂缝井段，二者曲线出现差异，如图 2-42 所示；由于纵横波和全波测遇到高角度裂缝井段声波能量的衰减，曲线幅度变低和"人"字形的条纹，这时声波后的斯通利波出现干扰，如图 2-38（c）(d) 所示。

密度测井如图 2-43 所示，变密度测井如图 2-44 所示，均有识别裂缝的能力，因任何岩石的双侧、地层倾角、纵横波全波、相互对比识别裂缝（图 2-38）的密度均大于水，有裂缝的井段密度降低。

为了说明电阻率测井、声波测井、岩石密度测井识别裂缝的相关性，借用克拉玛依一区油田和鄯善油田测井资料的成果图编在一起以便对比，如微球聚集识别裂缝、变密度识别裂

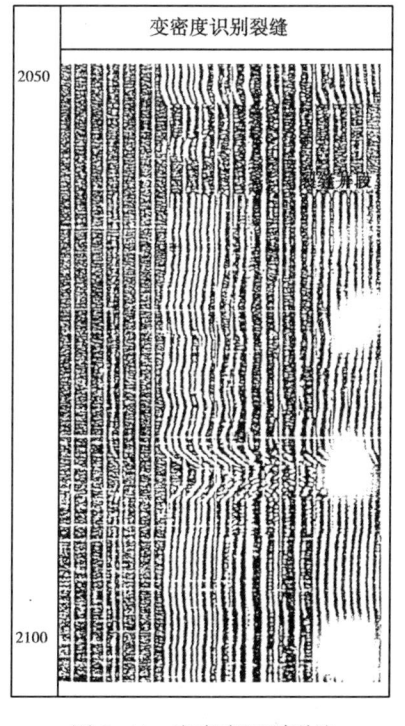

图 2-44 变密度识别裂缝

缝、长源距声波识别裂缝、岩石密度识别裂缝、电磁波识别裂缝，均在一口井并同一个井段内。双测向识别裂缝、倾角识别裂缝、纵横波识别裂缝、全波识别裂缝也是在一口、一个井段内，用不同测井方法识别裂缝且其结果相关性较好。

应用超声波井下电视，对裸眼井段进行超声波扫描录像，可直接观测天然裂缝方向、人工裂缝方向和地应力方向。

超声波测井系统分为井下探测和地面控制显示两部分，中间通过铠装连接。

仪器的发射探头垂直地向井壁发射超声波，当声波遇到井壁后，产生反射波并被探头接收下来，转化为电信号进入阴极射线示波管内，它将信号的强弱变成荧光屏上的亮点辉度大小。探头以恒定的转速在井中旋转，并发射与接收信号。在探头内装有门控磁通量定向仪，随时间可知超声波发射的方位。仪器以较低的速度提升，则在荧光屏上就展现出井壁的图像，并且照相机和录像机自动记录下来。此方法受岩层古地磁的影响，裂缝方位要校正。

应用实例：用井下电视在克拉玛依油田克一区裂缝油藏，对 1762~1772m 的井段观测到的裂缝如图 2-45 所示，图（a）为井筒展开图，图（b）是裂缝在孔的柱状分布。此种方法受井温和钻井液密度的限制。

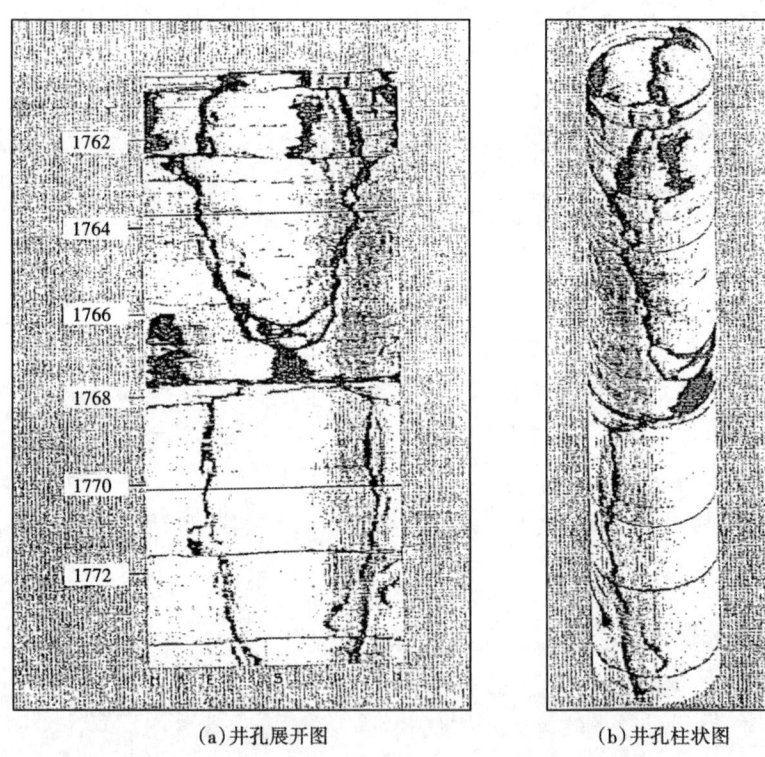

(a)井孔展开图　　　　　(b)井孔柱状图

图 2-45　克一区裂缝油藏井段 1762~1772m 裂缝分布图

第四节　地应力与油气富集的关系

近年来石油地质学在油气运移机理上有了重大进展。在泥岩中，由于埋深增加，地层温度升高，使干酪根热解形成烃，泥岩地层是非弹性材料，在垂向应力的作用下，使水平两向主应力增加，近似垂向应力值，为压实效应，促使泥岩中的水和烃压力增高，通过孔隙和微裂缝排泄到砂岩、石灰岩或裂缝岩层之中，因上述岩层近似弹性材料，当构造运动之后，水平两向主应力进行释放，根据多数低渗透油田测量，水平最小主应力为垂向应力的 0.6~0.8，使岩体松弛的储层孔隙增大，孔压下降，生油层与储层形成较大压力差，油气水通过这种压差，克服毛细管的阻力和吸附力，流向低应力区。

油气运移与地壳多次运动有关，由于运动产生褶皱、断裂不整合，再次破坏了原应力状态，促使油气再次或多次运移，从一个构造到另一个构造，形成新的油气富集区——低应力区。根据断层类型和单井的应力状况，可预测油气富集区块，对石油勘探和滚动开发有重大意义。

根据地应力分布实测结果，任何一个低渗透油田，在构造的储层面积上都存在产量高低的差异，这种差异与断层类型有关，下面介绍几种断层的应力分布如图 2-46 所示。

在含油构造中，上述几种类型断层，在低应力区内均有油气富集的机会，为了更进一步说明地应力分布与渗透关系，下面用不同围压下的岩心做渗透率试验如图 2-47 所示。从图上可以看出，随着围压的增加，渗透率明显下降，当围压加到 25MPa，岩心渗透率由 0.20mD，下降到 0.05mD；在断层附近挤压与拉张之间，一般应力差都差几个兆帕到十几个兆帕，孔隙储层如同海绵体，分布在高应力区的油，通过压差流向低应力区。

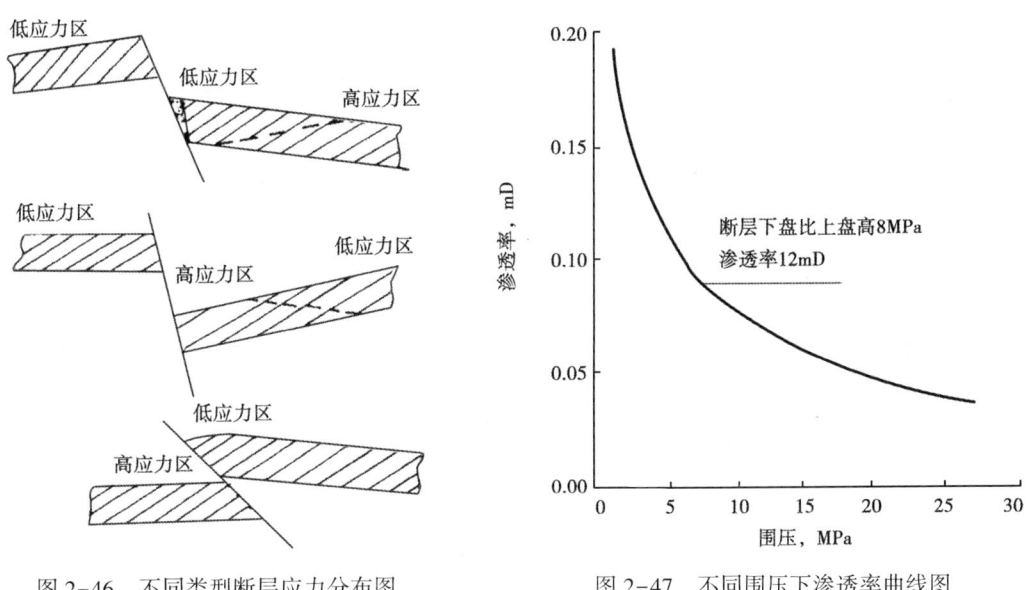

图 2-46 不同类型断层应力分布图　　　图 2-47 不同围压下渗透率曲线图

从表 2-9 可以看出，最小主应力梯度分布在 0.0171~0.0198MPa/m 的应力梯度，在桩 74 断块储层产能就很低或不出产能。

表 2-9 桩 74 断块三向应力值测定结果

井号	井段 m	产油量 t/d	水平最小应力 MPa	最小主应力梯度 MPa/m
74-15-14	3565.2~3612.5	22	65.8	0.0182
74-14-12	3576.2~3606.5	60	61.9	0.0172
74-14-9	3579.5~3619.5	6	66.7	0.0186

续表

井号	井段 m	产油量 t/d	水平最小应力 MPa	最小主应力梯度 MPa/m
52-21	3589.4~3606.9	3	68.0	0.0189
74-8-81	3616.4~3634.5	20	66.3	0.0183
74-8-6	3507.1~3554.5	2	69.3	0.0198
74-试1	3559.4~3266.2	58	56.1	0.0172
桩74	3621.3~3626.1	55	64.3	0.0176
桩59	3510.0~3518.0	40	62.3	0.0177

任何一个断块油田应力分布都不一致。但每一个油田的应力分布规律,用应力梯度来分析,最低应力梯度到最高应力梯度之间的差在0.004MPa/m以内,应力梯度高于其值为无油区。油田各个采油井如在0.017MPa/m以下的井,油层采收率都很高。

华北油区最小主应力梯度在0.0193~0.0141MPa/m,平均应力梯度为0.0167MPa/m。

大港油区最小主应力梯度在0.0178~0.0140MPa/m,平均为0.01615MPa/m。

胜利油区最小主应力梯度在0.0191~0.0158MPa/m,平均为0.0176MPa/m(中、高渗透油田不在内)。

吉林油田最小主应力梯度在0.0177~0.01312MPa/m,平均在0.0152MPa/m。

大庆外围油区最小主应力梯度在0.0199~0.01396MPa/m之间,大庆油区北部的油田应力有些偏高,尤其是榆树林油田最小主应力梯度平均在0.01815MPa/m,大庆油区南部应力平均在0.0157MPa/m。南部采收率比较好,见表2-10。

表2-10 正断层大庆外围油田瞬时停泵测最小主应力表

油井井号	井段 m	储层破裂压力 MPa	井口瞬时停泵压力 MPa	储层最小主应力 MPa	最小主应力梯度 MPa/m
榆61-61	1930	44.2	19.1	38.40	0.0199
榆61-62	1858	42.3	17.96	36.54	0.01967
榆61-62	1928	43.5	18.09	37.37	0.0194
榆61-63	1878	41.3	16.84	35.62	0.0190
朝57-Y125	1280	28.9	11	23.80	0.0186
朝平一井	1271.9	27.4	9.5	22.26	0.0175
朝97Y67	1283	26.18	8	20.78	0.0162
潘116-34	1274	30.74	10	22.74	0.0178
新站D401	1550	28.5	9	24.65	0.0158
新站62-66	1560	29.3	9.2	24.80	0.0159
龙27-18	1533	30.8	12	27.3	0.0178
龙28-19	1542	31.0	12	27.29	0.0177
头64-89	1262.4	23.4	5	17.63	0.01396
头59-81	1509	32.4	9	24.09	0.01596
头59-80	1404	27.5	8	22.09	0.01596
头39-67	1628.6	32.4	11	26.49	0.0171

逆断层油田构造认为在逆断层分布的油田原地应力较高，针对这个问题我们对储层的最小主应力值进行测试，测试的油井分布在克拉玛依一区、五区、八区、夏子街、北三台、火烧山、鄯善等油田，测试深度在 900~4880m，共 20 口井，测得水平最小主应力梯度为 0.0137~0.02068MPa/m，见表 2-11。

表 2-11 油田逆断层附近的最小主应力测试表

井号	井段（取中）m	储层破裂压力（包括摩阻）MPa	注入量 m³/min	储层闭合压力 MPa	储层最小主应力梯度 MPa/m
八区 8569	2000	69	1.2	41.0	0.0137
八区 8782	2560			36.6	0.0143
八区 8067	1400	52	1.6	27.0	0.0193Δ
八区 8703	2430	54.3	1.8	36.3	0.0149
八区 8287	2000	60.0	1.6	36.0	0.0180
八区 8510	2840	60.4	1.6	41.4	0.0146
八区 8679	2660	71.6	1.6	37.1	0.01395
八区 8851	1555	50.55	1.7	22.55	0.0145
一区 1318	1900	51.0	1.6	29.0	0.01526
五区 1756	900	25.0	1.7	16.0	0.0178
夏 62	2400	51.0	1.4	34.0	0.01417
夏 40 下盘	4885	1.2	1.2	96	0.01965Δ
北三台 4	2500	69	1.3	45	0.0180
北三台 7 下盘	2185	55.8	1.3	41.9	0.0191
火烧山 7	1660	50.6	1.4	26.6	0.0160
火南 6 下盘	2060	48.3	0.9	42.6	0.02068Δ
鄯 10-13	3000	67.1	2.3	49.6	0.0165
鄯 5-3	3080	65.8	2.2	49.7	0.0161

注：Δ 表示井是在断层下盘。地层几乎不出油。出油好的井均在上盘，梯度均小于 0.017MPa/m。

水平最大主应力计算公式：

$$\sigma_{Hmax} = 3\sigma_h - p_{f2} - p_0 \tag{2-36}$$

取表 3-3 中夏 62 井 p_0 计算，该井深 2400m，最小主应力 σ_h 为 34MPa，储层拐点压力 p_{f2} 为 39MPa，孔隙压力 p_0 为 24MPa，计算结果水平最大主应力 σ_{Hmax} 为 39MPa。

垂向应力根据岩石密度与深度求得，下面用经验公式：

$$\sigma_v = D^{1.06} \times 0.0155 = 59.34 \text{MPa} \tag{2-37}$$

式中 D——测试井深，2400m；

σ_v——垂向应力。

通过计算可以看出，逆断层附近水平两向构造应力均小于垂向应力，分别小于 25.3MPa 和 20.34MPa。通过计算 20 口井中有 16 口水平最大主应力均小于垂向应力，即 76%的井垂向应力是最大主应力，24%的井垂向应力是中间主应力。没有一口井垂向应力为最小主应力的。

第三章 地质构造断裂与储层裂缝

地质构造断层是指地壳经过地质年代多次运动在地层深处产生的断层，这些断层是二维或多维地震波进行数据处理得出。我国油田多数都分布在正断层或逆断层之中，这章讨论的是储层中裂缝与断层走向的关系。

随着对低渗透砂岩油气田的开发和注水的深入，人们发现裂缝的作用越来越重要。裂缝不仅决定了注水效果，而且控制了层系划分和井网布置，从而直接决定了油田开发效果的好坏。因此砂岩油田裂缝的研究日益受到人们高度的重视。为了方便广大地质人员对储层微裂缝了解及应用，对全国13大油区86个断块油田实测裂缝（这些微裂缝是在油井压裂或注水井高压注水过程中测得），在其中选出17个断块油田进行讨论。选出的这些有断层的油田，在地质年代中有新生界的新近—古近系，中生界的白垩系、侏罗系、三叠系。上古生界的二叠系和石炭系。这些油田分布在渤海湾盆地、东北松辽盆地、西北有塔里木盆地、准噶尔盆地、吐鲁番盆地。

第一节 油田地质断层走向与储层裂缝分布规律

一、正断层体系

正断层体系是既庞大又复杂的断层，它的种数大体分为6种：倾向断层、平移正断层、旋转断层、地堑断层、地垒断层、阶梯状断层，如图3-1所示。

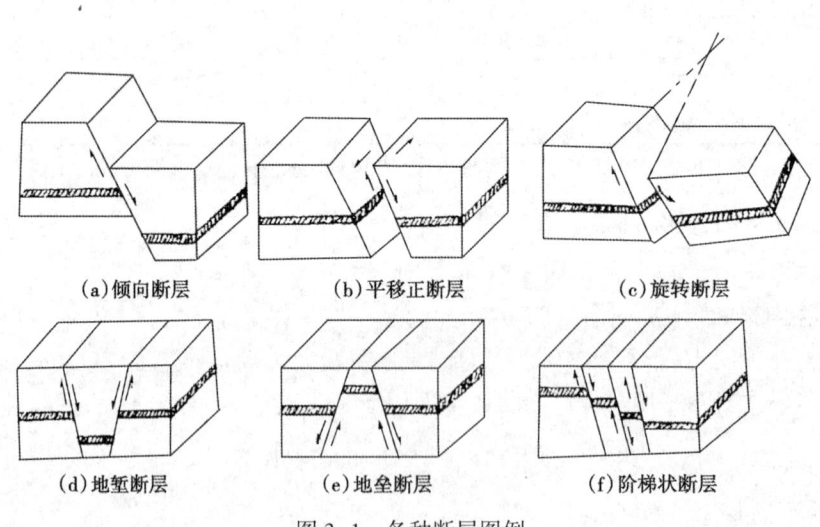

图3-1 各种断层图例

大芦湖油田属胜利油区，位于山东省高青县境内，油田储层地质年代为古近系，在油田内共测7口井，这7口井都有天然裂缝，裂缝分布的方向为北东42°~80°之间。油田地质构造断层类型为正断层体系。天然裂缝走向与主断层走向趋势一致，如图3-2所示。

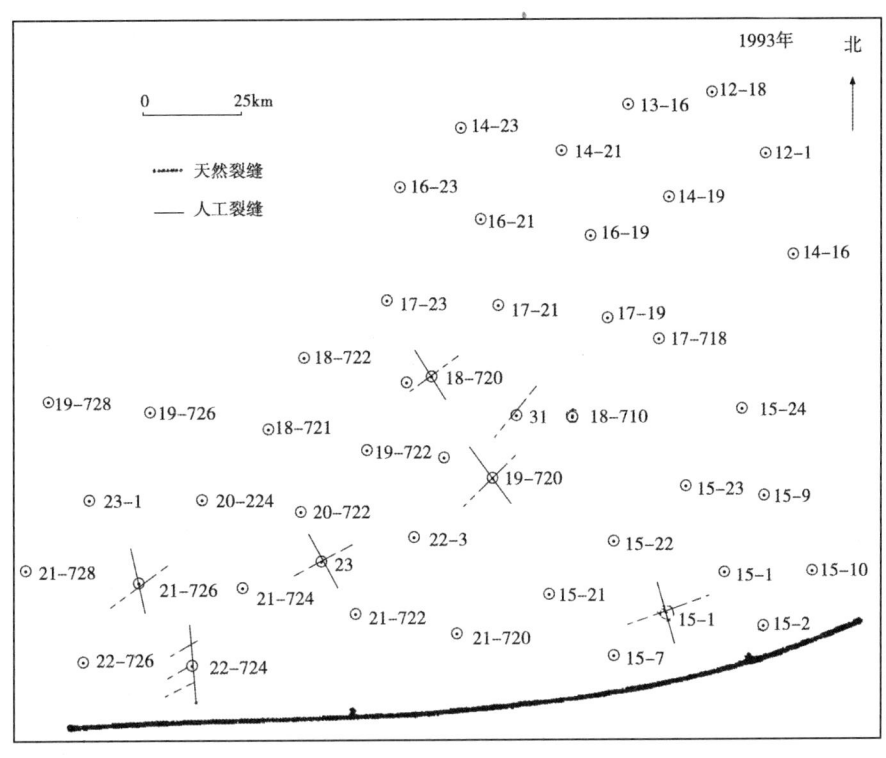

图 3-2 大芦湖油田樊 23 块构造、层位、裂缝分布图

留 17 断层油田属华北油区，位于河北省河间县境内，油田储层地质年代为古近系，在油田共测 17 口井，其中有 14 口井有天然裂缝，这些天然裂缝分布在北东 20°~70°之间，多数在 50°左右。油田构造的地质断层为正断层，天然裂缝方向与主断层走向基本一致，如图 3-3 所示。

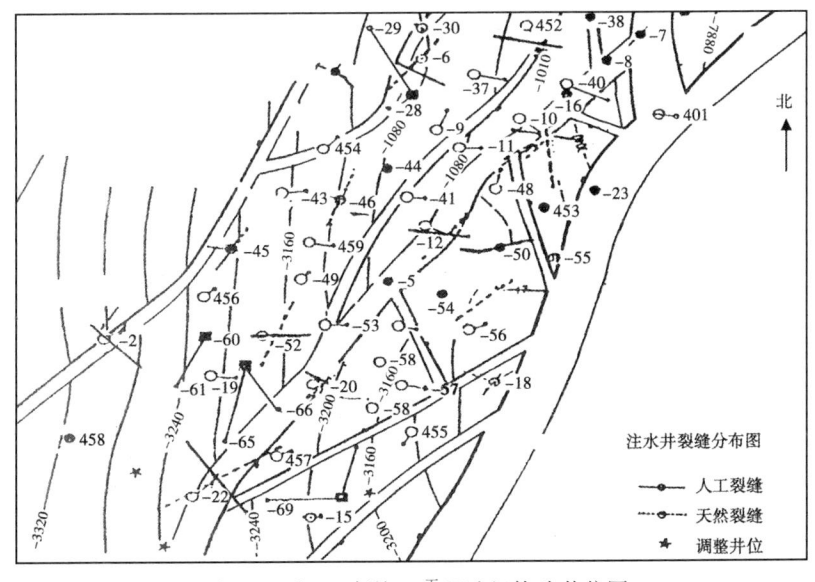

图 3-3 留 17 断块 $Es_3^下$ Ⅱ 油组构造井位图

别古庄和岔河集油田属华北油区,位于河北省廊坊市境内,两油田储层地质年代为古近系,在这两断块内测 2 口井,储层的裂缝方向为北东 35°~45°,其方向与断层走向基本一致。地质断层类型为正断层,如图 3-4 所示。

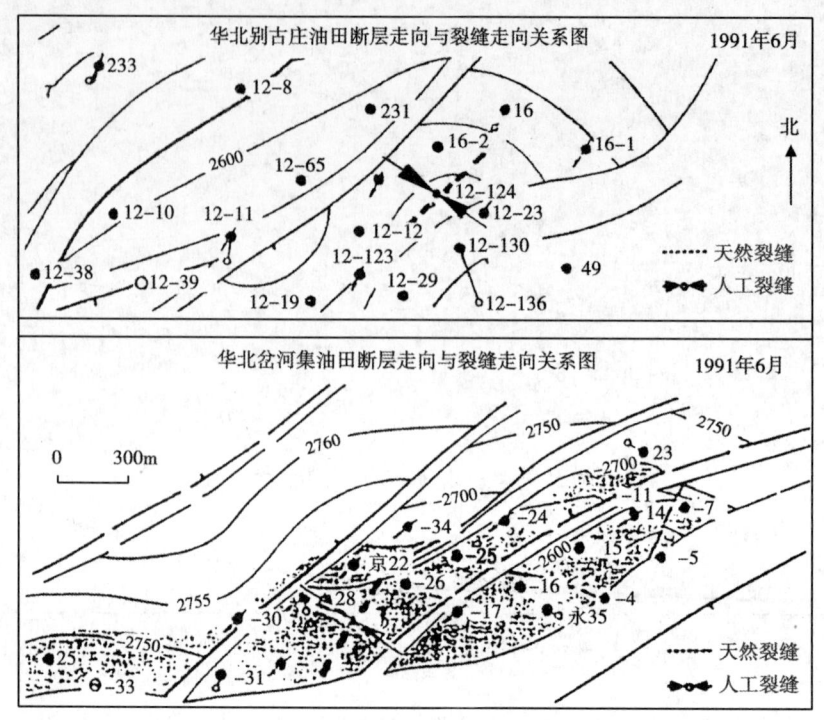

图 3-4 别古庄、岔河集油田断层走向与裂缝走向关系

文东油田属中原油区,位于河南省濮阳境内油田储层地质年代为古近系,在油田测 3 口井,其中两井储层有裂缝,裂缝方向为北东 45°左右,与断层走向趋势一致,如图 3-5 中原

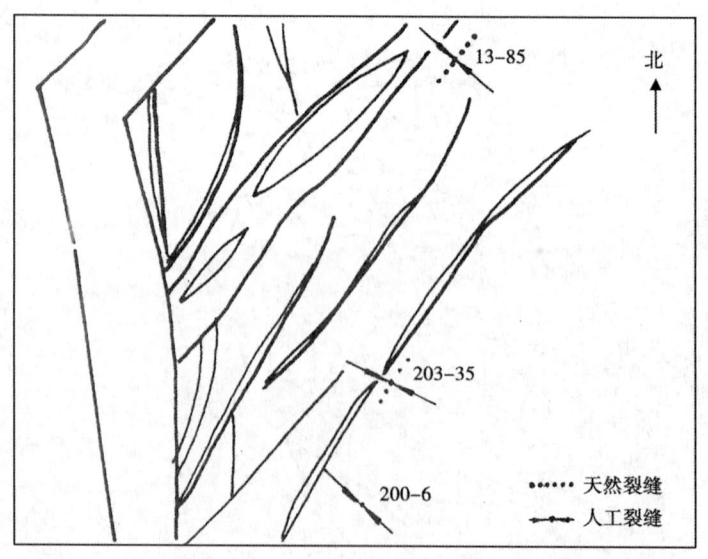

图 3-5 中原文东油田 E_2 断层走向与裂缝方向的关系图

文东油田 E_2 断层走向与裂缝方向的关系图。

821 断块油田属大港油区，位于天津市大港区境内，油田储层地质年代为古近系，在油田内共测 7 口井，其中 6 口井储层有裂缝，裂缝方向为北东 47°—60° 度之间，裂缝与主断层走向趋势一致。断层类型为正断层，如图 3-6 所示。

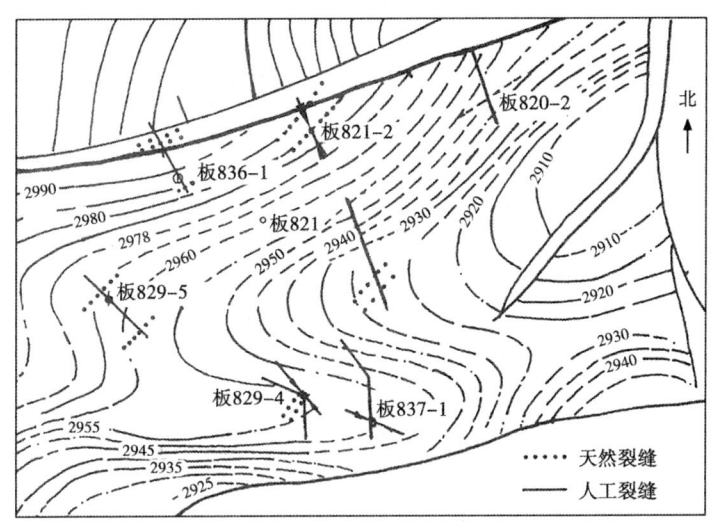

图 3-6 大港 821 断块油田 E_2 断层走向与裂缝方向分布图

牛心坨油田属辽河油区，位于辽宁省盘锦市高升境内，油田储层地质年代古近系，在油田共测 9 口井，其中 4 口井储层有天然裂缝，裂缝分布方向为北东 45°~80° 之间，与主断层走向基本一致。断层类型为正断层，如图 3-7 所示。

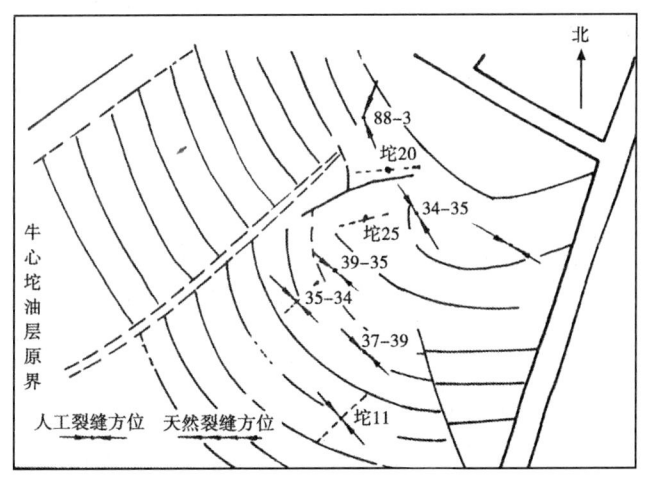

图 3-7 辽河牛心坨油田断层走向与裂缝关系图

通过中原文东油田、华北留 17 断块油田、别古庄油田、岔河集油田、大港 821 断油田、辽河牛心坨油田、胜利樊 23 断块等的测试，储层的天然裂缝方向，分布在北东 20° 至北东 80°，绝大多数分布在北东 43°~55° 之间，如裂缝分布图 3-8 所示。这些裂缝与地质构造主断层走向趋势一致。这些天然裂缝的产生与地质构造主断层是同一时代产生，且在地应力作用下大多数为闭合状态。

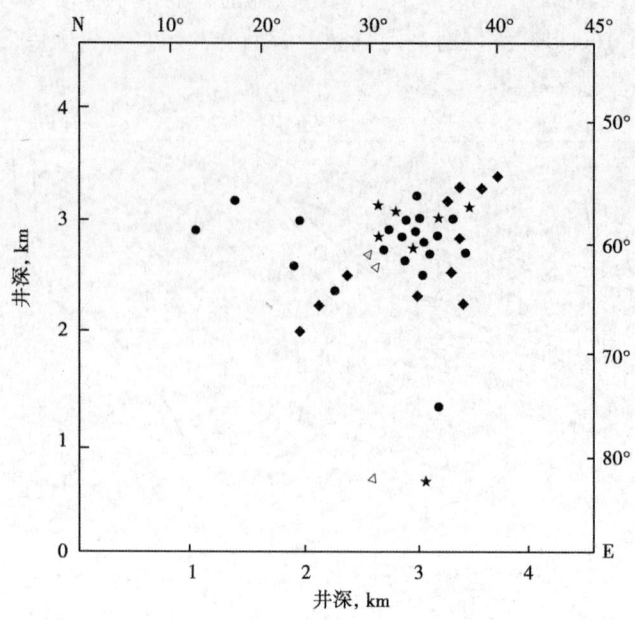

● 华北留 17 断块裂缝　★ 胜利大芦湖油田裂缝　◆ 中原文东油田裂缝
■ 大港 821 断块裂缝　△ 辽河牛心坨油田裂缝

图 3-8　渤海湾第三系裂缝分布图

松辽盆地白垩纪地质断层走向与储层微裂缝分布规律如下。

白垩纪地质时期分布的油区：大庆、吉林等。在这两个油区共测 24 个断层油田储层微裂缝（天然裂缝），这些裂缝的分布很有规律，为了论述断层走向与天然裂缝方向的关系，选出 4 个断层油田进行讨论。它们是吉林油区：新民油田、大安北油田。大庆油区：朝阳沟油田、喇嘛甸油田。大安北油田属吉林油区，位于吉林省大安县境内，油田储层地质年代为白垩系，井深 1800m 左右，在油田共测 5 口井，其中 4 口井储层有天然裂缝，裂缝方向北西 20°～45°，油田构造地质断层为正断层，断层走向与天然裂缝方向近似平行，如图 3-9 所示。

喇嘛甸油田属大庆油区，位于黑龙江省大庆市喇嘛甸境内，油田储层地质年代为白垩系，埋深在 1100m 左右。在油田共测 4 口井，其中 2 口井储层有裂缝，裂缝方向为北西 45° 左右。油田地质断层为正断层，断层走向与天然裂缝方向平行，如图 3-10 所示。

新民油田属吉林油区，位于吉林省松原市境内。油田储层地质年代为白垩系，埋深为 1200m 左右。在油田共测 6 口井，其中 3 口井储层有天然裂缝，裂缝方向为北东 20°～25° 之间，油田地质断层为正断层，断层走向与天然裂缝方向近似平行，如图 3-11 所示。

朝阳沟油田属大庆油区，位于黑龙江省肇州境内。油田储层地质年代为白垩系，埋深 1500m 左右，在油田共测 5 口井，其中 4 口井储层有天然裂缝，裂缝方向为北至北东 30°。储层地质断层为正断层，断层走向与天然裂缝近似平行，如图 3-12 所示。

上述 4 个断块油田是分布在以吉林前郭尔罗斯县城到黑龙江安达市，在两城市中间可似以一条直线为界线，在界线以东分布扶余油田、新民油田、台头油田、洽古拉油田、榆树林油田、朝阳沟油田等，断层走向为北至北东 40° 之间。在界线以西分布的油田，大安北油田、乾安油田、新立油田、新站油田、砂尔图（包括 4 个采油厂）喇嘛甸油田、龙虎泡油

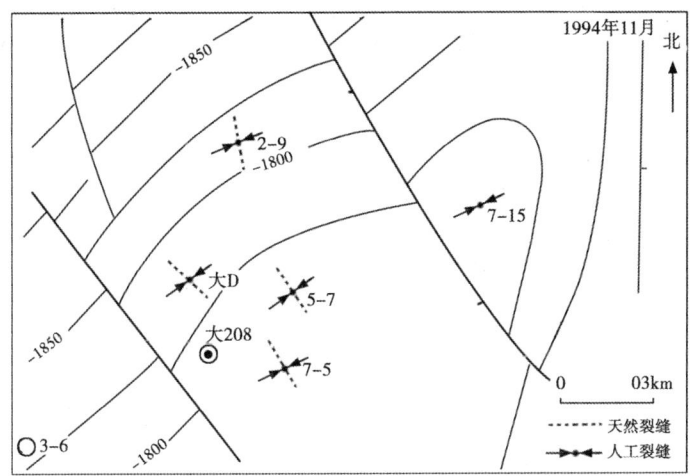

图 3-9 吉林大安北油田断层走向与裂缝走向关系图

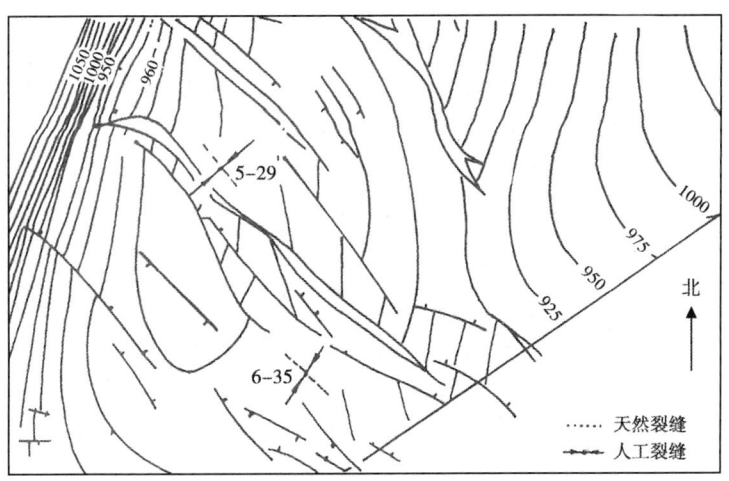

图 3-10 大庆喇嘛甸南区断裂走向与裂缝方向分布图

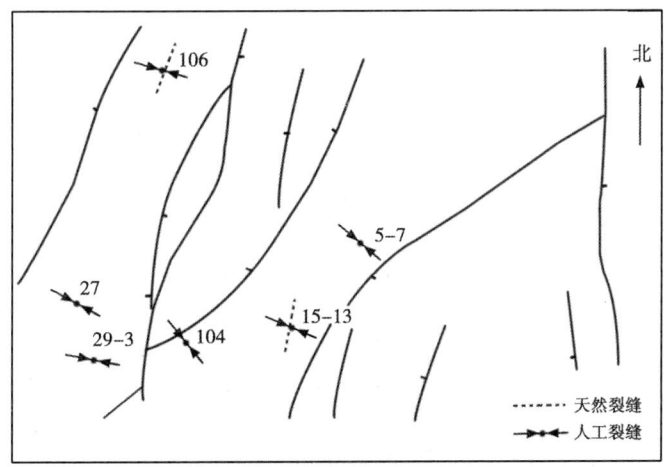

图 3-11 吉林新民油田断层走向与裂缝方向关系图

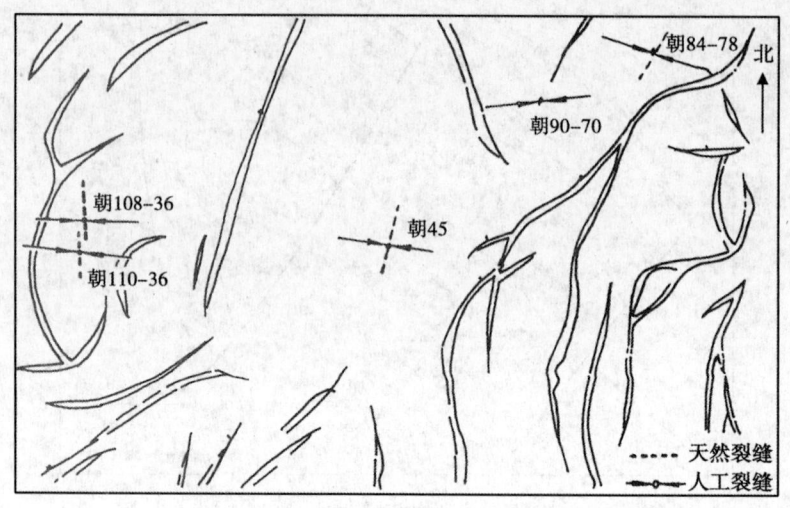

图 3-12 大庆朝阳沟油田断层走向与裂缝关系图

田等，断层走向北至北西 50°之间。上述的断层走向的地理位置在前郭尔罗斯县城到安达市城中间，为断层走向的分界线，判断白垩纪前在这中间有隆起带，后经漫长白垩纪的地质年代松辽地带由于风化、剥蚀而使凸凹相间构造格局出现若干河流、湖泊浅滩式的沉积平原。在安达以西沉积平原较早，在此期间白垩纪发生过伊佐奈木（Izanag）板块俯冲，向我国东北地区北西西方向挤压，安达、前郭尔罗斯以西的油田，北西裂缝与这次运动有关。在安达至前郭尔罗斯以东由于沉积较晚，其裂缝主要受燕山、四川期西南方向的挤压。在安达、前郭尔罗斯以西的北至北西的裂缝分布较窄，只到大兴安岭断裂带的东侧。在前郭尔罗斯以南、以西裂缝变为北东走向，如内蒙古阿尔善油田阿 31 断块，地理位置在锡林浩特市东偏北 100km，地质年代属白垩纪，主断层走向为北东 20°～40°，次断层走向北东 70°左右，断层类型为伸展拉张层断（正断层）。如大庆油区、吉林油区、阿尔善油区，储层裂缝在地理位置分布趋势如图 3-13 所示，三大油区 5 个油田裂缝分布如图 3-14 所示。

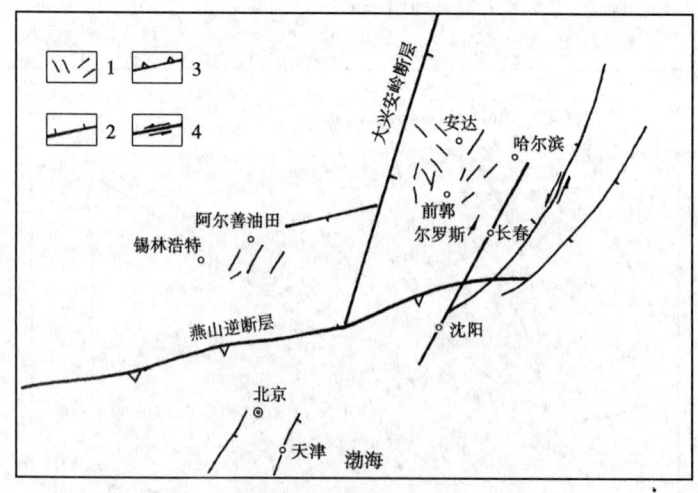

图 3-13 三大油区储层裂缝地理位置趋势图
1—储层裂缝分布方向；2—正断层；3—逆断层；4—平移断层

阿南阿 31 断层油田属华北油区，油层地质年代为白垩系，埋深 1700m 左右，在油田共测 11 口井，其中 8 口井储层有天然裂缝，裂缝方向为北东 40°~50°之间。

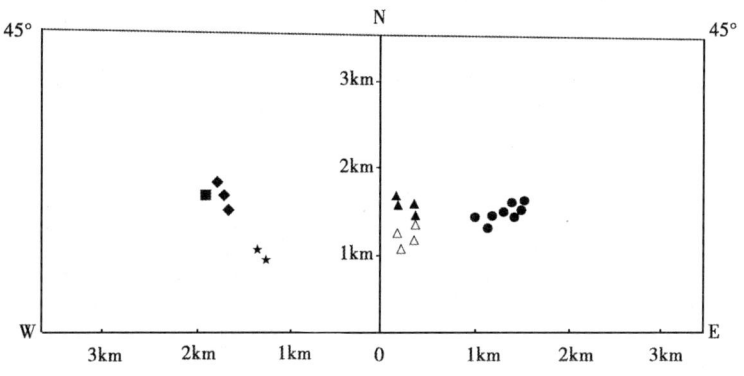

◆吉林大安北油田裂缝　△吉林新民油田裂缝　★大庆喇嘛甸油田裂缝
▲大庆朝阳沟油田裂缝　●内蒙古阿南油田裂缝

图 3-14　三大油区 5 个油田不同深度裂缝分布图

二、逆断层体系

1. 逆断层分类

逆断层体系的油田主要分布在新疆。新疆可分三大油区：克拉玛依油区，位于准噶尔盆地；塔里木油区，位于塔里木盆地；吐哈油区，位于吐鲁番盆地。在三大油区内分布近 30 个有断裂分布的油田，新疆油气田分布如图 3-15 所示。

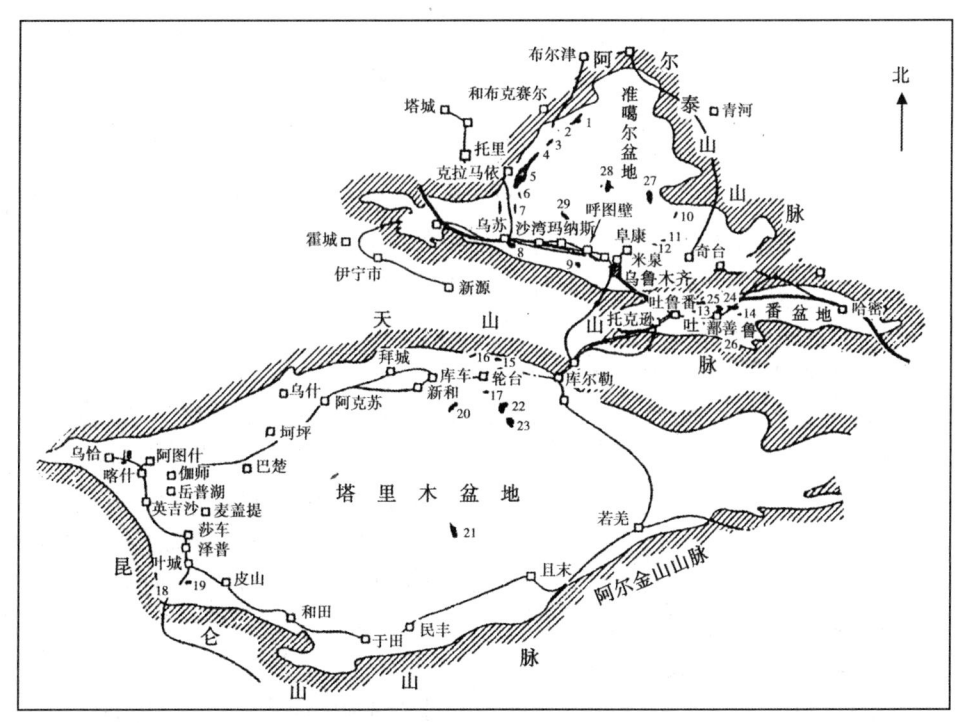

图 3-15　新疆油气田分布示意图

新疆曾发生过海西早期运动、海西晚期运动、印支运动和喜马拉雅运动等，由于塔里木板块和准噶尔板块俯冲、碰撞、挤压，出现褶皱带（天山和南天山）塔里木和准噶尔两大盆地。在盆地和边缘也出现若干逆断层、隆起背斜等不整合的构造。通过油田开发大多数油田的分布均与断层有关。

逆断层分为逆掩断层（Over thrust）和逆冲断层（Thrust）两大类如图 3-16 所示。逆掩断层带和逆冲断层带的区别见表 3-1。

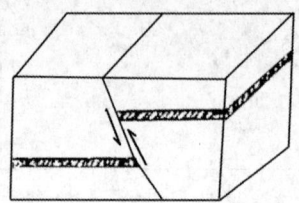 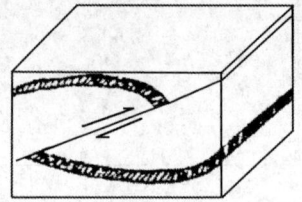

图 3-16　逆断层分类图

表 3-1　逆掩断层带和逆冲断层带的区别

逆掩断层带	逆冲断层带
（1）主断层没有断到基底，推复体由柔性的沉积岩体组成	（1）主断层断到基底，推复体主要由硬化了的变质基底或结晶基底组成
（2）低角度成组的雪橇式的断层（小于30°）	（2）低角度的较平直的断层（大于30°）
（3）上盘沉积岩中褶皱发育，常形成几排构造带	（3）上盘沉积岩中褶皱不发育，但往往在基岩推复体前缘出现一个狭长的断裂发育带。国外有人称之为断层片（Fault Sliver）

逆掩断层带典型例子是我国西部新疆丘陵油田。我国新疆准噶尔盆地西北部边缘断裂带，塔里木盆地前缘断裂带，吐鲁番盆地山前断裂带都属逆冲断层或逆掩断层，这些断层控制新疆 70% 左右的油气储量。

2. 逆断层走向与天然裂缝分布规律

新疆三大油区分布 30 多个油田，每一个油田分布若干断块油田，在三大油区中只测 14 个断块油田裂缝，统计面还不够宽，这里提出 5 个断块油田供讨论。如塔里木油区解放渠东油田；克拉玛依油区克 7 区油田、风城油田；吐哈油区鄯善油田、丘陵油田，这 5 个断块分为逆冲断层和逆掩断块。

1）逆冲断层走向与天然裂缝分布规律

克七区油田属克拉玛依油区，位于克拉玛依市境内，储层的地质年代为二叠系，油田分布在克—乌北东至北东东逆冲大断裂南侧褶趋带内。在油田共测 3 口井，其中两口井有天然裂缝，裂缝方向为北东 75°左右，裂缝的走向与附近的断层走向近似平行，如图 3-17 所示。

解放渠东油田地质年代为三叠系，位于天山南、塔里木盆地北部边缘，油田储层深 4200~4500m。对该油田共测 6 口井，其中有两口井有天然裂缝，裂缝方向为北东 25°左右，与断层走向近似平行，如图 3-18 所示。

2）逆掩断层走向与天然裂缝分布规律

克拉玛依油区位于天山北部，风城油田是在准噶尔盆地的西北边缘，油田储层地质年代为二叠系，埋藏深在 3000m 左右，油田构造被北东 40°的逆掩断层切开。在该油田共测 8 口井，

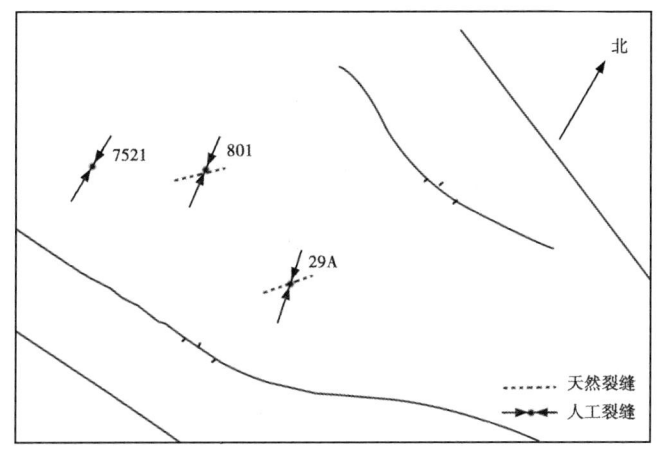

图 3-17 克拉玛依七区二叠系断层走向与裂缝方向关系图

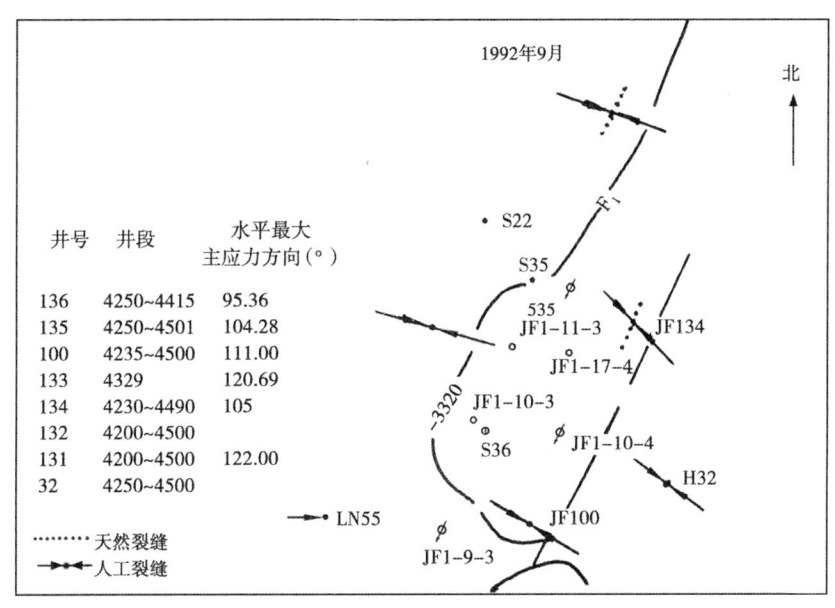

图 3-18 塔里木解放渠东油田三叠系断层走向与裂缝关系图

其中 5 口井有天然裂缝,上盘 4 口井都有天然裂缝,裂缝方向为北东 40°左右,与断层平行。下盘有一口井有天然裂缝,裂缝方向为北西 30°~45°之间,与断层走向近似垂直,如图 3-19 所示。

吐哈油区位于吐鲁番盆地,鄯善油田在丘陵油田的东南,两个油田以 1 条北东 60°~75°走向的逆掩断层为界,鄯善油田在逆掩断层下盘东南则是一个独立构造,储层的地质年代为侏罗系,在油田内共测 7 口井,其中有 4 口井有天然裂缝,裂缝分布在北东 45°~25°之间,这些天然裂缝与附近断层走向基本一致,如图 3-20 所示。

丘陵油田是在逆掩断层上盘的褶趋带内,油田的地质年代为侏罗系,储层的砂体厚度与鄯善油田大体相同,但丘陵储层渗透略高一些。在油田共测 11 口井,其中有 9 口井有天然裂缝。这些测试井分两个储层,间距约 40m 左右,但这个两层的天然裂缝都分布在北东 45°~60°之间,与褶趋断层走向基本一致,如图 3-21 所示。

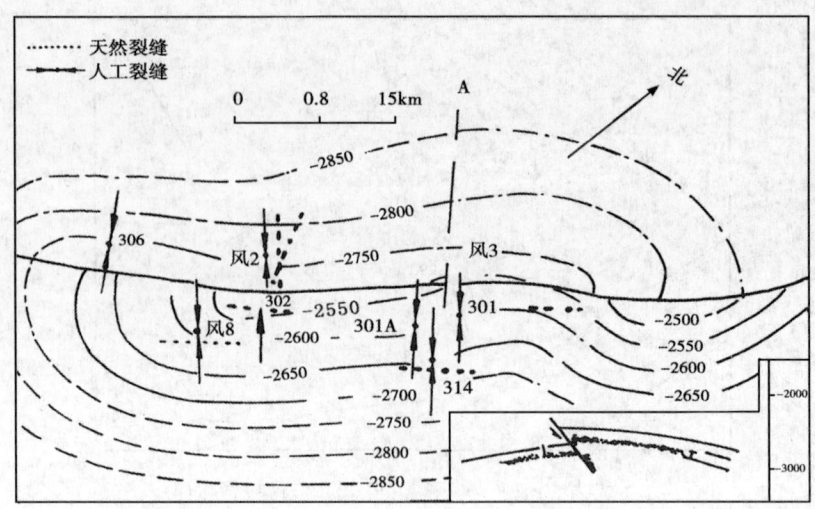

图 3-19 克拉玛依风城油田断层走向与裂缝方向关系图

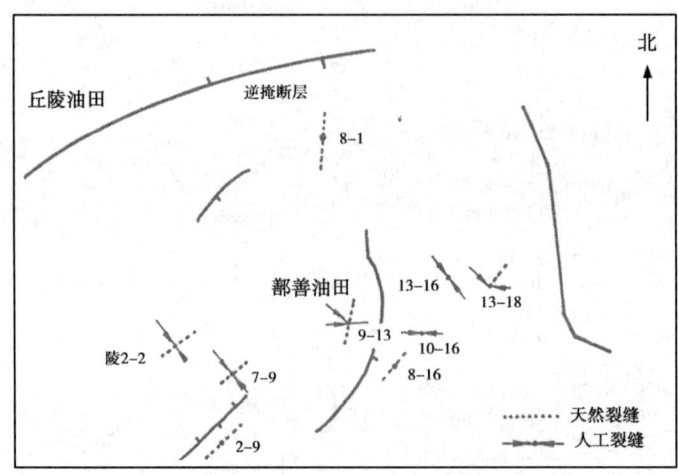

图 3-20 吐哈鄯善油田侏罗系断层走向与裂缝方向关系图

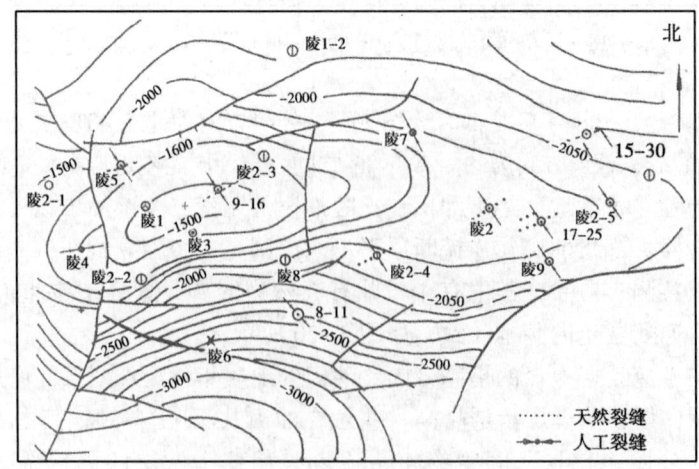

图 3-21 丘陵油田断层与裂缝方向关系图

第二节 水力压裂裂缝形态及其方向的分布规律

一、水力压裂裂缝形态

对 13 个大油区，865 口井在压裂过程中监测储层裂缝形态，下面列举不同油区，不同深度储层裂缝形态。

大庆油区，中区 4-263 井井深 1178.6m，垂向应力 24.49MPa。水最大主应力 30.43MPa，水平最小主应力 24.76MPa，水平最小主应力比垂向应力大 0.27MPa，在 1984 年 6 月 29 日实测裂缝为水平裂缝，如图 3-22 所示。

又如大庆油区喇嘛甸油田（与中区同一构造，相邻油田）在 1984 年 6 月 29 日测试 4-2688 井，裂缝形态也是水平裂缝。储层深 1078.12m，在其深度水平最小主应力比垂直应力大 0.37MPa，如图 3-23 所示。

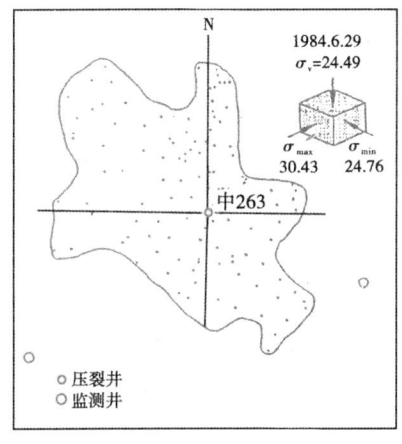

图 3-22 大庆中区沙尔图油田中区 4-263 井人工裂缝形态为水平缝（最小主应力梯度为 0.02080MPa/m）

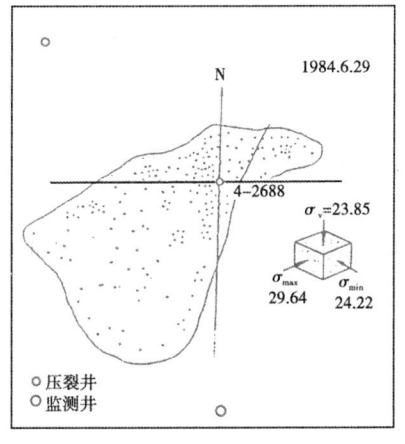

图 3-23 喇嘛甸油田 4-2688 井在 1984 年压裂产生的裂缝为水平裂缝（地层最小主应力梯度为 0.02077MPa/m）

大庆油区在开发过程中地应力变化从而导致裂缝形态的变化，现以大庆喇嘛甸为例。

地层主应力的变化，可通过注水井注入压力的变化反映出来。

该油田在开发初期注水井注入拐点压力为 15MPa 左右（井口），到 1995 年，注水井注入拐点压力 10MPa 左右（井口），在十多年间，注入压力下降约 5MPa，如图 3-24 所示。

喇嘛甸油田注水压力下降的主要原因是由于油田采出程度较大，使储层孔隙压力下降所致。由于孔隙压力下降造成岩体松弛，使水平的构造应力下降。孔隙压力下降对垂向应力没有影响。由

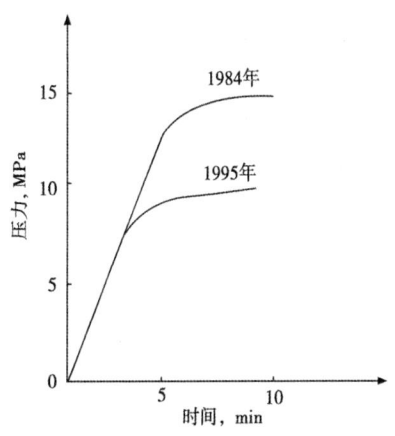

图 3-24 喇嘛甸油田注水拐点变化曲线，在 1984 年前为 15MPa，1995 年为 10MPa

于水平构造应力的下降，垂向应力逐步大于水平最小主应力，裂缝形态也会由水平裂缝变为垂直裂缝，如喇 7-1744 井在 1994 年 11 月 2 日监测到的裂缝形态为垂直裂缝，如图 3-25 所示。

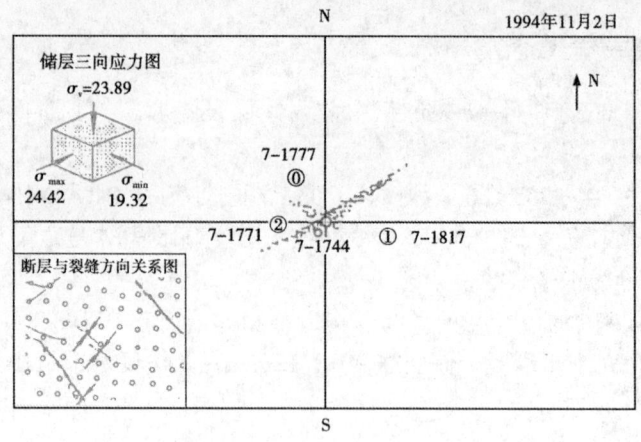

图 3-25　喇嘛甸 7-1744 井水力压裂裂缝形态图

从图可以看出，压裂的裂缝为垂直裂缝，人工裂缝方向为北东 48°（与断层走向垂直），裂缝全长约 500m，裂缝半臂长不相等。产生人工缝的同时，也出现北西 35°的天然裂缝，其裂缝长约 300m，储层最小主应力梯度为 0.0168MPa/m。比 1984 年小 0.0053MPa/m，如在 1100m 深的储层中，应力下降约 5.83MPa。现在喇嘛甸油田大多注水井储层已产生垂直裂缝。喇嘛甸油田各注采井储层，有过去的水平缝，也有现在的垂直裂缝，这两种裂缝与注入储层的水又有什么关系？

为了了解注水在储层裂缝中推进的速度，故在储层注入不同类型的示踪剂，在各个方向的采油井取样观察，结果比较有规律，在注入井东、西、南、北各方向，每天推进速度 3~5m。在北东、南西方向，每天推进速度 11~14m。在北西、南东方向推进速度为 14~16m，如图 3-26 所示。

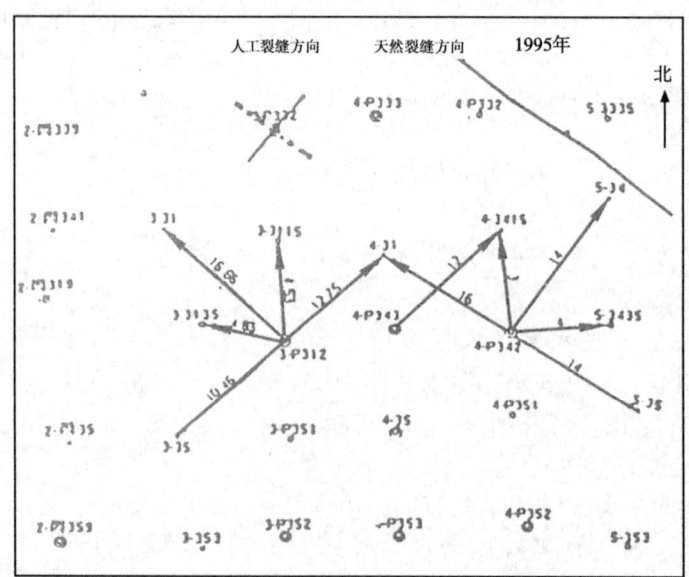

图 3-26　喇南区注示踪剂流动方向与人工裂缝和天然裂缝关系图
（最小主应力梯度为 0.0158MPa/m）（箭头上所示数据为示踪剂推进 m/d）

通过各个方向推进速度分析,在过去水平裂缝中导流能力每天推进速度约 3~5m,北东、南西方向为人工裂缝方向,推进速度 12~14m,在北西、南东方向为天然裂缝方向,推进速度 14~16m。喇嘛甸南区通过观察储层水在各个方向推进速度,垂直裂缝的人工裂缝、天然裂缝、导流能力大于水平裂缝的导流能力约 3 倍左右(储层裂缝比孔隙渗透的导流能力一般高 10~30 倍之间)。

河南油区古城稠油油田 1213 井井深 293.82m,储层垂向应力 6.25MPa($\gamma=21kN/m^3$),水平最大主应力 8.5MPa,水平最小主应力 6.15MPa。

1988 年 7 月 20 日古城稠油井注蒸汽,储层产生的裂缝为垂直裂缝,裂缝方位为北东 112.3°,裂缝全长 107m(图 3-27)。

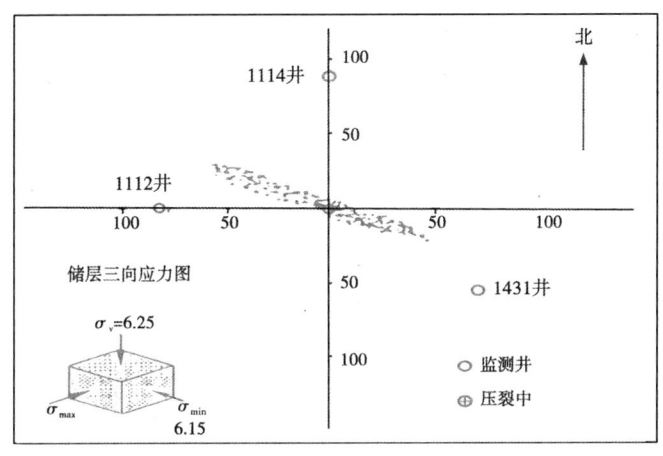

图 3-27 河南古城稠油 1213 井人工裂缝方位形态图

吉林油区新立油田 1—12 井水井,井深 1312m($\gamma=23.8kN/m^3$)。储层垂向应力 31MPa 水平两向主应力分别为 25.2MPa、20.3MPa。监测时间:1997 年 4 月 5 日注水排量 64m³/h,产生的裂缝为垂直缝,延伸全长约 400m,延伸方向为北东 65°,在裂缝延伸线上又产生两条短缝,如图 3-28 所示。

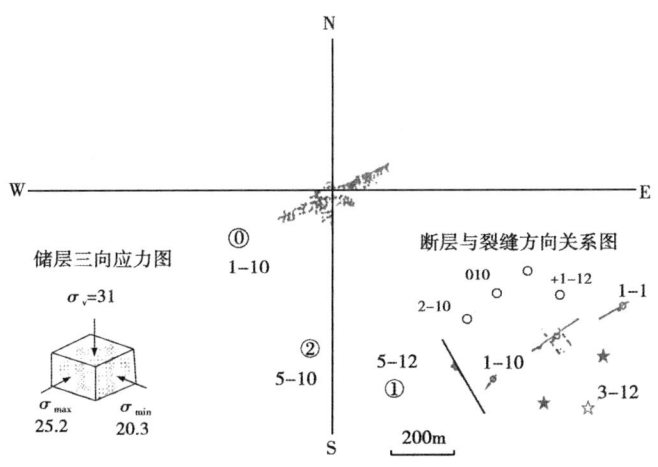

图 3-28 新立油田 1-12 井注水裂缝形态图

大庆油区头台油田 37-67 井井深 1638.8m，地层垂向应力 39MPa（$\gamma=24\text{kN/m}^3$），水平最大主应力 37MPa，水平最小主应力 25.9MPa。

1994 年 4 月 5 日压裂，压裂液用量为 101m³，裂缝形态为垂直裂缝，裂缝方位北东 110°，人工裂缝全长 251.4m，天然裂缝为北东 49°，缝全长 313.5m，如图 3-29 所示断层与裂缝方向关系图。

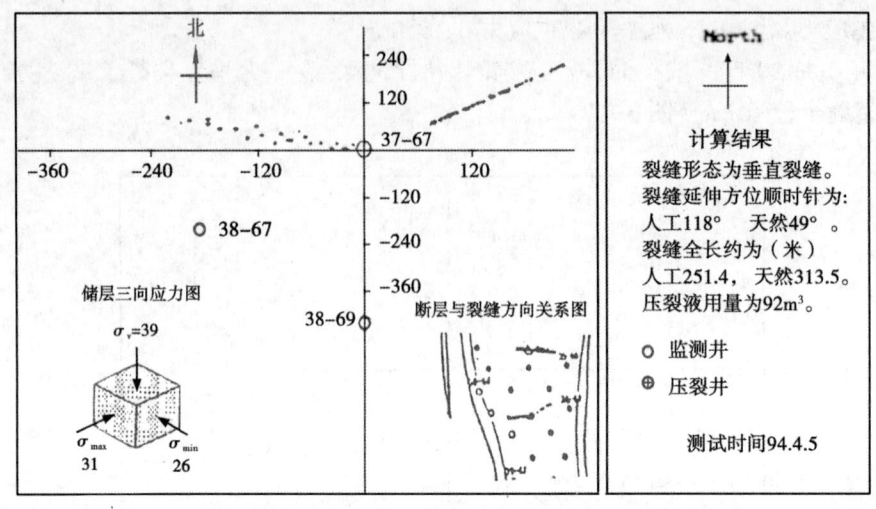

图 3-29　头台油田 3767 井水力压裂裂缝方位形态图

华北油区安 36 断块油田，安 36-7 井井深 2620m，储层垂向应力 64.7MPa（$\gamma=25\text{kN/m}^3$），水平两向主应力分别为 63.8MPa 和 46.2MPa，压裂时间 1992 年 4 月 10 日，用液 114m³ 产生的裂缝形态为垂直裂缝，裂缝以井孔为轴，在井孔北西 38°延伸约 200m，在井孔南西 5°延伸约 220m，如图 3-30 所示断层与裂缝方向关系图及断层控制裂缝方向。

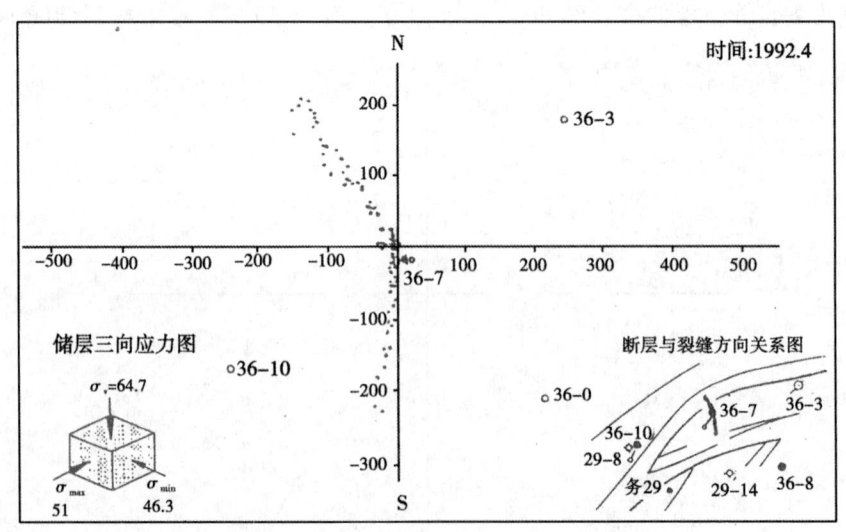

图 3-30　安 36-7 井水力压裂裂缝方位图

胜利油区大芦湖油田F22-724井，井深3397m，储层垂向应力82MPa（$\gamma = 24\text{kN/m}^3$），水平最大主应力77.5MPa，水平最小主应力59.1MPa。

1993年4月14日压裂，压裂液207m³，加陶粒14.9m³，压裂缝全长520m，裂缝延伸方向近似南北，在人工缝迹线上出现三条天然裂缝各缝长约150m。最小主应力梯度为0.0173MPa/m，人工缝方向与附近断层走向近似垂直（图3-31）。

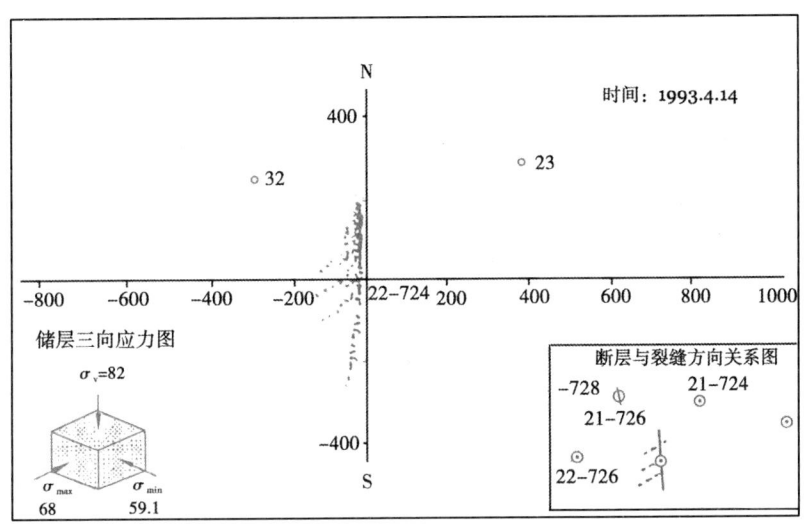

图3-31 F22-724井水力压裂裂缝方位图

吐哈油区，丘陵油田17-25井，井深2800m，储层垂向应力69MPa（$\gamma = 24.6\text{kN/m}^3$），水平最大主应力70MPa，水平最小主应力52MPa。1998年3月压裂，先产生北西68°的人工缝，缝长约380m，后出现南45°天然缝两条，缝长分别150mm左右，人工缝方向与附近断层垂直。断层为逆冲断层，如图3-32所示。

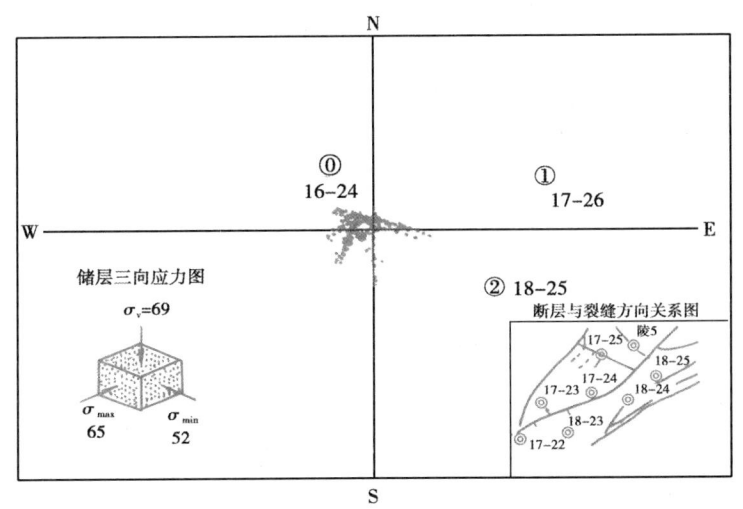

图3-32 丘陵油田17—25井注水裂缝形态图

对水力压裂裂缝形态，在过去有些地质和工程技术人员有一种不成文的结论：认为在800m以上的地层，压裂产生的裂缝为水平裂缝，在1000m以下的地层，压裂产生的裂缝为垂直裂缝。对全国13油区86个断块油田，在近千口井进行压裂或注水过程中监测压裂产生的裂缝形态表明，只有大庆内部萨尔图和喇嘛甸地区油田，井深在800~1200m，在开发初期，产生的裂缝均为水平裂缝。该地区的油田开发的过程中，由于储层孔隙压力的下降，裂缝形态由水平逐步与转为垂直裂缝。在大庆外部油田及全国其他油田，储层在293~3300m均为垂直裂缝。

二、水力压裂裂缝方向分布规律

水力压裂裂缝方向是指垂直裂缝而言。

在渤海湾盆地正断层体系中，人工裂缝方向大部分为北西向（见胜利大芦湖油田樊23块图、留17断块、大港821断块、华北别古庄油田、辽河牛心坨油田、中原文东油田）与北东向的天然裂缝近似正交。

松辽盆地也属正断层体系，在吉林大安北油田和大庆喇嘛甸，人工裂缝方向，为北东方向，断层走向在北西42°~47°之间，大庆朝阳沟油田和吉林新民油田断层走向为北至北东40°之间，人工裂缝为东西向至北西10°~40°，即近似垂直断层走向。

在新疆几个逆断层体系中，东河塘油田储层石炭系逆冲断层，断层走向为北东40°~50°，人工裂缝方向与逆冲断层走向垂直，如图3-33所示。

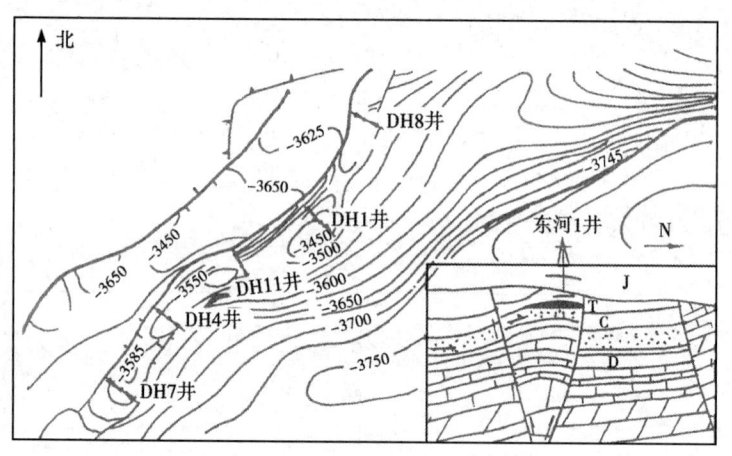

图3-33 水平最大主应力方向图
（水平最大主应力用钻井取心测量的结果投影在构造井位）

新疆克拉玛依风城油田为逆掩断层，断层走向为北东45°，在断层下盘和上盘的人工裂缝为北西45°左右，如图3-34所示。

吐哈鄯善油田的逆掩断层走向为北东60°~70°，人工裂缝为北西45°左右，丘陵油田在逆掩断层的上盘，人工裂缝为北西45°左右。

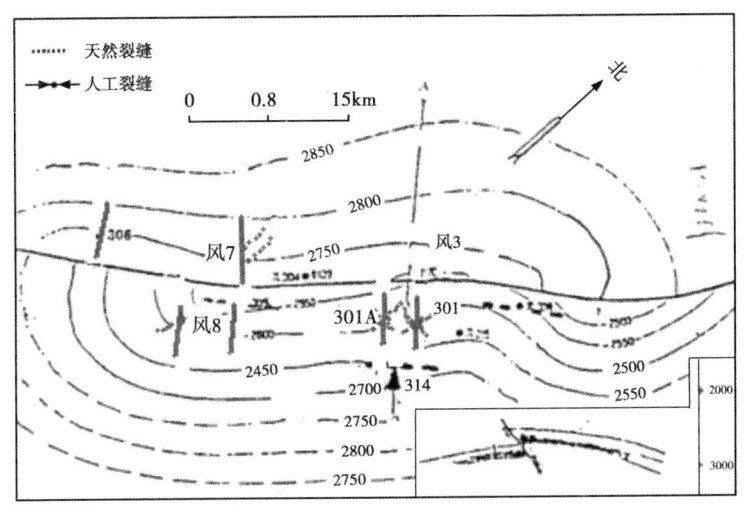

图 3-34 新疆克拉玛依风城油图 10-2-2-1 东（逆掩断层）

第三节 油田水平最小主应力测试结果

表达应力大小一般采用主应力梯度，因其值是随深度变化而变化。

在华北油区、大港油区、胜利油区、吉林油田测得的最小主应力见表 3-2 至表 3-5。

表 3-2 正断层华北油田瞬时停泵测地层最小主应力表

油田井号	井段 m	储层破裂压力 MPa	瞬时停泵井口压力 MPa	储层最小主应力 MPa	最小主应力梯度 MPa/m
安 36-7	2611.0~2626.6	54	24	51.11	0.0191
安 36-33	2633.0~2740.0	52	23	49.33	0.0187
安 36-12	2635.6~2645.4	52	21	47.35	0.0180
安 36-14	2673.6~2749.6	51	18	44.74	0.0167
安 36-16	2621.4~2680.4	51	18	44.21	0.0169
高 103	2762.0~2785.6	59	21	48.62	0.0176
高 33	2763.0~2768.0	57	22	49.63	0.0180
晋 45-302	3250.0~3276.4	58	21	53.31	0.0165
晋 45-224	3070.2~3078.8	56	16	46.71	0.0152
晋 45-309	3246.4~3256.0	54	28	60.46	0.0186
晋 45-229	3112.4~3152.6	56	17	48.12	0.0155
务 14-7	2907.4~2919.6		17	46.07	0.0141
务 14-21	2842.0~2947.2	52	18	46.42	0.0163
留 17-32	3000.4~3046.8	50	21	51.04	0.0170
留 17-38	3005.0~3036.0	56	20	50.05	0.0167
留 70-33	3390.2~3444.6	59	27	60.90	0.0180
留 70-8	3234.4~3271.6	56	30	62.34	0.0193
留 448	2940.6~2947.0	53	19	48.4	0.0165

表3-3 正断层大港油田最小主应力测试表

油田井号	井段 m	储层破裂压力 MPa	瞬时停泵井口压力 MPa	储层闭合压力 MPa	最小主应力梯度 MPa/m
港深 6-4-2	3929.6	75	27	66.3	0.0169
港深 13-12	3959.8	63	15.9	55.5	0.0140
港深 15-10	3801.9	72	27	65.0	0.0171
港深 11-10	3897.0	70	24	63	0.0162
港板深 829-0	3550.5	69	24.9	60.36	0.0170
港板深 836-4	3021.4	55	17.5	47.7	0.0158
港板深 828-4	2962.1	60.2	21	50.60	0.0171
港板深 829-3	3070.7	52.7	15.9	46.6	0.0152
港王徐庆歧 115	2376.5	51	18.5	42.3	0.0178
港王徐庆歧 123-3	2963.6	53	15.5	45.1	0.0152
港羊二庄 8-16-3	1869.5	40	10	28.7	0.0154
港羊二庄 7-15	1799	40.5	11.5	29.5	0.0164
港西 17-6	1394.5	35	14.1	28.0	0.0158

表3-4 正断层胜利油田瞬时停泵测地层最小主应力表

油田井号	井段 m	储层破裂压力 MPa	瞬时停泵井口压力 MPa	储层闭合压力 MPa	最小主应力梯度 MPa/m
桩 74-15-14	3565.2~3612.5	73	30	65.8	0.0184
桩 74-14-12	3576.2~3606.5	67	26	61.9	0.0173
桩 74-14-9	3579.5~3619.5	77	31	66.7	0.0185
桩 52-12	3589.4~3606.9	76	32	68.0	0.0189
桩 74-8-81	3616.4~3634.5	73	33	66.25	0.0191
桩 74-8-6	3507.1~3554.5	75	32	67.3	0.0190
樊 22-724	3267.3~3300	58	19.14	52.14	0.0158
樊 18-720	3142~3146	59	21.98	53.48	0.0170
樊 19-720	3136~3156	64	25.21	56.81	0.0180
樊 12-511	2866~2887	56	22.59	51.39	0.0178
樊 10-511	2856~2872	55	18.69	47.39	0.0165

桩西和樊家油田三向应力分布如图 3-35 所示，水平两向主应力是实测结果，垂向应力根据密度测井资料处理得出，三向应力梯度分别为 0.0252MPa/m、0.01994 MPa/m 和 0.0172 MPa/m（如三向应力梯度不包括断层挤压盘附近的井）。

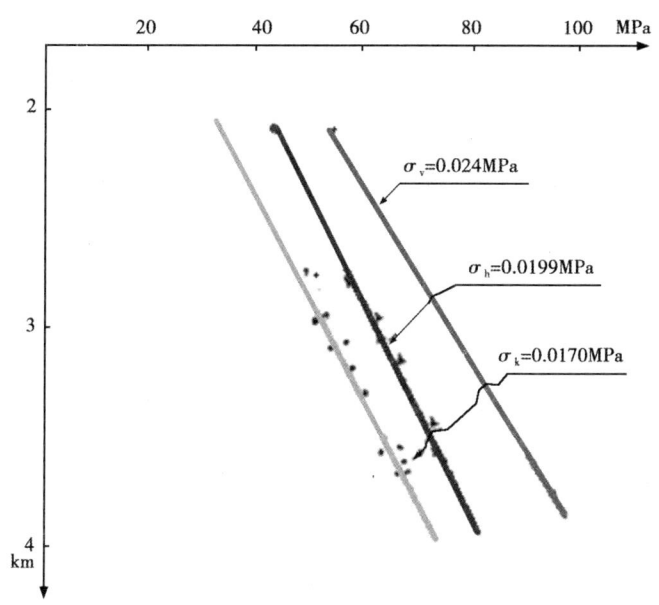

图 3-35 桩西和樊家油田三向应力分布图

表 3-5 正断层吉林油田瞬时停泵测地层最小主应力表

油田井号	井段 m	储层破裂压力 MPa	瞬时停泵井口压力 MPa	储层闭合压力 MPa	最小主应力梯度 MPa/m
老 5-5	1272	20.6	5	17.7	0.01392
老 10	1356	30.4	6	19.56	0.01442
老 3-5	1252	26.4	6	18.52	0.01480
	1274	27.2	7	19.74	0.01549
老 2-3	1275	28	5	17.75	0.01392
老 3-5	1210	26.0	8	20.1	0.01661
老 7-11	1275	24.6	6	18.75	0.01471
老 5-5	1205	24.0	6	18.05	0.01498
	1220	24.1	7	19.2	0.01574
老 2-2	1275	24.0	7	19.75	0.01549
	1210	22.0	6	18.1	0.01496
2-4	1332	22.2	6	19.22	0.01454
新小 615-24	1220	21.8	4.5	16.7	0.01369
新小 615-12	1310	23.2	5	18.1	0.01382
大安 3-3	2116	32.5	6.6	27.76	0.01312
	2110	38.2	12	33.10	0.01569
	2092	39.8	14	34.92	0.01670

续表

油田井号	井段 m	储层破裂压力 MPa	瞬时停泵井口压力 MPa	储层闭合压力 MPa	最小主应力梯度 MPa/m
大安 5-5	2210	43.1	16	38.10	0.01724
	2199	43.8	17	38.99	0.01773
	2095	37.5	12.1	33.05	0.01577
	2075	37.2	11.6	32.35	0.01559
大安 7-3	2180	39.8	12.4	34.2	0.01569
	2010	39.0	12.5	33.2	0.01604

第四节 地应力与地质构造的关系与传统解释

一、传统解释

脆性断裂现象在地质介质中经常可以遇见。这种在岩石中的剪切断裂，并沿断裂面发生位移被称为断层，并按相对位移的方向不同，而给予不同的名称。

正断层是指断层上盘沿着倾斜的断裂而向下滑动的断层，断裂面的倾角一般大于45°；如果断层的上盘是向上滑动，则断层称逆断层；当断层面倾角小于45°时，称逆冲断层；当该倾角很小，只有10°或更小时，称逆掩断层；走向断层是指滑动沿着断裂面的走向发生，其断裂面往往近似垂直。

这几种断层发生时的力学状况如图 3-36 所示。图中 σ_1，σ_2，σ_3 为三向主应力，且 $\sigma_1 > \sigma_2 > \sigma_3$。

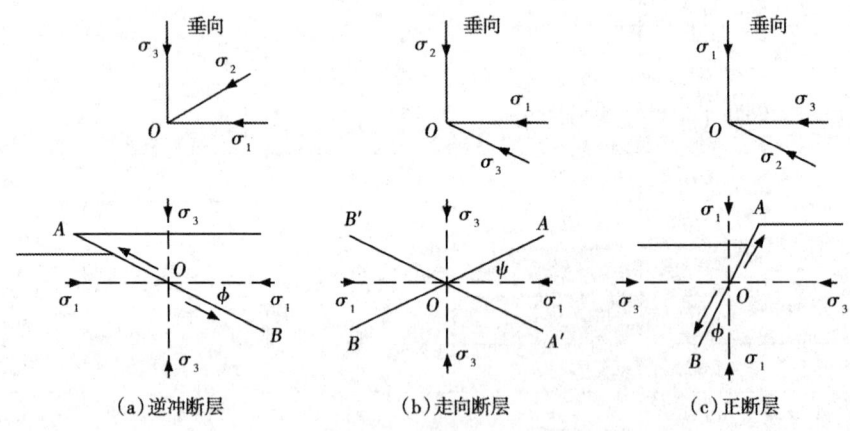

图 3-36 断层发生时的力学状况

在逆冲断层开始发生时，最小主应力 σ_3 是垂直的，断裂面与水平面之间的夹角 ψ 小于 45°，一般在 20°~25°之间，最大主应力 σ_1 是水平的，且垂直于断层走向，中间主应力是水平的，平行于断层迹线。

在正断层发生时，最大主应力 σ_1 是垂直的，最小主应力 σ_3 是水平的，且垂直于断层迹线（走向），断裂面与水平面间的夹角大于45°（一般在60°~65°之间）。

当走向断层发生时，最大主应力与最小主应力都是水平的，且它们相互垂直，最大主应力与断裂面之间的夹角ψ小于45°，一般为30°。

以上仅仅是定性地介绍了各种断层发生时三向主应力的方向。至于各断层发生时三向主应力的大小则要根据库仑—摩尔理论来确定，如图3-37所示。

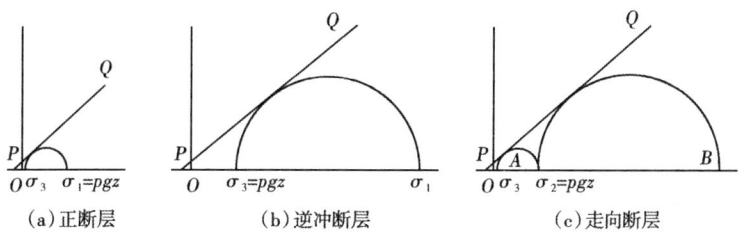

图3-37 σ_1—σ_3组成的摩尔圆与岩石强度曲线

图3-37中PQ线代表库仑准则或摩尔包络线，即代表岩石破坏强度准则，该图表明，当σ_1—σ_3组成的摩尔圆未与PQ线接触时，岩石不发生破坏，只有当它与PQ线接触，断裂才会发生。

二、地应力测试结果

在渤海湾盆地、松辽盆地正断层体系中，人工裂缝多数是垂直或近似垂直于断层走向。

水压致裂缝理论指出，水压裂缝总是垂直于最小主应力方向。因此最小主应力为水平应力且平行于断层走向，与传统观点——最小主应力垂直于断层走向相矛盾。

在新疆几个逆断层体系中（包括逆冲和逆掩断层），人工压裂裂缝与逆断层走向近似垂直，最小主应力同样是水平应力，且平行于逆断层走向，三向主应力与断层关系如图3-38所示。

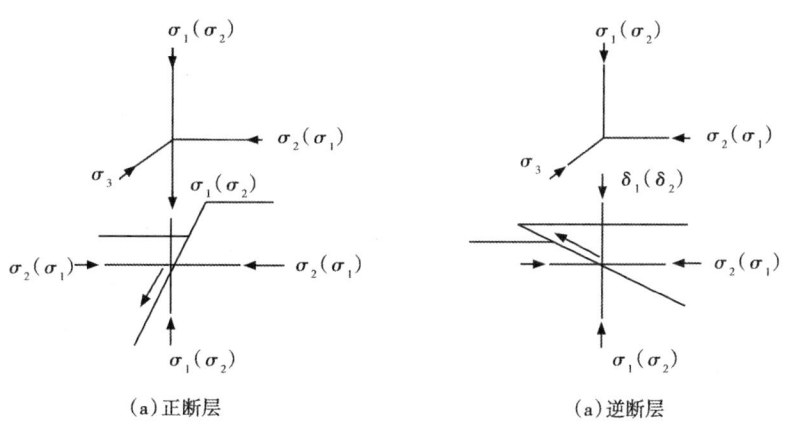

图3-38 三向主应力与断层关系

从图3-38中可以看到，在正断层体系中大部分油田的垂向应力仍是最大主应力σ_1。仅大庆油田的开发初期，垂向应力是最小主应力，而在开发过程中，储层孔隙压力下降引起水平构造应力下降，从而使垂向应力成为中间主应力。垂直断层走向的水平主应力一般为中间主应力，偶尔为最大主应力，最小主应力一般平行于断层走向。

在逆断层体系中，最大主应力 σ_1，也是垂向应力。最小主应力 σ_3，同样平行于断层走向。

三、讨论

现场测定的应力方向与断层构造的关系与现有理论介绍三向主应力与断层构造关系是有不同，但并不矛盾，一般理论介绍的是指各种断裂发生前（或即将发生时）的三向主应力与断层的关系，现场测定的三向应力则是断裂发生后，各断层处于平衡时的应力，下面就正断层与逆断层发生前后应力的变化做一说明。

1. 正断层

岩层在地壳中一直处于三向应力作用下，如前所述只有当 σ_1-σ_3 组成的摩尔圆与岩石强度曲线 PQ [图3-37（a）] 接触时，岩石才会发生破裂，这时有下列公式存在：

$$\sigma_1 = C_0 + \sigma_3 \cdot \tan^2\alpha \tag{3-1}$$

式中　C_0——岩石的单轴抗压强度，MPa；

　　　α——断裂面上的法线与最大主应力方向 σ_1 间的夹角。

$$\alpha = 60°\sim 65°\ （正断层）$$

水平应力与垂直应力的比值，K_a：

$$K_a = \frac{\sigma_3}{\sigma_1} = \left(1-\frac{C_0}{\sigma_1}\right)\cdot\frac{1}{\tan^2\alpha} = \left(1-\frac{C_0}{\gamma z}\right)\cot^2\alpha \tag{3-2}$$

$$\sigma_1 = \gamma z$$

式中　γ——岩石的容重，kN/m^3；

　　　z——垂直深度，m。

从式（3-2）可以看出，当 z 较小时，$C_0/\gamma z$ 可能大于1，这时会出现负值，即 σ_3 是拉应力。

在渤海湾盆地及松辽盆地的油田中进行人工压裂的井段在 1000—2000—3000m 井深。如 $\gamma = 25kN/m^3$，$\alpha = 60°$，$C_0 = 10MPa$，K_a 在 0.2～0.29 中变化，即垂直应力 σ_1，是水平最小主应力 σ_3 的 3.46～5 倍，如图3-39所示。

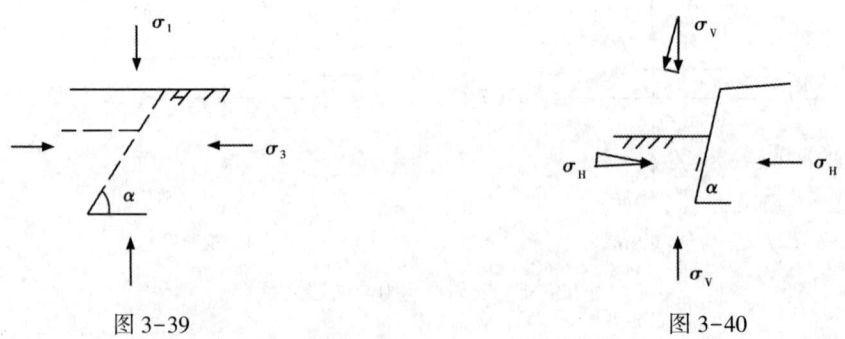

图3-39　　　　　　　　　　图3-40

当断裂发生后，由于地层处于稳定状态，如图3-40，则应力平衡公式如下：

$$\sigma_v(\sin\alpha-\mu\cos\alpha) - \sigma_H(\cos\alpha+\mu\sin\alpha) = 0$$

$$\sigma_H = \sigma_v \cdot \tan(\alpha-\phi) \tag{3-3}$$

式中 ϕ——摩擦角，$\mu = \tan\phi$ 沿断裂面滑动时的摩擦系数。

式（3-3）虽是处于平衡状态，但是上盘沿断裂面开始滑动前瞬间的平衡状态。这是平衡的下限，即水平应力增至该值时，下盘就停止下滑了，平衡的上限是当沿断裂面无摩擦力，这时平衡式为：

$$\sigma_H = \sigma_v \cdot \tan\alpha \tag{3-4}$$

即水平应力大于垂直应力 $\tan\alpha$ 倍，这时的平衡无需依赖摩擦阻力了。

水平应力 σ_H 与垂直应力 σ_v 之间比值的表达式：

$$\sigma_H/\sigma_v = \tan(\alpha-\phi) \text{ 或 } \sigma_H/\sigma_v = \tan\alpha \tag{3-5}$$

设 $\phi=30°$（$\mu=0.577$），其比值在 0.577~1.73 之间。一般情况下垂直应力仍大于水平应力，渤海湾油田和松辽油田 σ_H/σ_v 比值在 0.8~1.0 之间，假设垂直应力在断裂发生前及发生后保持不变（$\sigma_v = \gamma z$），则表明水平应力在断裂发生过程中不断上升，直到足以制止上盘沿断裂面向下滑动。

断裂发生后的水平应力与断裂发生前水平应力之比值可用下式表达：

$$\frac{\sigma_H}{\sigma_3} = \frac{\sigma_H/\sigma_v}{K_a} = \frac{\tan(\alpha-\phi) \cdot \tan^2\alpha}{1 - \dfrac{C_0}{\gamma z}} \tag{3-6}$$

设 $\alpha=60°$，$\phi=30°$，$C_0=10\text{MPa}$，$\gamma=25\text{kN/m}^3$，$z=1000\text{m}$，2000m；该比值为 1.998~2.88；当 $\phi=0$ 时，该比值达 6~8.7。

即断裂发生后，当上盘停止滑动时，水平应力至少是断裂前水平应力 2~3 倍，甚至可高达 6~8 倍，假设断裂前沿断层走向的中间主应力 σ_2 小于 0.46，则断裂后垂直断层走向的水平应力将超过原来沿断层走向的水平应力，即当时的中间主应力 σ_2，而成为断裂后的中间主应力，偶尔还可能成为最大主应力。而断裂前沿走向的中间主应力变为最小主应力。

按上述理论分析几个油田例子如下（设 $C_0=10\text{MPa}$，$\gamma=25\text{kN/m}^3$）。

（1）大庆油田 37-67 井，井深 1438.8m，垂向应力为 39MPa。当正断层发生前的瞬间，$K_a = \dfrac{\sigma_3}{\sigma_1} = 0.25$，即 $\sigma_3 = 9.7\text{MPa}$，断裂发生后，水压致裂测得的最小主应力为 25.9MPa，实际是断裂前的中间主应力 σ_2。因它是沿断裂走向的水平应力，可以假设在断裂发生前后其值变化不大，计算得的水平最大主应力达 37MPa，是垂直断层走向的，与断裂前相比，其值是断裂前的 3.8 倍，即处在前面计算中平衡的下限与上限之间；

（2）胜利油区大陆湖油田 22-724 井，井深 3397m，垂向应力为 82MPa。

当正断层发生前的瞬间，$K_a=0.29$，即 $\sigma_3=\text{MPa}$，断裂发生后测得的水平最大主应力达 77.5MPa，即垂直于断层走向的水平应力在断裂时是断裂前的 3.2 倍，因此原来的中间主应力 $\sigma_2=59.1\text{MPa}$，在断裂后成为最小主应力。

2. 逆断层

在地层中发生逆断层（含逆冲和逆掩断层）时，最大主应力 σ_1 为水平应力，垂直应力为最小主应力（图 3-41），破裂准则仍为公式（3-7），这时水平应力与垂直应力的比值为 K_p：

$$K_p = \frac{\sigma_1}{\sigma_3} = \frac{C_0}{\gamma z} + \tan^2\alpha \qquad (3-7)$$

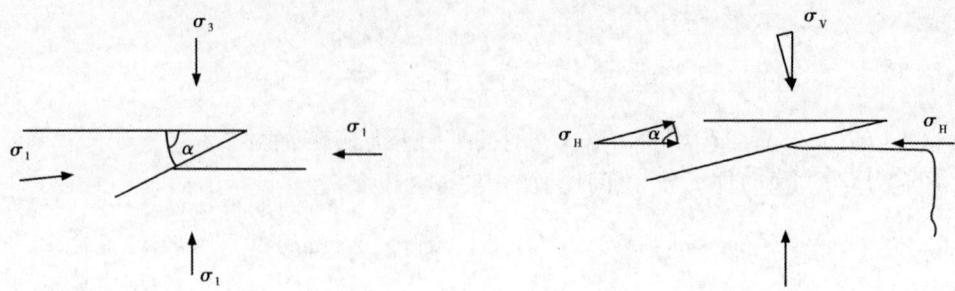

图 3-41 逆断层，最大主应力 σ_1 为水平应力，垂直应力为最小主应力

图 3-42 逆断层发生后且处于稳定状况时

逆冲断层 $\alpha = 65° \sim 70°$，在新疆逆断层油田井深在 1000—2000—3000m 时，$K_p = 5 \sim 4.73$；逆掩断层 $\alpha = 80°$，这时 $K_p = 32$，当逆断层发生后且处于稳定状况时（图 3-42），应力平衡公式如下：

$$\sigma_H (\sin\alpha - \cos\alpha \cdot \mu) - \sigma_v (\cos\alpha + \mu\sin\alpha) = 0$$

$$\sigma_H = \sigma_v \cot(\alpha - \phi) \qquad (3-8)$$

与断层讨论相同，该平衡式是平衡的下限，平衡上限的表达式为 $\sigma_H = \sigma_v \cot\alpha$。

当 $\phi = 30°$（$\mu = 0.577$），σ_H/σ_v 的比值，在逆冲断层时（$\alpha = 65°$），为 1.43~0.47 之间；在逆掩断层时（$\alpha = 80$）为 0.84~0.18 之间，这表明对逆掩断层而言，垂直应力一般大于水平应力，为最大主应力；对逆冲断层而言，当 $\phi < 20°$ 时，垂直应力 σ_v 也将是最大主应力。在逆断层发生前的最大主应力（它是垂直断层走向的水平应力）在断裂发生过程中不断下降。当上盘停止移动达到平衡时，这时的水平应力与断裂发生前水平应力的比值可用下式表达：

$$\frac{\sigma_H}{\sigma_1} = \frac{\sigma_H/\sigma_v}{K_p} = \frac{1}{\left(\dfrac{C_0}{\gamma z} + \tan^2\alpha\right)\tan(\alpha - \phi)} \qquad (3-9)$$

逆冲断层，$\alpha = 65°$，$\phi = 30°$，$C_0 = 10\text{MPa}$，$\gamma = 25\text{kN/m}^3$，$z = 1000\text{m}$，300m；σ_H/σ_1 其比值为 0.28~0.30；当 $\phi = 0$ 时，该值为：0.09~0.1，即断裂发生后的水平应力是断裂发生前最大主应力的 1/3~1/10。

逆掩断层，80°时，该比值为 0.026；当 $\phi = 0$ 时，该值为 0.005，即断裂发生后的水平应力是断裂发生前最大主应力的 3%~0.5%。逆断层与正断层不同，在断裂发生过程中，水平应力不断下降，对逆冲断层而言最大主应力 σ_1（水平应力）在断裂发生前大于垂直应力近 5 倍，在断裂过程中，它不断下降。假设断裂发生后这水平应力是断裂发生前的 1/3，则此水平应力仍将大于垂直应力。只有当断裂发生后，这水平应力是断裂发生前的 1/5~1/10 时，垂直应力才可能大于这水平应力，对逆掩断层而言，由于 $K_p = 32$，垂直断层走向的水平应力在断裂发生过程中不断下降，在断裂终止时其比值（σ_H/σ_1）要小于 0.03 时，垂直应力才可能大于水平应力。

在断裂发生前，沿断层走向的水平应力为中间主应力，它也大于垂直应力，在断裂发生过程中，它随垂直于断层走向的水平应力 σ_1 的下降而下降，且始终小于它（因断层的运动方向没有变化），但这两个水平应力比较接近，最小水平应力为最大水平应力的85%左右。因此当断层活动终止时，如垂直于断层走向的水平应力小于垂直应力时，平行断层走向的水平应力必然成为最小主应力。

举例如下：新疆逆冲断层克拉玛依油田八区8569井，在井深3000m处的垂直应力为75.2MPa，在断裂发生前的水平最大主应力 σ_1 为355.7MPa。在断裂发生后，当断层处于平衡时，该水平应力下降至48.0MPa，是断裂发生前最大主应力的13.5%（最小主应为41MPa）。

在新疆逆断层油田储层中测得的三向应力表明，σ_H/σ_v 的比值一般在0.4~0.8范围内，少数在1左右。与上述分析比较吻合。

四、结论

通过上述讨论表明，各种断层要在一定的应力状态下才可能发生，这种应力状态就是通常文献和有关书籍中介绍的，但很少有文献介绍在断裂发生过程中应力相互间会发生什么变化及断裂终止后的应力状况又是什么。

上述讨论表明，在正断层发生过程中，垂直断层迹线的水平应力（最小主应力）不断增大，直至足以阻止正断层的继续发展，此垂直断层迹线的水平应力在断裂发生后是断裂发生前的2~3倍，甚至6~8倍。在逆断层发生过程中，则刚好相反，垂直断层迹线的水平应力（最大主应力）不断减小，直到不能推动断层继续移动，断层移动终止后的水平应力大小仅是断裂发生前该应力的1/3~1/10（逆冲断层）或小于0.03（逆掩断层），随着垂直断层连续的水平应力大小的变化，原平行于断层迹线的水平应力（中间应力 σ_2）变为最小主应力。

第四章 地应力与裂缝在工业中的应用

第一节 井网布局

中低渗透油田，我国陆地大多数都是注水开发。对这类油田的 86 个断块油田近千口井，在注水井或采油井进行储层裂缝测试，储层裂缝分布已在前面论述。注水开发的中低渗透油田，绝大多数注水在储层都有裂缝，裂缝的全长大多数都大于 400m，人们都知道低渗透储层中的裂缝导流能力要比孔隙度渗透大几百倍甚至一千倍左右。裂缝在储层中有好的一面，能提高水驱效果。也有不好的一面，就是给油田平稳开采带来一定困难，会早期出现水淹水窜，影响油田采收率。

下面对注水在储层产生的裂缝进行分析。

一、油田井网布局原设计思路

注入储层中的水是径向驱动，水经过砂体孔隙向周围驱动达到近似圆形驱动，注水初期这种思路是正确的，因开发初期注水压力低，注入压力略大于孔隙压力，当油田开发到一定时间，由于注水水质问题，储层颗粒运移堵塞孔道，储层油水乳化等问题，增加注水阻力，使注水压力上升，有的油田每年增长注水压力 0.5~1MPa，大多数油田都上升 5~10MPa，见表 4-1。

表 4-1 各油田注入压力的上升

油田	平均井深 m	初期平均井口注入压力 MPa	时间	现在平均井口注入压力 MPa	时间	储层裂缝延伸井口注入压力 MPa
胜利桩 120 断块	2950	16	1985.5	27	1997.4	23.5
胜利樊家油田	2870	16.89	1989.7	24	1996.5	18.5
华北留 17 断块	3000	19	1990.8	27	1997.11	21
二连阿 31 断块	1300	10	1989.4	17	1997.4	11
吉林新立油田	1350	6.5	1988.9	12	1996.5	8
大庆龙虎泡	1550	10.5	1988.7	16	1997.6	13
大港王 27 断块	2940	21	1991.1	29	1996.1	23.5

由于注入压力超过储层破裂压力，使储层产生人工裂缝，在产生人工裂缝的同时，在人工裂缝迹线串过天然裂缝，这时天然裂缝也起导流作用。

这些裂缝随着注入压力的增加，裂缝长度也在增长，经过现场若干注水井监测，裂缝的全长一般都大于 400m 甚至到 600m，当储层出现裂缝后，注入储层中的水，首先通过裂缝再向两侧驱动。5mD 地层孔隙驱动大庆头台油田测定约 70m 左右。

注入水使储层产生裂缝,其裂缝延伸方向很有规律性,与附近断层走向垂直(两组断层相交附近的井,产生的人工缝的方向并不垂直)。

注水井储层产生的裂缝,靠近某一采油井,这时采油井的特征是,在一定时间油井自喷产量较高,但时间不长就会出现含水,一旦出现含水后,在几天之内达到高含水,如图4-1所示。

距裂缝较远的采油井得不到驱动,液面下降,产油下降。如这个方向有天然裂缝也同样出现高含水(如新站油田)。上述井网对油田开发有影响。这类油田采出程度都比较低,一般小于15%,含水可高达80%以上。因此油田开发的井网布局与采收率高低有直接关系。

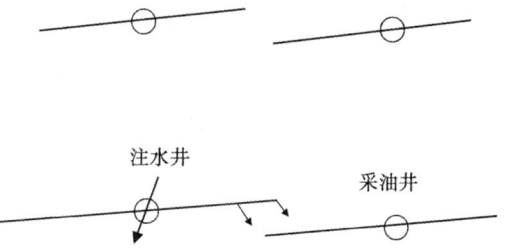

图4-1 注水井裂缝与开采井裂缝关系图

为了更好地开发低渗透油田,首先考虑的是储层的油要较好的采出,采出的动力是注入储层水,有较好的驱动效果,这就需要较好地利用裂缝,因为油田开发到一定时间储层注入超过地层吸收能力或压裂都要出裂缝。为此新油田井网要达到下列要求:

(1) 井排方向要按构造的水平最大主应力方向(与附近断层走向垂直)错开22.5°(裂缝夹角平均约45°)为采油井方向,采油与采油中间夹角45°九点法均能躲开水井裂缝。

(2) 井距。根据多数低渗透油田,渗透率在10mD左右,储层注水先走裂缝。然后水再向裂缝向外驱劫,5mD地层孔隙驱动最大距离约70m左右。

油田压裂。地层水平应力差小于1.5MPa,瞬时排量$2.5\sim3m^3/min$,地层压开四裂缝,形态为米字,如图4-2所示。

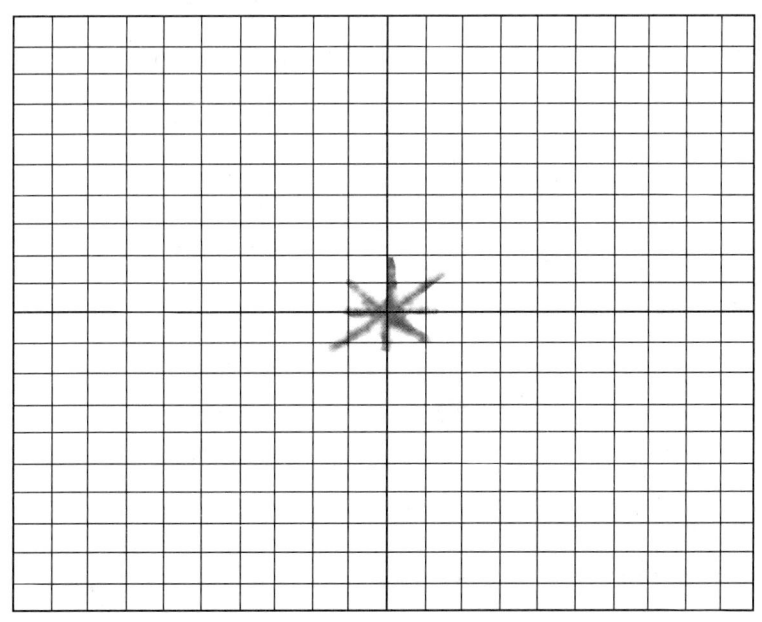

图4-2 米字裂缝,743-113井裂缝形态

水井裂缝与油井裂缝关系，只要地层压裂和注水，水井裂缝和采油井裂缝都有连通的可能性，造成高含水到水淹水窜。对裂缝不了解的地质人员说工程压裂造成的高含水，工程人员说，不压裂地层不出油，出现高含水是井网设计有问题，好像这两种观点都有一定道理，笔者倾向工程理由。

下面提出井网布置的建议。

二、水井裂缝与油井裂缝夹角和驱动好坏

水井裂缝与油井裂缝夹角和驱动好坏如图 4-3 至图 4-6 所示。

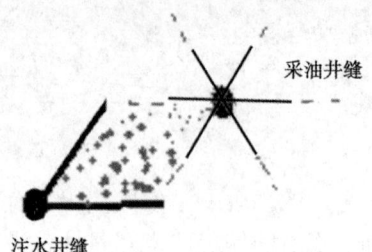

图 4-3 采油井裂缝躲开注水井缝注水驱动较好采收率最高

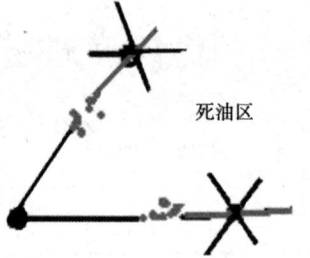

图 4-4 注水井缝与采油井缝直对见效最快很快出现含水到高含水至水淹

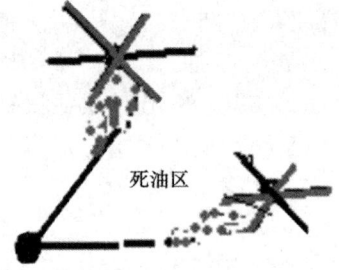

图 4-5 同样随着注水时间的增长，出现含水到中高含水；注水偏流，油层多数油采不出来

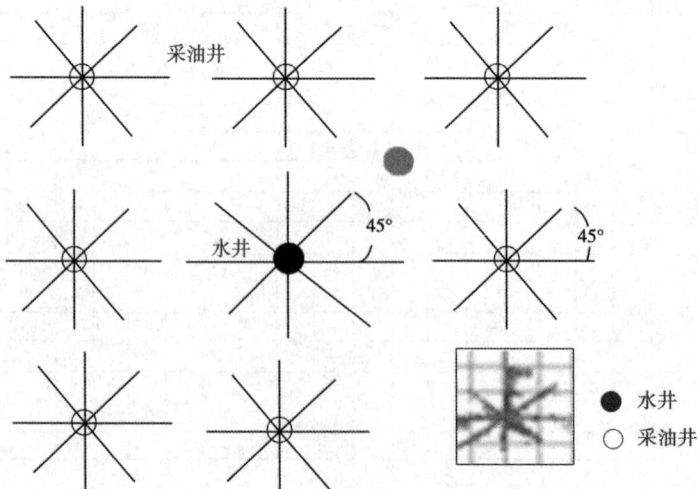

图 4-6 大庆采油七厂九点井网布置

当初井网设计者认为水井没有压裂缝、采油井压裂只出一条裂缝设计的井网，井排与裂缝夹角45°。图4-6中右下角是现场监测水井和采油井裂缝，注入量在2.5~3m/min。注水井和采油裂缝产生的裂缝，布在九点法注采井位上，可以看出水井裂缝都直对采油井裂缝东西方向先淹，后南边井淹（多数井北地应力偏高），角线的井驱动不到，在角线上，两口采油井中间打加密井，结果该井钻后出现高含水。如反九点法井网按地应力方向，躲开水井裂缝布置井网很有优势。但由于设计者没尊重地应力客观规律，其结果失去九点法井网优势并造成损失。

下面提出井网布置的建议。

三、断层发育油田井网布置建议

如图4-7、图4-8所示。井网布置好坏是采收率高低的关键。

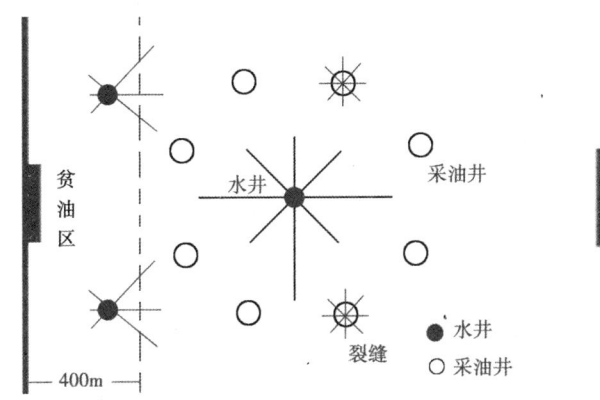

图4-7 断层动盘附近不易布采油井，要躲开动盘约300m为佳

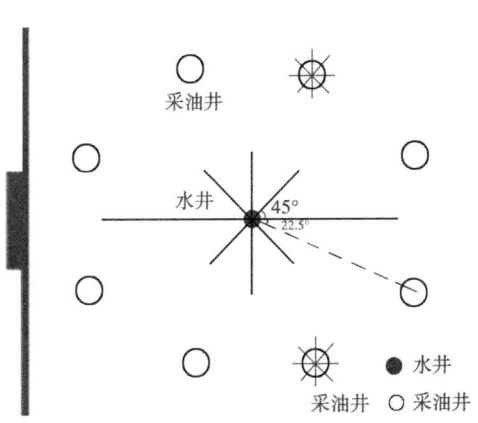

图4-8 断层不动盘布井，与断层垂直的主裂缝错开22.5°为采油井井位，九点法井网可按此图布置，如断层走向变，井网也随着变化

地应力在2.5~3.1MPa，油层建议按棱形井网：如图4-9所示，虚线这条裂缝因地应差大，压裂不会出现裂缝，但东西井采油井产液量增多后，要控制注水量，防止水淹。

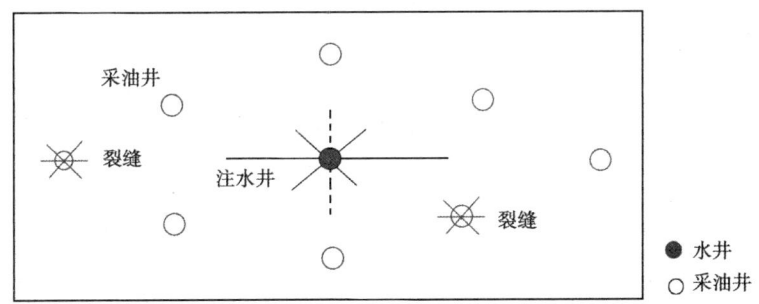

图4-9 棱形井网
地应力差在2.5~3.1MPa

陕北在1900m以上油层，裂缝夹角60°，井网布置如图4-10所示。

陕北在2000m以下油层，裂缝夹角45°井网布置如图4-11所示（主裂缝在不同地区，方向也有变化）。

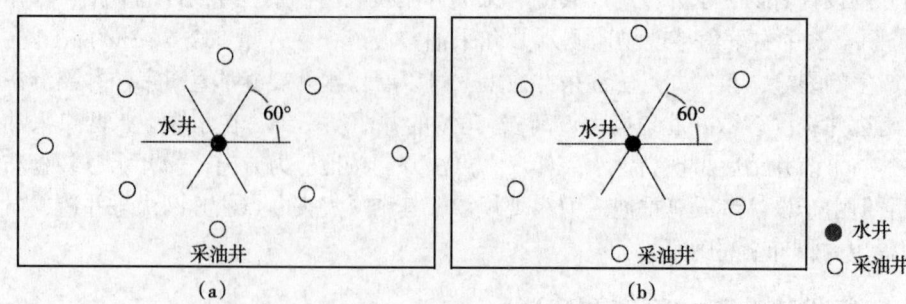

图 4-10 陕北 1900m 以油层，裂缝夹角 60°的井网布置

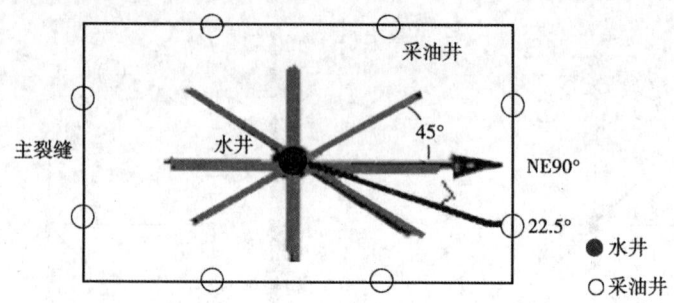

图 4-11 陕北在 2000m 采用方形注采井网，主裂缝北东 90°，
躲开 22.5°为采油井，反九点法注采井网

四、断层附近布注水井位建议

断层附近比远处最小主应力高 8~5MPa，在远处向断层方向注水，是很难驱动，建议在高应力区注水，向低应力注水区驱动，如图 4-12 所示。但注水压力比正常注水高 8MPa 左右。

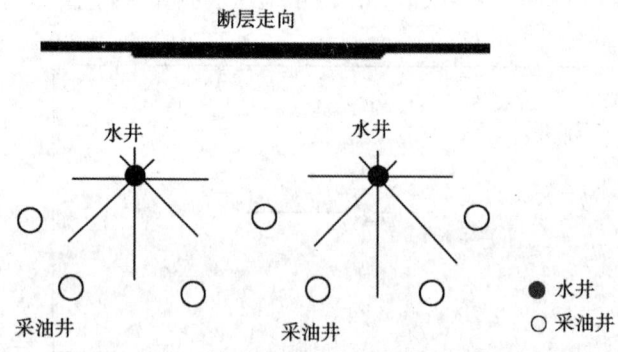

图 4-12 在断层附近注采井网布置图

五、裂缝分布与井网设计存在的问题

从这三种人工缝与井排呈现的角度，分析注水井裂缝与采油井的关系，最理想的角度为 22.5°左右，这样可把 300m 的井距通过人工缝变为 210m 左右，人工缝的延伸方向是井排的

对角线，井距离为420m，如人工缝半臂长在200多米，缝与对角线上的井没有多大影响，注水井对周围的8口井都能产生驱动；人工缝与井排大于或小于22.5°，储层注水到一定时间，人工缝距采油井较近的一侧，出现水在储层偏流，部分采油井出现早期含水；人工缝与井排近似平行的采油井，由于注水井裂缝与采油井裂缝近似连通，注入储层的水很快进入采油井，形成严重水淹水窜。

为了减轻或避免上述现象的发生，提出井排与人工缝呈现角度不同，给出不同的压裂规模，根据全国不同地区人工裂缝长度的统计，井排方向与人工缝呈22.5°的井网，建议压裂用液量小于120m³（包括前置液），在储层造缝全长约400m左右。

第二节　储层裂缝导流能力

一、水井裂缝成因

过去有的技术人员认为注水不压裂，水井注水在储层近似圆形驱动，这种说法不成立。因不管低渗透油田或高渗透油田，向地层注水、注气或注热气等超过储层吸收能力，在井孔附近油层就会产生裂缝，随着注入时间延长，岩石见水之后，岩石抗张强度降低，以及水平两向应力差变小，水井在油层会产生裂缝，由一条裂缝会到两条、三条或多条裂缝，裂缝长度也随着注水量增长和注水压力波动，裂缝会延伸很长，储层中的多裂缝都会延伸，由几十米至几百米。

二、油田水淹水窜解释

（1）注水地层地应力不均，注水向低应力方向驱动，在低应力区油井要出高含水。

（2）油层出现水淹水窜是注水井裂缝直对并接近采油井所致，但有些人认为是大孔道所致，经过现场大量监测表明，大孔道所致说法有误（砂岩地层就没有大孔道）。

（3）还有一种说法，注水在井孔附近没有裂缝，向外近似圆形驱动，这种说法有误；如800mD油层，注入水先走裂缝，然后再向外驱动，绝对先走缝，然后孔隙驱动。缝与孔隙，例如大庆采油六厂裂缝驱动比孔隙驱动大4倍左右。

低渗透油田如5mD地层裂缝的导流能力，比孔隙大1000倍，低渗透油田水淹水窜绝对与裂缝有关，因注入水先走裂缝，然后向孔隙驱动，在孔隙驱动距离大约80m左右。

以注水井8-20井（大庆六厂储层渗透率平均$800\times10^{-3}\mu m^2$）为例，如图4-13所示。2006年5月23日进行裂缝测试，储层出现两条裂缝：北东51°，缝长约240m，与断层走向垂直。北西40°，缝长约280m，与断层走向平行。地层、地应力西北高、东南低，注入水向南东方向驱动好些，在裂缝东南的小红点是水驱入径的表现。注示踪剂得出，裂缝方向导流能力比孔隙渗透高4倍左右。关于大庆内部油田地应力和裂缝分布，在1992年大庆召开的采油工程会议上，作者发表论文《大庆内部油田水平裂缝变为垂直裂缝的过程》。

注水井裂缝北东缝是人工缝，北西是天然裂缝比水平缝导流能力高4倍左右。

大庆卫星油田监测17口井其中15口井与裂缝直对造成油井高含水，如图4-14所示。

大庆九厂新站油田共计监测12口井，其中2口井按水平最大主应力方向水淹，有7口井按天然裂缝方向水淹，如图4-15所示。

青海尕斯库勒油田北部用声传导技术监测5口井，其中有4口井水淹水窜，如图4-16所示。

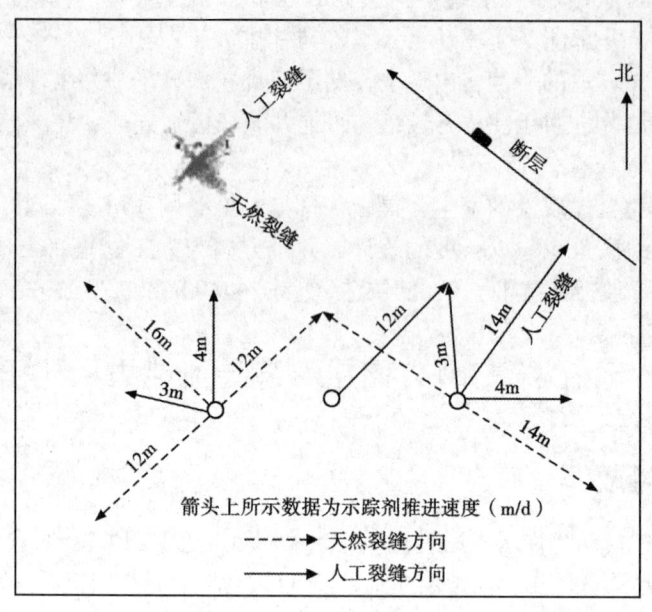

图 4-13 喇南区注示踪剂流动方向与人工裂缝和天然裂缝关系图

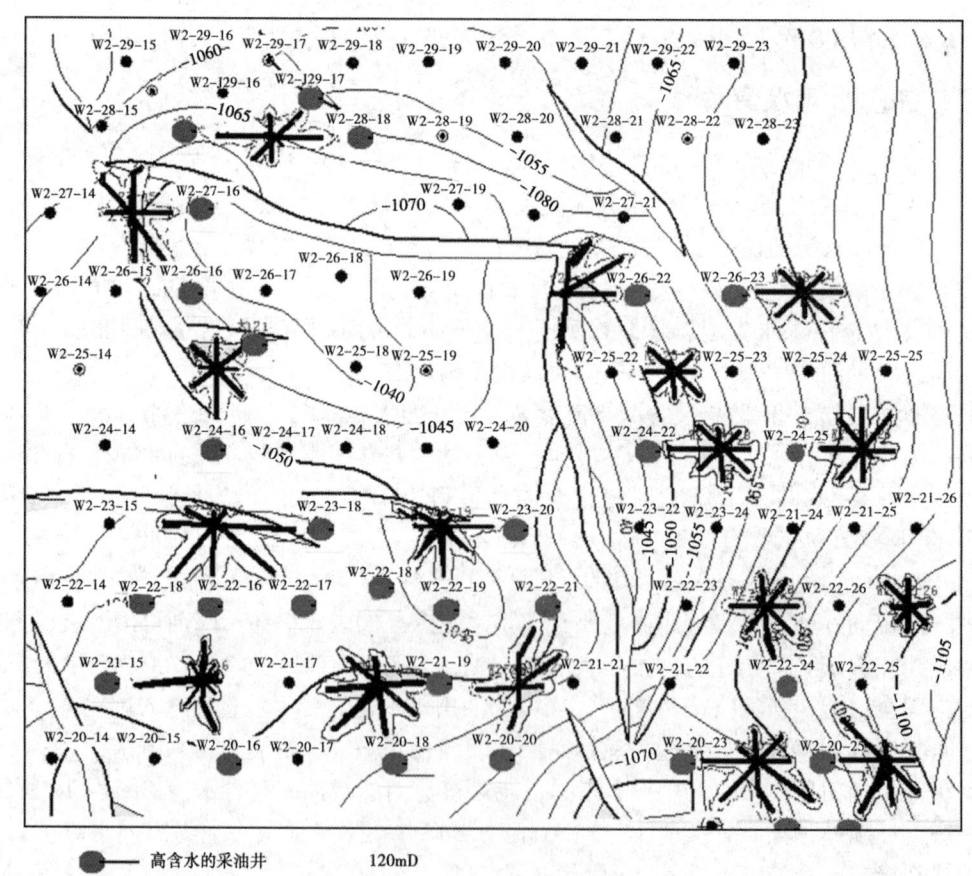

图 4-14 卫星油田水井裂缝分布图
该油田井网存在设计问题,图中黑点是水淹井

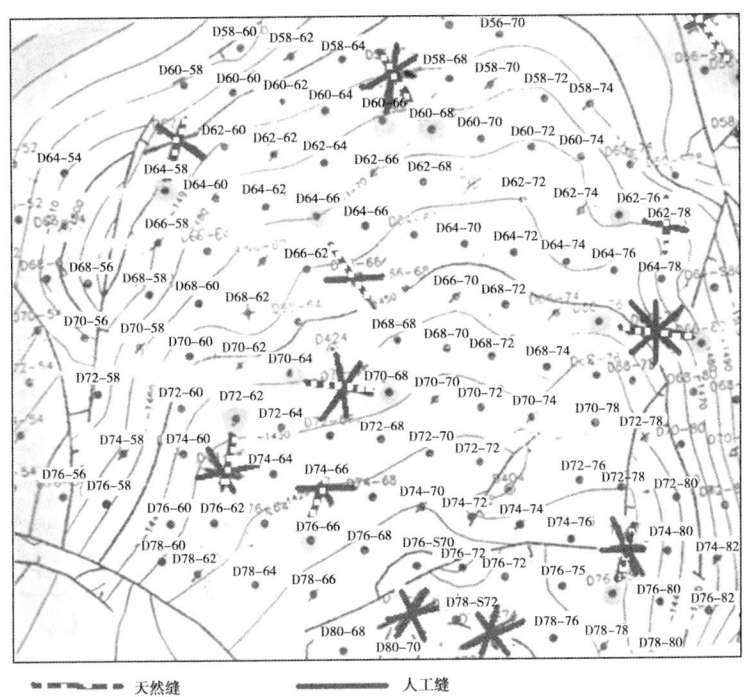

图 4-15 大庆新站油水井裂缝分布图

绝大多数油井是天然裂缝造成水淹

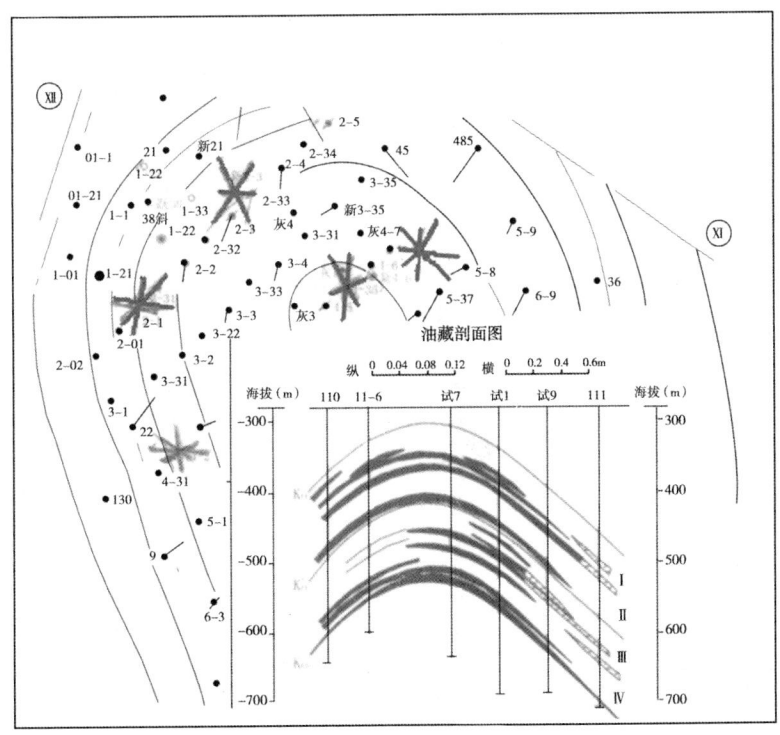

图 4-16 青海尕斯库勒油田油水井裂缝分布图

监测 5 口井有 4 口井水淹

第三节 剩余油分布研究与挖潜

一、油层柱状剖面分布

用测井回放曲线找柱状油层分布，现有很多人在工作，如采油厂地质大队，各油田研究院及专业公司，用数字测井和处理油层分布，他们做了大量的工作，有些采油厂，重新认识油层，使产能上一大台阶，在柱状剖面找油层他们有优势。

过去我们用岩石力学参数等处理地层的破裂压力和两向地应力，找出破裂压力偏低地层，产油最好，水平两向主应力差较小，偏低地层也是产油富集层，如图4-17岩石力学参数与地层破裂压力关系图。

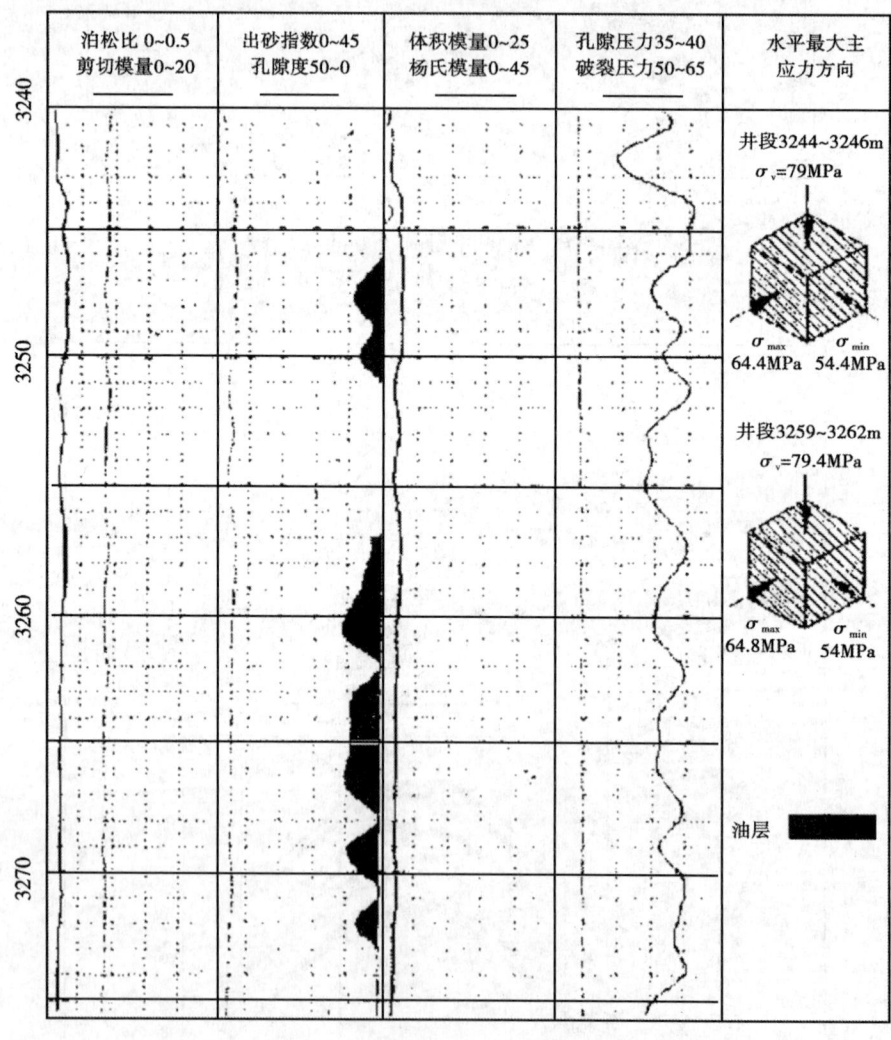

图4-17　留17-69井岩石力学参数与地层破裂压力关系图

二、关于储层平面剩余油分布研究（死油区）

采用研制的高精度、高灵敏、低频、门槛技术、录取峰值信号、智能化采集等多项技术组成的水驱前缘的监测仪器，来找出每一口水井水驱动的面积，投影在构造井位平面上，监测第一步是把水井储层驱动范围找出来。因每口井注水后，在储层中要产生多条裂缝，水通过裂缝，水向采水井组驱动或方向性渗油，然后把驱动渗流形态按比例投影在构造井位图上，这就比较直观看出水驱动范围和井组动态关系，水没有驱动到的地方，就是剩余油在储层的死油区。

上述结果，可通过专家论证，也可用井组动态分析，有四条验证标准：
(1) 水井裂缝对着采油井或接近，必然出现高含水。
(2) 采油井在注水井两条缝中间驱动最好，采收率最高。
(3) 注水井裂缝远离采油井，采油井供液不足。
(4) 注水井注水方向偏离该井组，必有死油区。

水驱前缘成果可作为井网调整、打加密井、按水井调剖工艺去调剖增加产量的依据（过去用高强度 PD-2 堵剂在某采油厂，调剖十多口井，每口井组都增油至少 2000t 以上）。

如新斜井北部地应力尚偏高，可在该断块不动盘打些加密井，如图 4-18 所示。

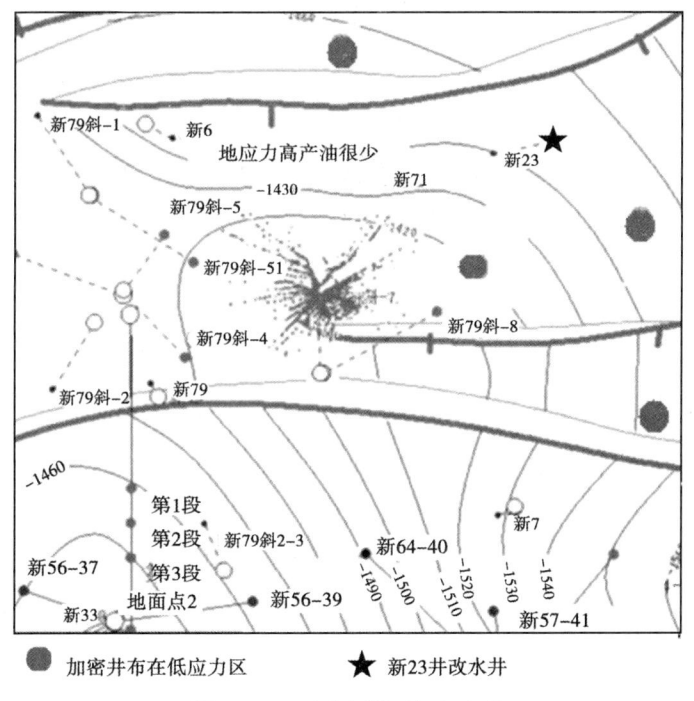

图 4-18　不动盘附近打加密井

三、不动盘附近低应力区打加密井

因断层动盘应力要比不动盘高 8MPa 左右，高应力区的油被挤压运移到低应力区，是油气聚集区，在不动盘附近打加密井或是调整井，图 4-18 中圆点为采油井，图中五星为油井改注水井，在高应力区的向低应力区注水好驱动，图 4-19 为不动盘采油井射孔井段。

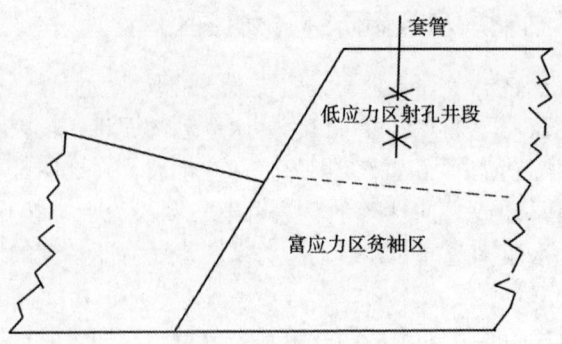

图 4-19 不动盘采油井射孔井段（动盘上部射孔）

该井组有 2 处死油区，如图 4-20 所示。如井组中死油区布的采油井。井南地应力偏低，油气集聚较好（必须要了解布采油井位是否有砂体？）。

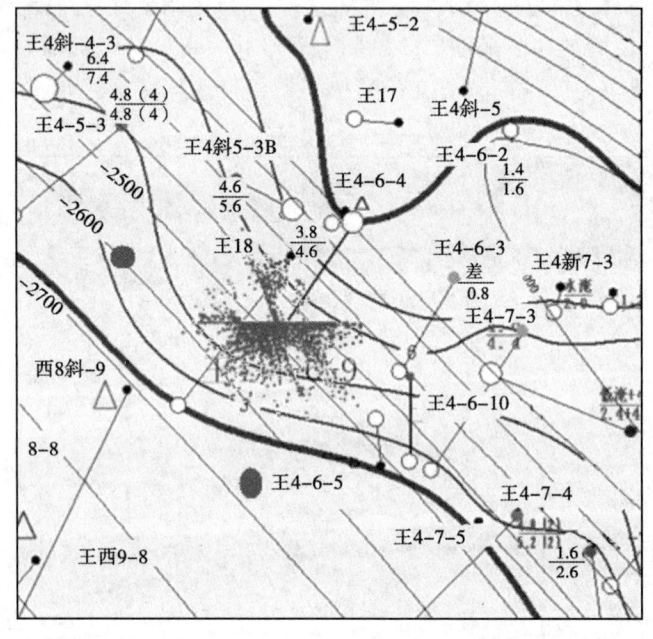

● 死油区油井

图 4-20 王 18 井和王 4 斜 5-3B 井含水与水井裂缝有关

注水井西受地应力影响，建议在井西打口加密井，要躲开水井裂缝打加密井，如图 4-21 和图 4-22 所示。

王 4 斜-6-9 注水井裂缝直对并接近王 18 井，对王 4 斜-5-3B 井、王 4-6-10 等井有驱动。喷砂射孔侧钻井按图 4-22 打，完井后最好不要压裂，避免把旧裂缝压开，影响产油效果。躲开水井裂缝可打 2 口加密井。

黄 22 斜-36 井储层注水地层开 7 条裂缝：南北裂缝缝全长 300m，并出现北东 45°转向裂缝，缝长约 300m；东西缝，裂缝全长 250m，北东 120°和 150°两条裂缝，分别长 150m 和 100m，南西 60°和 80°裂缝，分别长各 150m，如图 4-23 所示。

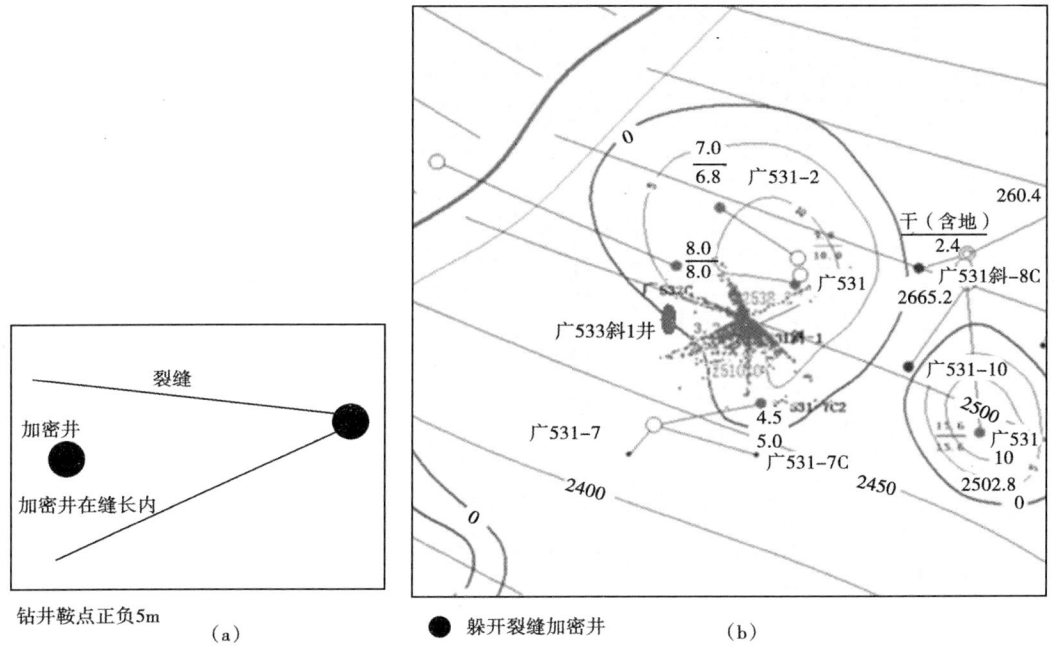

图 4-21 广 553 斜 1 井水驱形态图

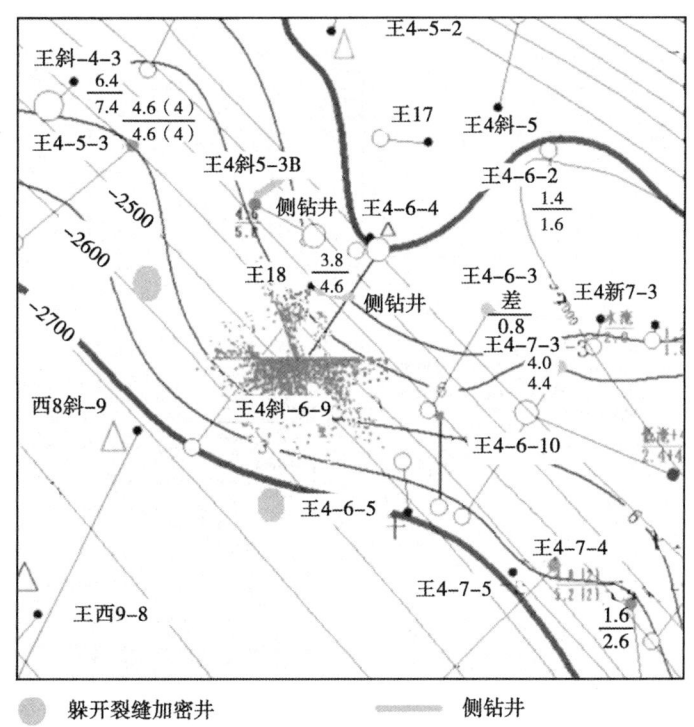

图 4-22 躲开水井裂缝打加密井

注：一般油层不是一层，是多层油藏，我们建议对裂缝分层监测，成果投影在构造井位图上，这可了解多层剩余的分布。

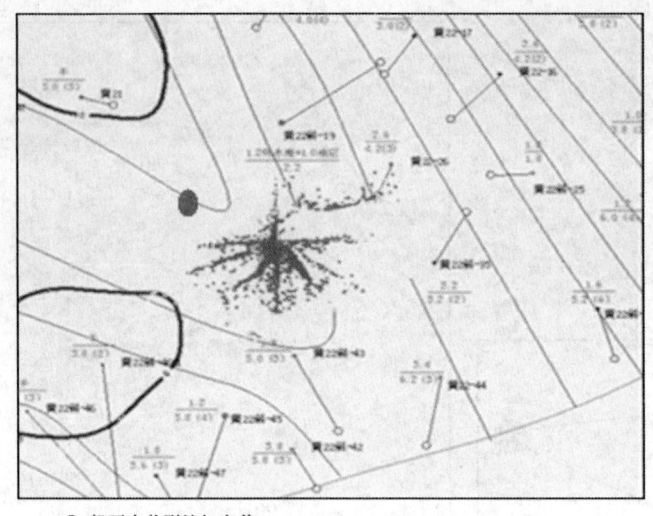

● 躲开水井裂缝加密井

图 4-23 黄 22 斜-36 井裂缝监测成果投影图

四、死油区变活油区挖潜措施

如图 4-24 所示，Z27 井注水偏流监测成果，可以看出在井北有大面积没有驱动，Z27 井被称死油区。

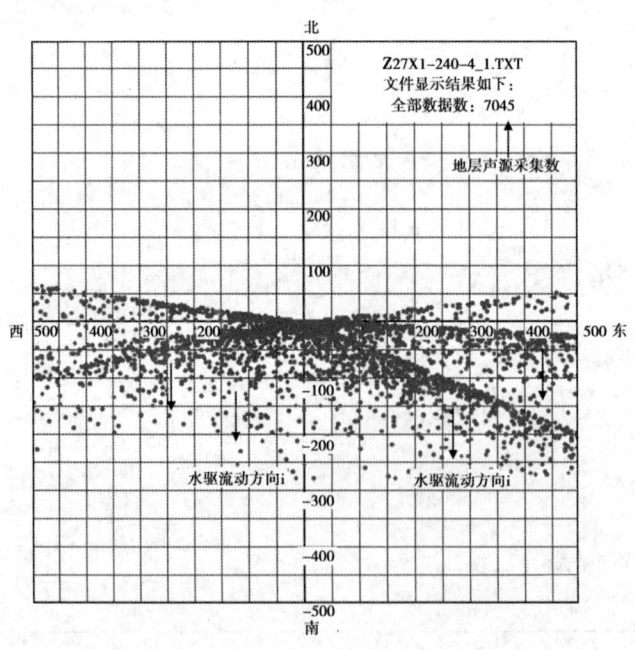

图 4-24 Z27 井注水偏流监测成果图

张 27 斜-7 井含水与张 27 井有关。受地应力影响注水偏流，建议水井布在高应力区。然后躲开水井裂缝，打 3 口加密油井，如图 4-25 打加密采油井。

克拉玛依二厂注水偏流现象比较严重，造成很多井出现供液不足，关井停产，这种现象

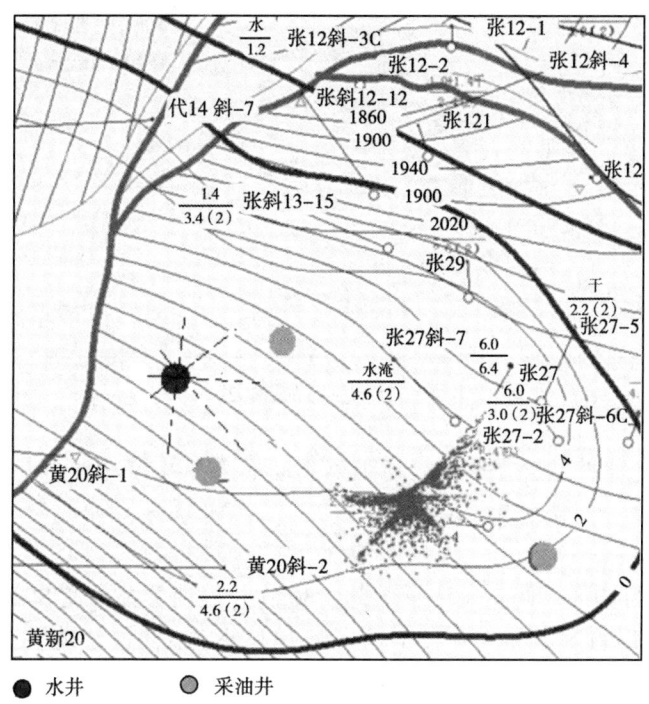

图 4-25 张 27 斜-7 井裂缝监测成果投影图

全国都有。如 T87007、T86791、T86799、T86214 井供液不足关井。

T886798 井调整建议：T87007 井油井改水井，T86798 井北 100m 打一口采油井，这样调整后死油区可变活油区，达到挖潜目的，如图 4-26 所示。

五、8629 井组剩余油分布测试与措施

井组含水高低与裂缝有绝对关系。所以要掌握裂缝分布，根据多条裂缝分布夹角，然后躲开裂缝打加密井，或侧钻井及注采井网调整。

克拉玛依采油某厂注水井 8629 井，如图 4-27 所示该井裂缝直对 8578 采油井，这口采油井含水 98%，水井缝接近 8727 采油井，该井含水 87%。

8524 采油井与注水缝很远，这口井供液不足；用裂缝分析井动态与实际吻合。

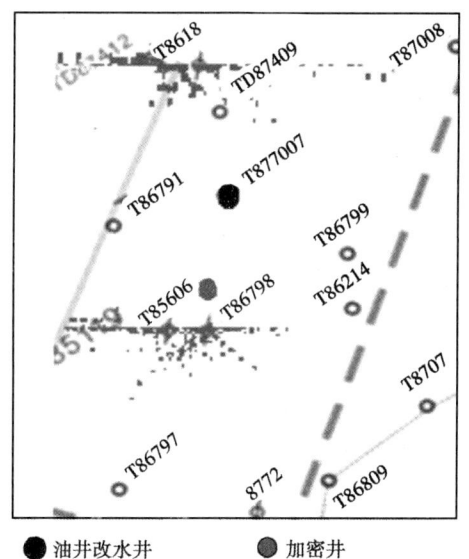

图 4-26 死油区 T886798 井网调整

8526 井躲开水井裂缝，在裂缝驱动距离以内，该井含水很低，产油 11t/d。

低渗透油藏注水先走裂缝，然后再向外驱动，地应力偏高的一侧驱动得很近；地应力低的一侧驱动较远，水井裂缝直对或接近的采油井必然会高含水，水井裂缝与采油井稍远些的

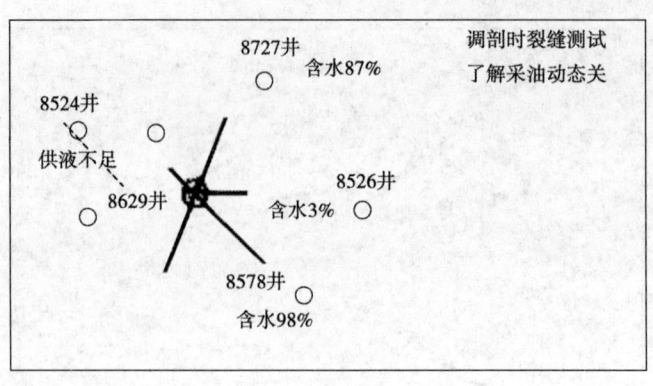

图 4-27　克拉玛依 8629 井

井可能为低含水井,水井裂缝在有效驱动距离驱动的采油井较好。如克二厂 8629 井,井组驱动不均出现高含水、低含水和供液不足。

增油措施:

(1) 堵水井进行调剖。调剖要注意工艺:8626 井提前关井,使 8626 井周围孔压提高,让地层孔压回升,使高产井少井堵剂,防止堵剂堵死驱动孔道,让地层少污染,注水后水不影响驱动,使高产井不会减产。

(2) 打加密井在 8524 改水井,在井东侧两口井中间打加密井,距 8624 井约 170m 左右,加密井一定要躲开 8524 井的水井裂缝,如 8524 井虚线,为预测裂缝。加密压裂规模约 $3m^3/min$,总液量约 $45m^3$,不会造成水窜。

注:一般油层不是一层,是多层油藏,我们建议对裂缝分层监测,成果投影在构造井位图上,这可了解多层剩余的分布,达到挖潜目的。

六、躲开水井裂缝打加密井

有些油田或区块,注水压力偏高,周围采油井驱动效果不好(注水无效);有些井有效果,但也有些井无效,这是因注水偏流,为了改善驱动不好的井,需要打一些加密井改善供液足。如图 4-28 所示,三条均是人工裂缝,调整井位以注水井为中心,躲开注水井裂缝。

打加密井之前先测水井裂缝分布,把裂缝形态投影在构造井位图上,后躲开水井裂缝,确定加密井位。例如大庆头台油田,打 45 口加密井,在钻井过程中无一溢井,小型压裂($30 \sim 50m^3$),地层没有出现高含水现象。

七、加密井茂加斜 61-841 井 F2 小型压裂缝

加密井压裂注意事项:

(1) 压裂井周围水井增注水量要平稳,使水井周围有一定向外驱动能力,不让压裂液向水井滤失渗流,这就保证压裂缝不向水井方向延伸。

(2) 压裂规模要小瞬时排量:$2.5m^3/min$,总液量小于 $50m^3$,下面介绍一口压裂规模。

茂加斜 61-斜 841 井,井斜方向 332°位移 273m,新井投产压裂,排量 $2.4m^3/min$,用液量 $38m^3$,加砂 $11m^3$。地层压开 4 条裂缝。

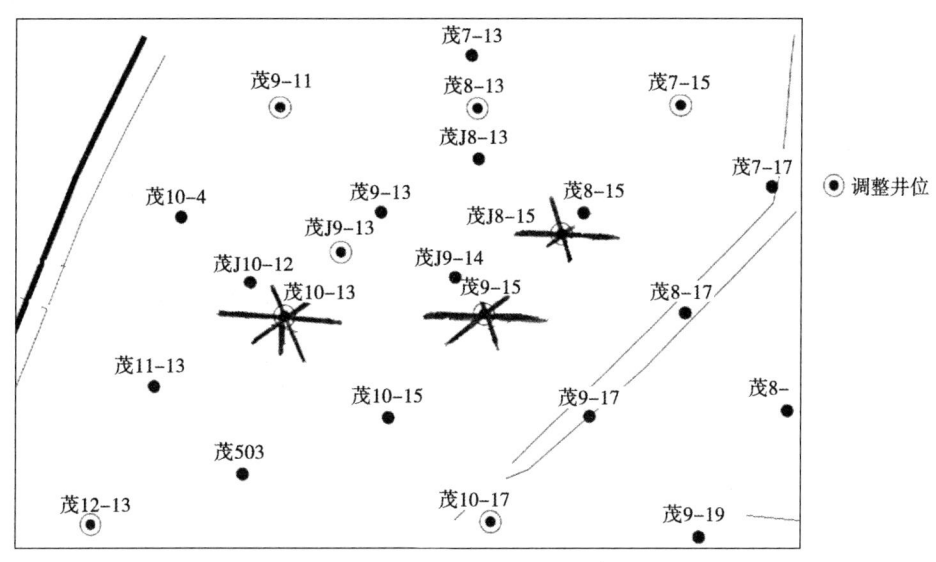

图 4-28 躲开水井裂缝打加密井

（1）北东 90°，裂缝向西延伸长约 120m。
（2）北东 30°，缝向西南延伸长约 55m。
（3）北西 45°，裂缝长约 200m。
（4）北东 110°，裂缝长约 160m。

压裂液向东南滤失较多，如图 4-29 所示。

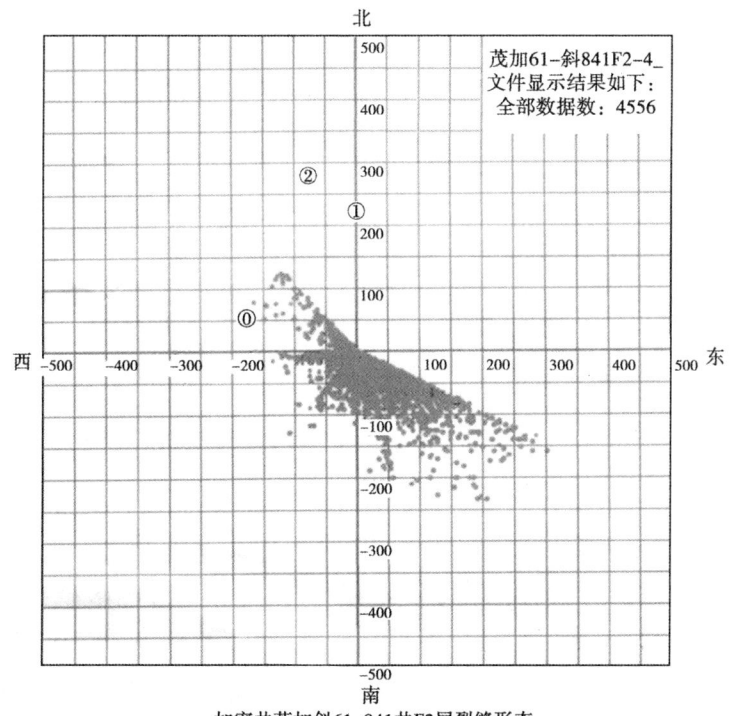

加密井茂加斜61-841井F2层裂缝形态

图 4-29 加密井小型压裂形态图

121

监测成果投影在井位上经多口井和多层裂缝形态分布分析，这些井压裂都是采用小型压裂，瞬间排量 2.4m³/min，总液是 50~38m³ 之间，能造多条裂缝，裂缝半径长均小于 150m，把多条裂缝形态图投影在井位图上，这些裂缝均都躲开水井，井与井裂缝之间也没有连通现象，监测者认为这口加密井的压裂规模是可行的，加密井压规模可借鉴（图 4-30）。

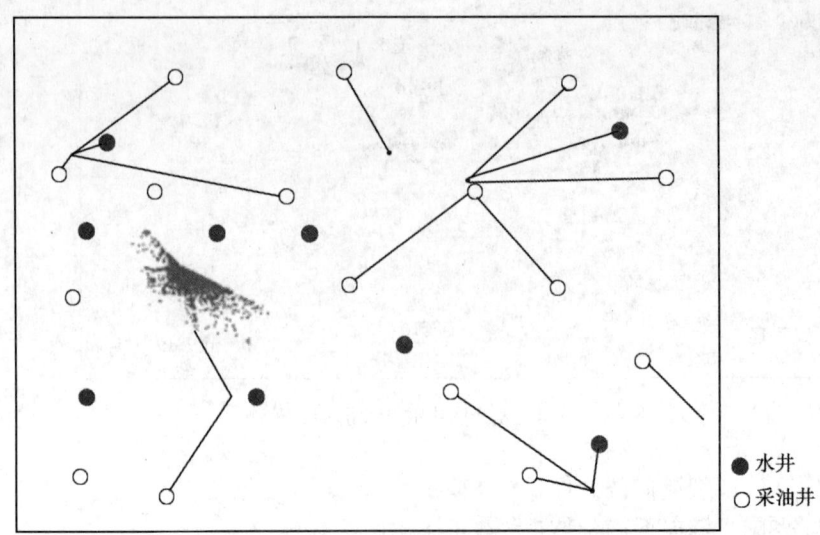

图 4-30　茂加斜 841F2 层裂缝投影在井位
从井位图可以看出裂缝与周围井没有连通裂缝

建议：mJ51-86 井和 mJ 斜 83 井，要温和注水，防止含水上升。

第四节　水平井油藏、轨迹、位置的筛选

一、水平井概况

随着科学技术的发展，水平井油藏工程研究和钻井、采油技术渐趋成熟，国外从 20 世纪 80 年代开始，重新掀起了水平井的热潮，在生产中取得了重大经济效益，并把水平井评价为石油工业中的一次技术革命。据 Anadrill 公司提供的资料，从 1989—1995 年，国外完成水平井数见表 4-2。由表 4-2 中可看出，水平井数量逐年增加，在世界范围内已规模性应用。

表 4-2　1989—1995 年国外水平井完成数量

年份	世界	美国	加拿大	欧洲	南美	中东	远东	非洲
1989	267	134	41	34	15	8	22	3
1990	1290	1040	100	60	25	25	25	15
1991	2210	1865	150	70	40	30	30	25
1992	2470	2015	200	80	60	35	40	40
1993	1865	1280	270	90	80	40	55	50
1994	2170	1455	350	100	90	45	70	60
1995	2590	1730	450	110	100	50	80	70
合计	12852	9519	1551	544	410	233	322	263

中国是发展水平井钻井技术最早的几个国家之一，20世纪60年代中期，在四川打了磨3井和巴24井两口水平井，但限于当时的技术水平，未取得应有的效益。原中国石油天然气总公司在"八五"期间组织了大规模集团攻关，取得重大应用成果。不管是钻井、完井、压裂、采油工艺技术都有重大成果，并趋向成熟。根据石油工程学会提供，中国自1965—1996年底共完成94口水平井，其基本情况和分布情况见表4-3。

表4-3 截至1996年底各油田水平井完成情况统计

油田	井数，口		类型			完井方式				油藏岩性
	合计	1996年	长	中	短	裸眼	射孔	筛管	砾石	
大庆	4		1	3			4			低渗透砂岩
辽河	8	2		8		2	5	1		稠油砂砾岩
吉林	2	1		2			2			低渗透砂岩
大港	5	1	1	3			3	2		砂岩、碎屑岩
华北	2	1		2		1		1		底水碳酸盐岩
胜利	48	13	1	47			47			稠油砂砾岩为主
中原	1		1				1			气顶砂岩
长庆	8	6		8		1	7			极低渗透砂岩
四川	2		2					2		碳酸盐岩
新疆	6	3	2	4		2	3	1		火山喷发岩
塔里木	6	4		4				5		中渗透砂岩
江苏	1	1		1			1			砂岩
吐哈	1	1		1				1		砂岩
总计	94	33	8	85	1	4	71	18	1	

注：总数中包括3口老井侧钻水平井

我国的水平井大多数都取得重大的经济效益。水平井完井后收回投入成本，最快为一个月，大多数都在一年左右收回成本，水平井的产量是附近垂直井的2~6倍。

二、水平井方向与人工裂缝方向呈90°角压裂实验研究

国外有些文章和国内有些学者认为，当水平庆的方向与水力压裂裂缝延伸方向呈45°夹角时，在水平井井段压裂会在井孔附近出现剪切裂缝，储层很容易出现砂堵现象，如图4-31所示。还有些学者认为在裸眼水平井段进行压裂，裂缝是先顺着水平井方向开裂，然后再转向最大水平主应力方向。

针对上述问题，在室内用真三轴应力仪模拟原地应力场，进行水力压裂裂缝几何形态的研究，图4-32是真三轴应力试验仪。

试验岩样规格：300mm×300mm×300mm正立方体，在长庆油田（长庆开发处马处提供）长6层砂岩样正立方体的对角线上，下棱边150mm距离钻一水平井，裸孔直径8mm，水平井段全长240mm，在水平井裸眼的外端下一根ϕ6mm的套管，套管下在岩样水平井段深度120mm，用环氧树脂灌固死，裸眼井段为120mm，是套管直径的20倍，如图4-33所示。水

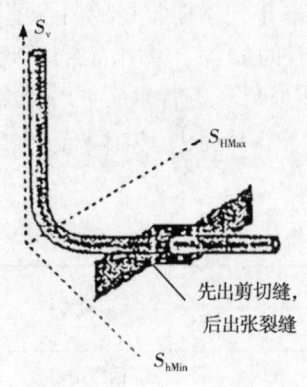

图 4-31 水平井裂缝形态图
外国文章说裂缝先剪后张

图 4-32 真三轴试验仪图

平井另一种完井方式,全部下套管,在套管最里端的外径钻 $\phi2mm$,相错 45°角,约 10mm 长,射开 4 孔,如图 4-33 所示。

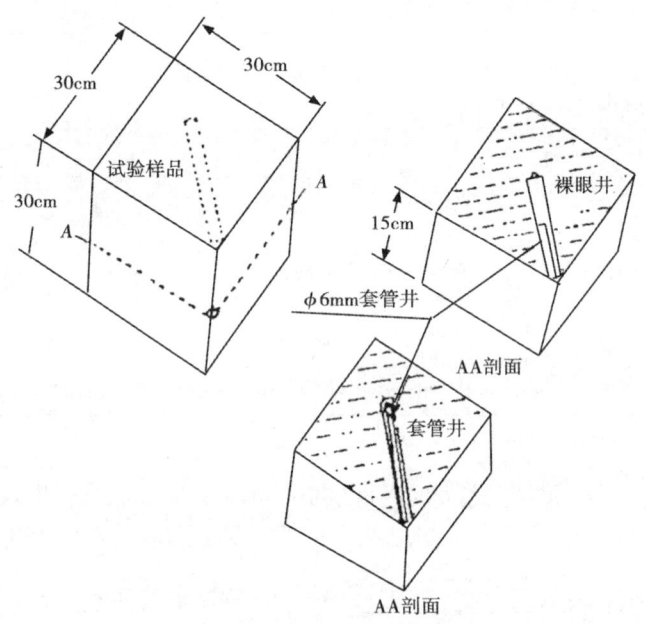

图 4-33 水平井试验完井图

三轴水力压裂裂缝形态试验是模拟大庆榆树林油田 61-62 井在 1972.27m 的条件下原地三向应力值,其垂向应力为 48MPa,水平最大主应力为 47MPa,水平最小主应力为 39MPa。岩石抗张强度为 5MPa,储层孔隙压力为 19.8MPa,试验破裂压力的计算结果为 56MPa,计算结果与实际试验近似吻合。

裂缝形态实验结果:试验样品共三块,裂缝形态均为垂直裂缝,没有发现有剪切裂迹,也没有出现与水平井方向平行的裂缝。三块样品破裂形态与水力压裂张破裂理论一致。如试验样品上,裂缝形态的观察是在三块试验样品上,水平井中间用切割机切开的平面图,如图 4-34 至图 4-36 所示,图中箭头所指的方向 σ_{min}、σ_{max} 分别为水平最小主应力和最大主应力,水平井方向与水平最大主应力方向错45°，试验结果，人工裂缝均垂直于最小主应力，与水平最大主应力平行。

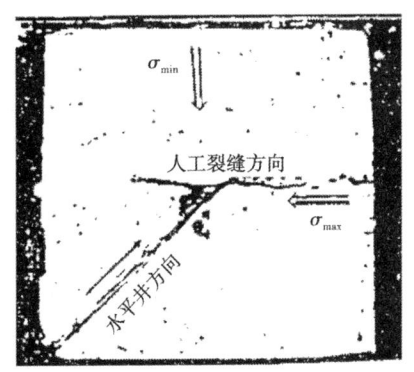

图4-34　岩样长6地层中细砂岩（一）

图4-35　混凝土人造岩样（二）

通过大量现场试验表明，低渗透油田水平两向主应力之差一般都在3~10MPa之间。地层中水平两个主应力值差小于3MPa或近似相等至今还没有测到，所以水平井压裂先出现剪切，或者顺差水平方向先开裂，再转向水平最大主应力方向，这种可能性非常小，是某些人想象在胡说。

三、水平井非热采油藏的筛选

我国目前水平井开采技术应用还不够成熟，建议下列油气藏不易推广应用：

（1）特低渗透，垂直井单层产量小于1t/d。

（2）油藏出砂和有害气体。

（3）已衰竭的低压油气藏。

图4-36　中细砂岩（渗透率43mD）

（4）老油田注水在储层裂缝分布清楚（因水淹、水窜与裂缝有直接关系）。

水平井适用的油藏：

（1）油藏厚度大小7m，沉积的横向变化不大，不易尖灭，有气顶和底水的油藏，水平井距离两相界面垂直距离不小于5m。

（2）水平井深度最好在1000~4000m之间，因油藏太浅打水平井不合算，油藏太深，井下测试和钻机能力受限。

（3）油藏渗透率要大于20mD或在附近油井单层产量要大于3t/d。

四、水平井轨迹方向及位置筛选

水平井轨迹方向与附近断层迹线走向平行为最佳方向，并有以下4点优势：

（1）地质构造的正断层或逆冲断层都是按一定倾斜角度滑托或逆冲，在断裂带形成挤压和拉张，造成水平两向主应力差异，这种应力之差随着距断层迹线距离的变化而变化。水平井方向垂直断层走向，在水平井段储层作用的就地应力随着水平井段长度在变化，使水平井的产量不均,先出油井段为应力偏高井段,后逐步,向低应力井段产油。

水平井方向平行附近断层走向,在水平井段的储层,就地应力的差值很小,水平井段储层会均匀产出。

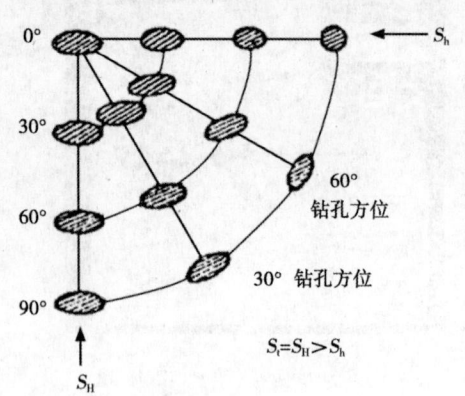

图4-37 水平井方向与水平最小应力方向平行,井孔比较稳定,水平应力差最小,全水平井段会全出油

（2）深层水平井,钻井和采油希望井孔稳定。井孔不稳定主要是由作用于孔井径上的应力差值较大所致。尤其深层井,作用于井孔的力是垂向应力和水平主应力,水平两向主应力之差一般都在10MPa左右,水平井方向与地层最小主应力方向平行,作用在水平井径上的应力差最小,井孔比较稳定。如水平井方向与水平最大主应力平行,则作用在水平井径上的应力差最大,造成井孔椭圆或坍塌,如图4-37所示。

（3）塔中4油田地质年代为石炭系中渗透砂岩油藏。在C_3油藏上打5口水平井,水平井的轨迹与断层走向平行,如图4-38所示。

塔中4油田平均井深3650m左右,垂向应力为89.5MPa,水平最大主应力为77MPa,应力差只有12:5MPa,井孔变形很小。

水平井轨迹在油藏的柱状剖面图,如图4-39所示。水平井段距气顶和底水相界面垂直距离等基础数据见表4-3。

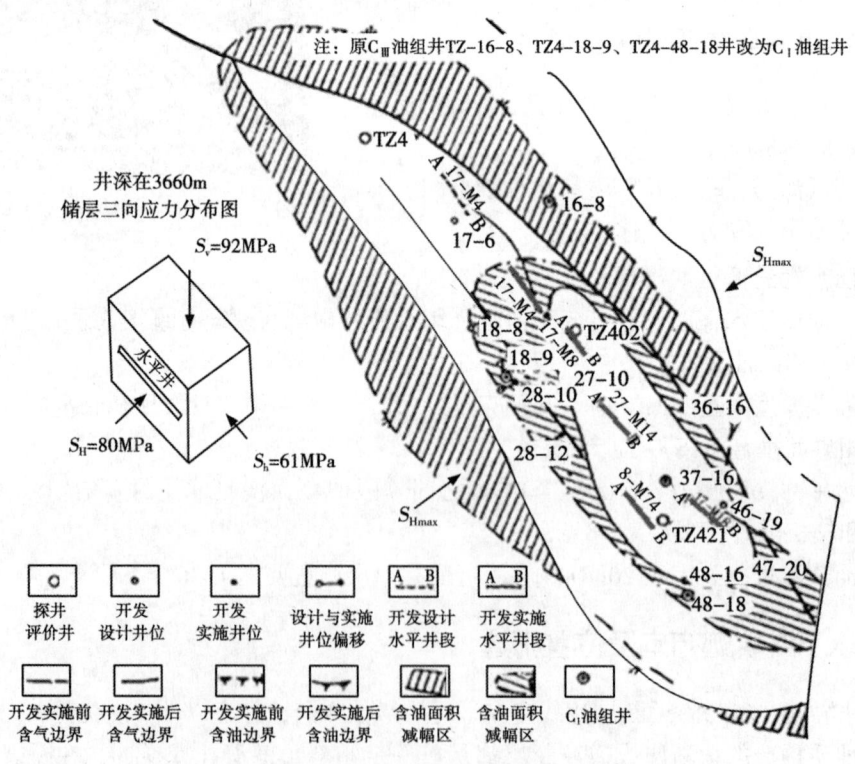

图4-38 塔中4油田402井C_3油组开发实施状况图
水平井顺断层走向平行,水平应力差最小

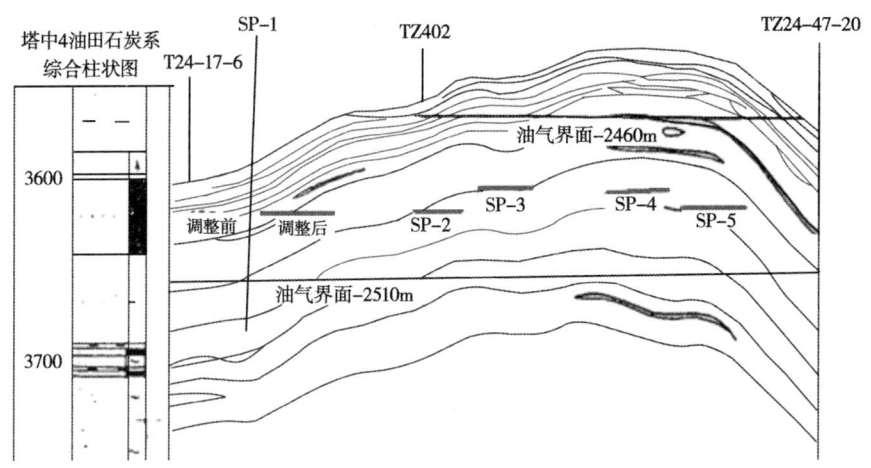

图 4-39 水平井井身轨迹示意图

表 4-4 塔中 4 油田水平井基础数据表

井号	完钻水平段长度 m	完井水平段长度 m	完井方式	距油气界面长度 m	距油水界面长度 m	完钻井深
水平 1	507	450	筛管完井		25.56	4293
水平 2	404.63	401.93	筛管完井	24.36	27.64	4124.63
水平 3	506.6	444.4	射孔完井	15.55	36.45	4255
水平 4	600.94	599.83	筛管完井	18.47	33.53	4318
水平 5	441.95	327.31	筛管完井	24.76	27.24	4162.95

5 口水平井单井生产数据见表 4-5 所示。

表 4-5 塔中 4 油田水平井单井生产数据汇总表

井号	油嘴 mm	产量 油, t/d	产量 气, m³/d	含水率 %	气油比 m³/d	油压 MPa	套压 MPa	生产压差 MPa	井口温度 ℃
水平 1	15	635	162560	0	256	18	20.6	0.464	64
水平 2	15	612	205785	0	336	16.5	20	0.52	64
水平 3	15	622	215511	0	346	16.5	26	0.45	66
水平 4	15	627	188029	0	300	16.5	20	0.47	70
水平 5	15	666	190633	0	286	15	20	0.72	72
水平 1	22.6	1042	267794	0	257	12	16.1	1.27	74
水平 2	20	1012	309345	0	306	15	20		73
水平 3	24	1060	362483	0	342	11.5	16.7	1.102	77
水平 4	20	1192	285891	0	223	13	19		75
水平 5	24	1035	299301	0	289	9.5		1.45	81

塔中 402 井（直井）与 SP-1、SP-2、SP-5 三口水平井开采生产压差与日产油关系，如采油曲线图 4-40 所示。

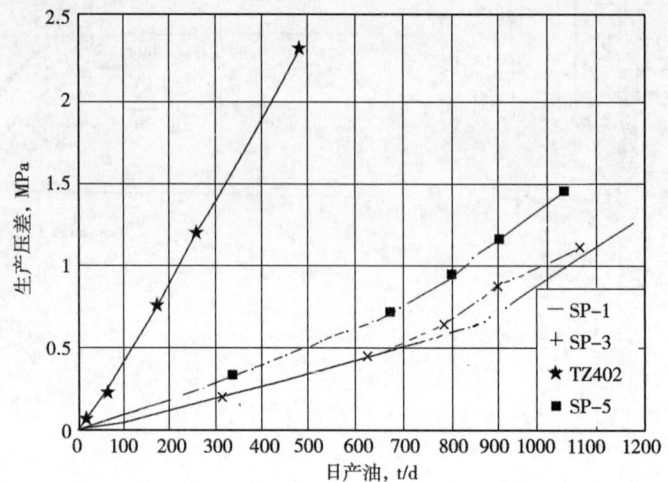

图 4-40 塔中 4 油田水平井与直井采油指示曲线

通过 TZ402 垂直井和三口水平井对比，TZ402 井平均生产指数是 221t/(d·MPa)，SP-1、SP-3、SP-5 井的平均采油指数分别为 1226t/(d·MPa)、1185t/(d·MPa)、848t/(d·MPa)，是直井的 3.8~5.5 倍。另外，这三口水平井的采油指数分别为 2.72t/(d·MPa)、2.656t/(d·MPa)、2.59t/(d·MPa)，十分接近，说明水平井段、就地应力分布变化很小，使每米产出程度均匀，也说明水平井越长越有利。

塔中 4 油田水平井自 1995 年 1 月，第一口水平井 SP-1 井投入试采到 1996 年 4 月，5 口水平井全部投入生产，截至 6 月底，水平井已累计生产原油 $80.7031 \times 10^4 t$，产气 $2.29 \times 10^8 m^3$，其中水平 1 井累计生产原油 $448682 \times 10^4 t$，产气 $1.13 \times 10^8 m^3$。5 口水平井投入的成本，单井生产原油一个月左右全部收回。

塔中 4 水平井的设计除油藏的筛选外，主要是尊重地应力分布客观规律，使水平井开发具有明显的优势：

(1) 水平井的采油指数是直井的 3.8~5.5 倍。

(2) 水平井应力分布均匀，降低压差，有效地控制水锥和气锥，延缓见水时间。

(3) 水平单井的控制面积是直井的 3 倍，而钻井成本只直井的 2 倍。

(4) 断层走向迹线条带大多数是不密封，在断层附近的注水井，注入储层的水有一部分溢到断层，断层起注水导流作用，水通过断层驱动油层。油层 K_h 在 50mD，水平段平行断层距离 200m 左右。储层 K_h 为 500mD，水平井距断层迹线 300m 左右，这可避免早期水淹。

(5) 水平井压裂。

低渗透油田打水平井最关注的问题是压裂产生的裂缝，水平井的轨迹方向最忌与人工裂缝平行。如大庆朝阳沟油田，朝平一井，水平井轨迹与人工缝近似平行，水平井压裂后产油量与附近直井近似一致，体现不出水平井的优势。水平井轨迹方向在浅、中深井油田，水平方向要求并不太严格，只要与人工裂缝方向错开一定角度都有一定优势。这里介绍大庆头台油田茂平 1 井、榆树林油田和树平 1 井，这些水平轨迹方向与附近断层走向平行的水平井。在断层动盘方向，断层附近比较高，高 5~8MPa，在动盘附近为贫油区。

$$p_{pf}=p_1-p_2-p_3=\frac{3.57Q^2\rho}{\pi^2 d^4}\times 10^5$$

$$n=597\frac{Q}{\sqrt{p_{pf}}\cdot d^2}$$

式中 p_{pf}——炮眼摩阻，MPa；

p_1——井口泵压，MPa；

p_2——瞬时停泵压力，MPa；

p_3——压裂液沿油管损失，MPa；

Q——施工排量，m³/min；

ρ——压裂液密度，g/cm³；

n——炮眼数，个；

d——炮眼直径，mm。

茂平 1 井，水平井长 577.2m，射开 4 段，每段 5 孔，套管插入密封段分限流压裂示意图如图 4-41 所示。

大庆油田压裂茂平 1 井、树平 1 井、朝平 1 井压裂的过程都用声发射方法监测，裂缝形态如图 4-42 至图 4-44 所示。水平井的基本数据，压裂及压裂后产量见表 4-6。日产油量约 43t/d。

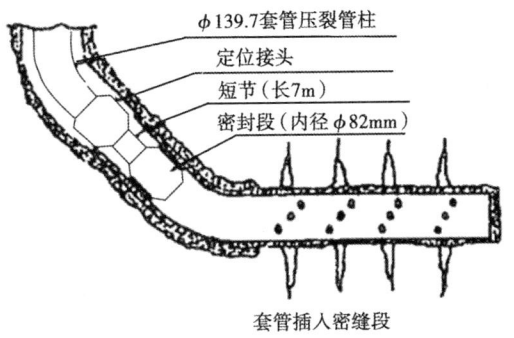

图 4-41 套管插入密封段分限流压裂示意图

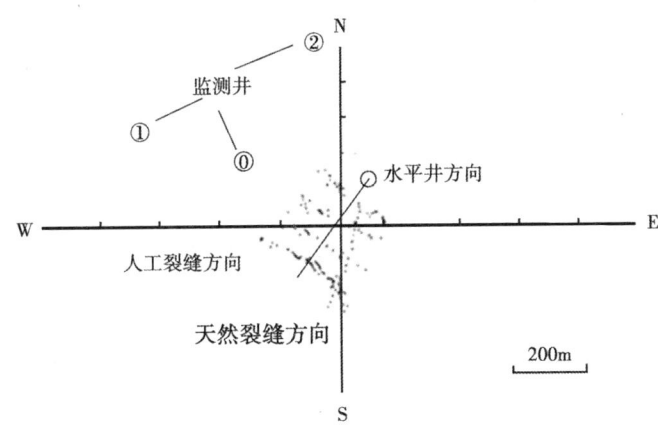

图 4-42 大庆头台油田茂平 1 井水力压裂裂缝形态图

压裂时间 1993 年 4—5 月，压裂用量 402m³，加陶粒 74m³，瞬时排量 7.5m³/min，裂缝形态为垂直缝，人工裂缝方向顺时针 125°，人工裂缝全长约 1350m（4 条），天然裂缝方向顺时针 15°，天然裂缝全长约 400m，该水平井开发有优势，比垂直井产量大 5 倍

表 4-6 水平井压裂基本数据

参数 \ 井号	树平 1 井	茂平 1 井	朝平 1 井
水平段长，m	310	577.2	809.26
油层厚度，m	14	10~12	4~6
渗透率，mD	3~5	5~12	3~5

续表

参数	井号		树平1井	茂平1井	朝平1井
裂缝数，条		设计	3	4	2
		实际	3	4	2
射孔数，孔			7×3	5×4	5×2
排量，m^3/min		设计	6.0	6.8	4.0
		实际	6.3	7.5	4.0
平均砂比，%		设计	21	35.9	34.6
		实际	24	45.2	40
加砂量，m^3		设计	60	73.2	29
		实际	64	74	29
压裂液量，m^3		设计	463.1	398.5	174.0
		实际	480	402	171
最高泵压，MPa			58	52	60
产量，t/d			13	43	6.36

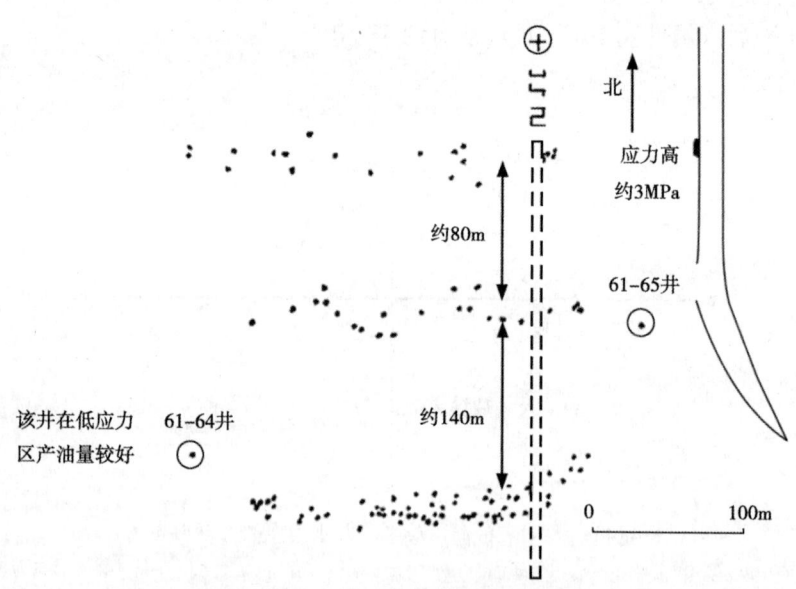

图 4-43　榆树林水平井 1 井限流压裂三条人工裂缝位置图

压裂时间 1991 年 11 月 3 日，压裂排量 $6m^3$/min，加砂 $64m^3$，压裂液量 $480m^3$，裂缝形态为垂直线，共压开三条近似东西裂缝，由于断层附近应力偏高，裂缝在水平井西侧延伸，压裂开始时间三条裂缝同时开，压裂到后期最南一条裂缝进砂比较多

茂平 1 井原地应力分布差异较小，在射孔井段压开 4 条裂缝，裂缝两臂近似相等，四条人工裂缝都穿过一条天然裂缝，压后初产为 43t/d，后稳定在 17t/d，是邻直井单井采油 3.5t/d 的 4.97 倍。

树平 1 井按射孔井段压开 3 条裂缝，该井靠断层较近地应力偏高，压裂产生的裂缝在水

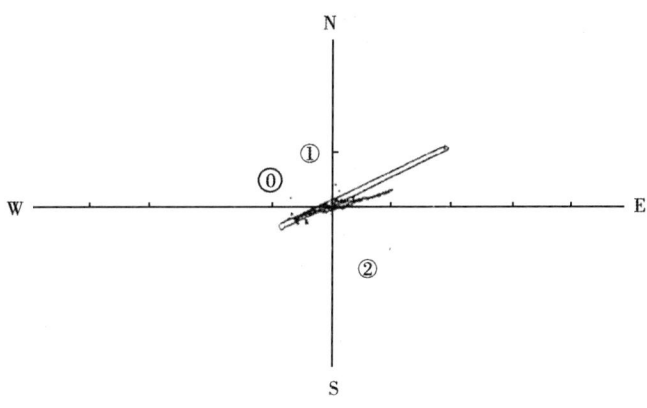

图 4-44 朝平 1 井压裂裂缝形态图

压裂时间 1995 年 7 月 20 日,压裂液用量 171m³,瞬时排量 4m³/min,加砂 40m³,生产裂缝形态为垂直裂缝,人工裂缝方向与水平井轨迹近似平行,裂缝全长约 400m。在水平井段,距 200m 出现两条短缝,与水平井近似垂直,这两短裂缝是压裂开始时产生,压裂后期裂缝再没有延伸。压裂加砂大多数都加在与水平井平行的裂缝中

平井一侧裂开,如图 4-43 所示。该井压后产能低,日产油约 1t,后全井段射孔,又在裂缝延伸方向一侧打水井,3 口水井注水见效,产量升至 13t/d。后稳定在 9.4t/d,是邻井产量的 1 倍左右(没有优势)。

朝平 1 井设计轨迹方向没有考虑地应力分布方向,完井后,射开两段,压裂产生的裂缝方向与水平井轨迹方向近似一致,压后产量比较低,只有 6.36t/d,与邻井产量相比没有增幅。

五、低渗透油田水平井注水井的讨论

低渗透油田水平井投产时需要把储层压裂压出多条人工裂缝来增加水平井在储层的渗流,水平井生产靠自然能力开采,维持时间不长,需注水补充能力,注水最关键问题是躲开裂缝,既达到驱动效果又不能早期水淹水窜,下面用图例讨论注水井与水平井的关系。

水平井为 4 条缝,用 4 口注水井驱动,这样水平井均能得到驱动,注水井另一侧的直井采油井也能得到驱动。这样的注采井网难度很大,人工裂缝方向一定要测准确,才能确定注水井和直井的井位,如图 4-45 所示。

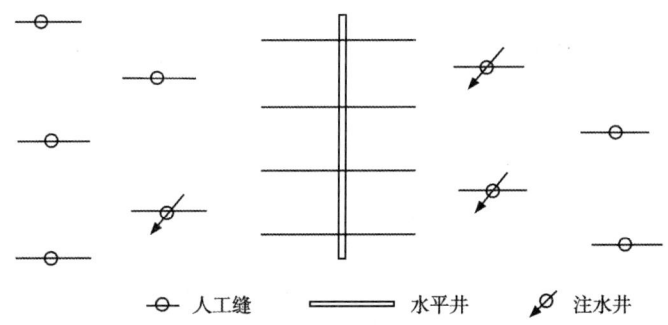

图 4-45 水平井压开 4 条裂缝及注采井分布图

低渗透油田筛管或全段射孔的水平井,注水的关键问题也是要躲开裂缝,同时还要利用人工裂缝、天然裂缝及断层导流能力(断层绝大多数不密封,断层迹线可作裂缝),达到水

在储层较大范围的驱动，如大港油田官905断层油田的水平井及注采驱动可以借鉴，如图4-46所示。

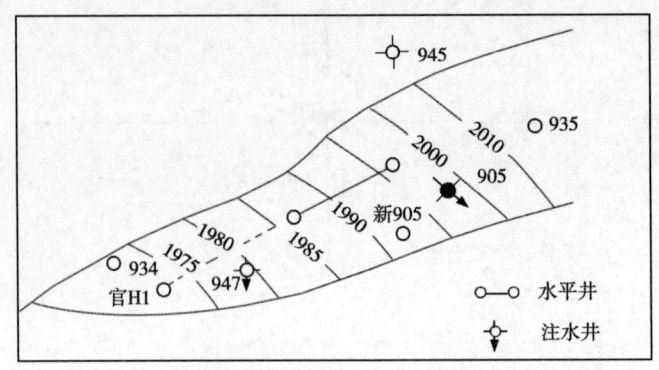

图4-46 官905断块水平井及注水驱动图

水平井的设计除油藏的筛选外，主要是尊重地应力分布的客观规律，使水平井具有明显的优势。

总结：打水平井主要尊重地应力的客观规律，使水平井开发具有明显的优势，不然就失去了优势。

（1）树平1井距断层动盘约100m，用瞬时停泵40MPa，地应力梯度0.0198MPa/m是贫油区，树平1井失去水平井的优势。

（2）朝平1井水平井方向与水平最大主应力近似平行，限流压裂只有一条裂缝，失去水平的优势。

（3）茂平1井，尊重地应力客观分布规律，水平井投产43t/d，平均产量是垂直井的约4倍。

（4）塔中4井，尊重地应力客观分布规律，1995年1月至1996年4月，1号井累计生产原油$448682×10^4$t，5口水平井投入，投产后只用1个月收回全部成本投入。

第五节 转 向 压 裂

一、堵水转向压裂裂缝形态对比

转向液体为单体塑料，堵剂46m^3，排量0.35m^3/min，地层开两条缝：北东54°，缝长300m，北西13°，缝长约220m，如图4-47堵剂是堵裂缝的形态，可以看出堵剂已进入裂缝，地层渗透率40mD。

朝76-118井堵后压裂排量2.5m^3/min，用液110m^3，加砂14m^3；北东67°，缝长200m在这条缝线上又开四条缝，平均缝长80m，其中在41°裂缝北端又出一条北东67°度缝，但缝很短。

图4-48是堵剂的裂缝形态，实线是堵后压裂产生新的裂缝形态，北东54°缝转到北东67°，裂缝转向为13°，裂缝北西13°缝，转到北西41°度，裂缝转向为28°，同时又增加新缝。

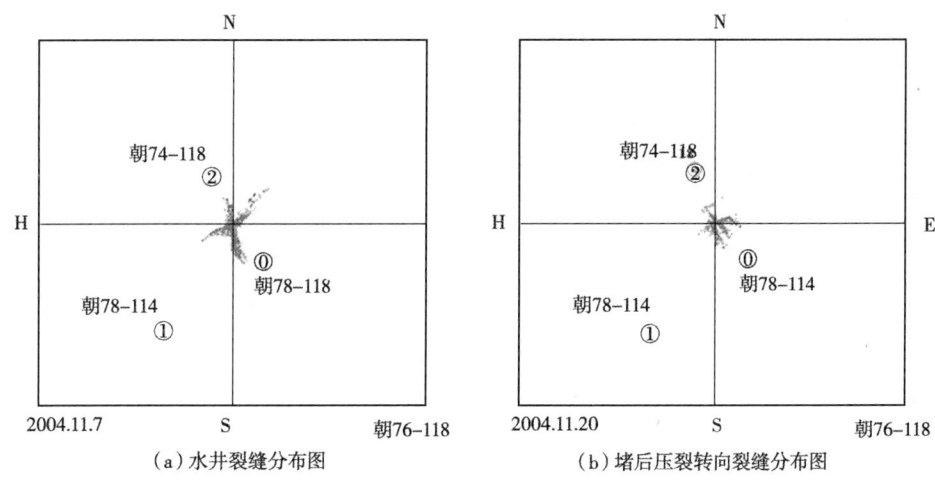

(a) 水井裂缝分布图　　　　　　　(b) 堵后压裂转向裂缝分布图

图 4-47

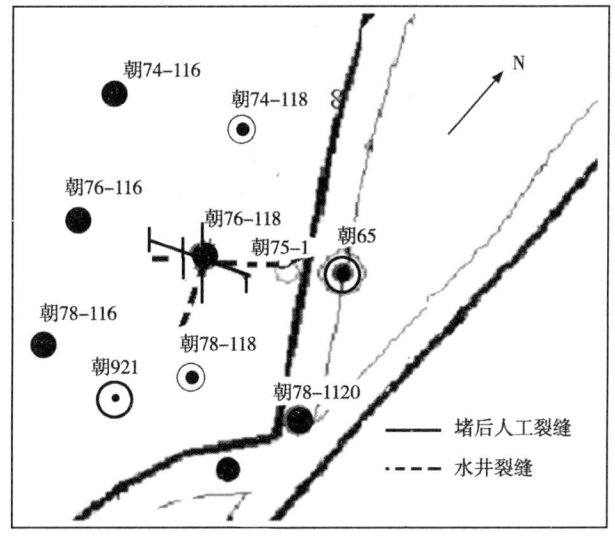

图 4-48　水井裂缝与转向裂缝投影图

二、裂缝转向后产油量统计

该井转向压裂前含水 98%、产油 0.2t/d；压后产油平均 5.5 左右 t/d，如图 4-49 所示。

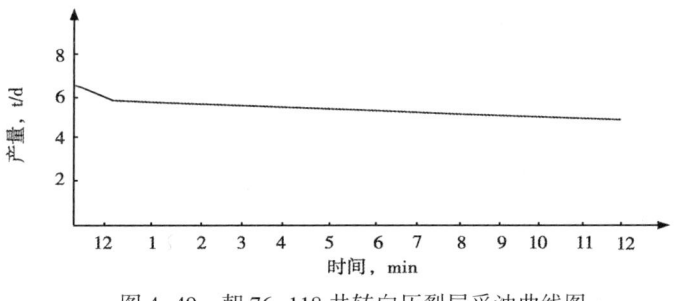

图 4-49　朝 76-118 井转向压裂层采油曲线图

三、重复压裂多条裂缝

开发初期油田采油井都进行压裂开发,当时压裂排量大约 $2.5\sim3\mathrm{m}^3/\mathrm{min}$ 左在,进行压裂,压后产能都比较好,开采若干年后,产量很明显下降,这些井需要重复压裂,实践证明,压裂排量小于或等于第一次压裂,增产效果不明显。

需要大于 $4\mathrm{m}^3$ 排量压裂,压后产量有明显增产,但要有防止水淹水窜措施。下面举两口井压裂后的实例。

5106A 井压裂排量 $3.5\mathrm{m}^3/\mathrm{min}$,压裂用量 $300\mathrm{m}^3$,将压裂形态投影在构造井位图上,如图 4-50 所示。

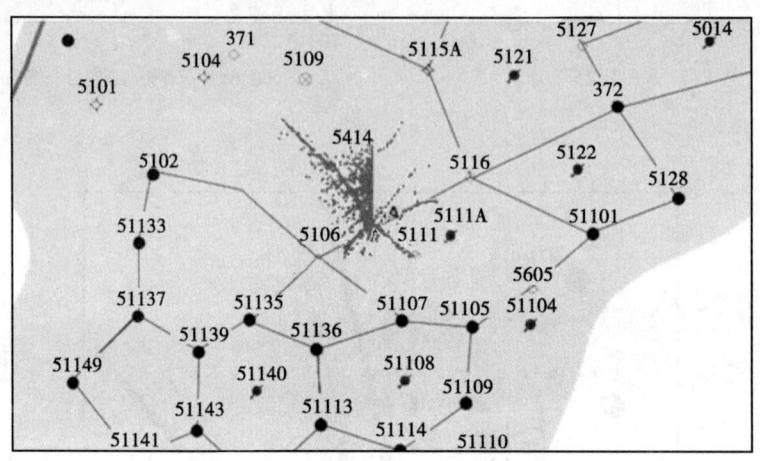

图 4-50　5106A 井裂缝监测形态投影图

监测结论:

(1) 北西裂缝在井东南,裂缝直对 5111 井,这口井为连通井。

南北裂缝延伸到 5414 井附近,压裂液向西滤失,并有些裂缝直对 5414 井,为连通井(5106A、5111.5414,三口采油井已连通),这种连通不影响采油。

(2) 井西北产生多条裂缝,压裂液向西滤失。

(3) 井东由于有多口水井驱动,地层孔压比较高,压裂液向东不滤失(井东多井水窜,裂缝与西北断层垂直有关)。

(4) 该井裂缝均躲开水井裂缝,该井井位正确。

(5) 躲开水井裂缝可打些加密井。

Y58-94 井南西 30°裂缝直对注水井,距水井距离较近,该井压后出现高含水(现含水 86%)。Y60-94 水井关后含水下降,建议:Y58-94 调剖处理,如图 4-51 所示。

南北裂缝与断层走向垂直,裂缝接近断层,转向为与断层走向平行。建议:重复压裂井周围的水井要先注水,使水井周围提高孔隙压力,防止裂缝向水井方向渗流和水井连通。

两口井裂缝有连通现象;也与水线连通。

建议:M64-94 井堵水把北水线堵死,如图 4-52 所示。

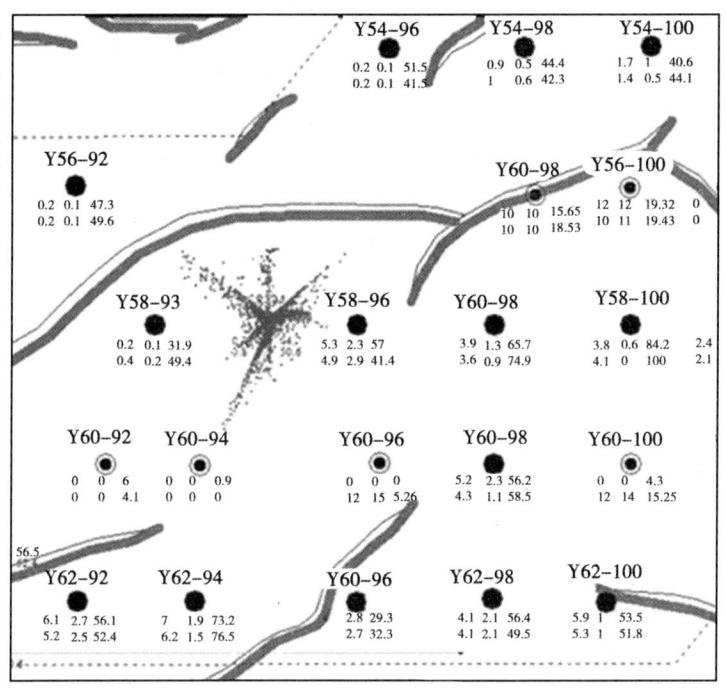

图 4-51　Y58-94 裂缝形态投影构造井位图

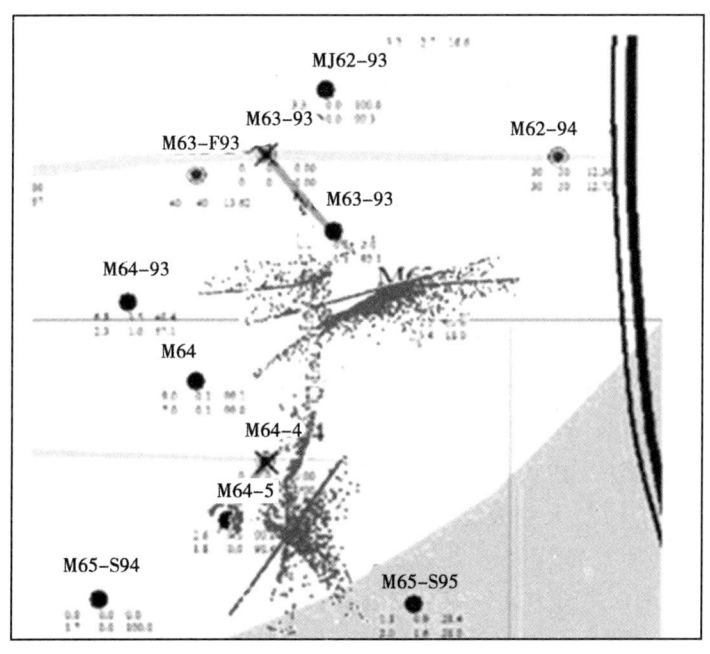

图 4-52　M64-95 井重复压裂裂缝分布与周围井关系图

四、留 17 复杂断块增产措施

1. 地质特征

留 17 断块为低渗透复杂断块油藏，在 3.0km² 的含油面积上分布 16 条断层，油藏被切割成15个小断块，断块平均含油面积0.2km²。总体看来油藏有两个特征：一是南部为狭长断阶，北部为破碎断块油藏，东北角0.5km²的区域内，处于北东向北西向断层的结合部，断层密度大，构造关系复杂。二是地层一致向北东方向抬高，次级断块没有破坏，油藏中半背斜基本形态，受次级小断块的地层影响，地层都向北东方向抬高，地层产状在东北部较缓倾角。在4°~70°之间，在西南较陡倾角10°~170°之间，整个油藏的趋势是向北东方向抬升的，西南角与东北角落差大300m。三是油藏中部大断层对油层分布影响较大。油藏中部大断层断距大断面倾角小，从油层顶部—底部的断面过渡带都不同程度的缺失油藏，全部断层断距小，断面较陡对油层分布影响较小。

留17断块造成水淹水窜的采油井使水井大裂缝窜到断层中，断层绝大部分不密封，通过断层窜流到采油井造成高含水。还有一种注水井裂缝与采油井裂缝相交窜到采油井。

留17断块共有采油井60口，其中有13口井为高中含水，占采油井21.7%，48口井中10口井裂缝进入断层缝中造成高含水。

56井自身裂缝与17井裂缝通连。

50井高含水与17井裂缝连通。

34井高含水自身裂缝进入断层与11井裂缝连通。

28井高含水与6井裂缝连通。

60井含水与52井裂缝有关。

66井高含水与30井裂缝有关。

51井高含水与13井裂缝有关。

41井高含水与11井裂缝有关。

456井含水自身缝与断层缝接近。

459井含水46井裂缝有关。

101井与5井天然裂缝和人工裂缝有关。

28井含水自身裂缝与2井裂缝有关。

55井在两条断层动盘之间高应力区无油区。

2. 天然裂缝测试

（1）用古地磁力法确定天然裂缝方向。

古地磁用古近系—新近系露头岩样测现在地面磁北方向的磁偏角，经过测量华北为47°，然后用52井钻井取心测定天然裂缝方向为70°地磁北偏角，天然裂缝方向为北东23°，与水力压裂天然方向基本一致（钻井取心较少只测一口）。

（2）用水力压裂方法，在水井监测人工裂缝方向与附近断层走向，垂直在压开这条裂缝方向同时出现正交，应是天然裂缝，共24口水井，天然裂缝共2组，北东20°~25°组（占70%），还有一组北东43°~55°一组，留17断块最小主应力梯度0.019MPa/m。

人工裂缝方向与断层滑移方向一致与附近断层走向垂直接。

该断块最小主应力度小于0.018MPa/m，天然才开启，以水井为轴，裂缝延伸方向与周围采油井采出程度有关，裂缝向采出大的采油井延伸的长。

留17断块北部留17井、留17-1等井，地应力偏高，比南部井组高3MPa左右，南部注采条件较好，北部注采困难。

根据现场测试结果，进行室内整理后，向地质大队的有关指技术人员进行交流交底，并用油水井生产动态资料进行相关分析，见表4-7。结果表明，其测试结果与油水井动态变化资料符合性很高,注水裂缝发育状况为采油井组见效见水及含水上升现象提供合理解释。

表 4-7 留 17 断块注水井裂缝与采油井距离与含水关系及提高开发效果表

注水井	井段 m	周围采油井井数及动态				注水井裂缝与油井距离及分析	措施建议
		井号	井段	含水 %	产油量 t/d		
-22	3100.0~ 3280.0	-69	3260~3270	49.8	5.5	与人工缝 80m,与天然裂缝 130m,含水与人工缝有关	受-22 井驱动的井有:-69井,-61 井,-65 井,457 井,在天然裂缝线上已被水淹。建议 457 井改国注水井,加大注水量,可改善-67 井,-69井,-15 井,-61 井水驱效果。在构造低应力打一些调整井,后把 460 井、458 井改为注水井
		460	3134.6~3281.4			与人工缝 310m,水驱不到	
		458	3149.4~3286.6			与人工缝 290m,影响水驱	
		-65	3253.4~3258.4	57.9	6.7	与人工缝 90m,与天然缝约 100m	
		457	3039.0~3235.6	100		与天然缝 20m,水窜	
		-61	3223.2~3274.2	58.2	4.8	与人工缝约 110m 与-2 井注水缝也有关	
-20	3042.4~ 3250.0	-57	2976.4~3163.0	43.9	18.9	-57 井处在抗张压受-20 驱动及-18 井的驱动。	建议-58 井完钻之后强采一段时间,20 井的人工裂缝和天然裂缝都要向北东和北东东延伸,这可对-58 井和-57 井驱动
		-66	3068.4~3115.4	69	7.8	与天然裂缝 80m	
		-19	3087.0~3213.0	66.5	5.8	与人工裂缝距 150m,还受-52 井驱动	
		-53	3064.0~3132.0	22.3	9.9	与人工裂缝距 170m,该井还受-52 井驱动	
-52	3177.4~ 31950.4	-19	3082.0~3213.0	62.5	6.1	采油井与天然裂缝距离 70m	建议 456 井压裂裂缝均到-52 井和-45 井的驱动,-49 井堵压裂缝。-52 井控制注水或间歇注水
		-60	3181.0~3240.0	58.2	12.6	与人工缝 120m 与 45 井注水有关	
		-49	3164.0~3183.0	94.0	1.3	与天然裂缝 80m	
		-53	3064.0~3132.0	20.7	10	与人工裂缝 100m	
		456	3040.8~3242.4	关井		与裂缝 200m	
-45	3212.2~ 3233.0	459	2982.60~3136.0	65.9	10.4	与人工裂缝距 170m	建议-45 井投球自由选压将会驱动 456 井,-49 井
-46	3062.2~ 3151.0	-43	3156.0~3176	98.8	0.4	与人工裂缝较近造成水窜	建议-43 卡水或堵水
		454	2980~3161	8.6	7.2	与天然裂缝约 120m	
		459 井	2982.6~3136.0	65.8	10.4	与裂缝距 70m	
		-44	3044~3095	54.5	3.2	与天然裂缝约 100m	

续表

注水井	井段 m	周围采油井井数及动态				注水井裂缝与油井距离及分析	措施建议
		井号	井段	含水 %	产油量 t/d		
-13	3002.6~3154.0	-47	3034.0~3108.0	23	2.2	与裂缝约110m	-13井主要驱动-47井和403井后期打-51井。在断面截流之后，403井由45t现下降到1.4t，-51井已被水淹，建议-51井改为注水井，要进行压裂这可改善459井、-49井、-53井和403井，-51井要控制注水
		-50	2986.0~3138.0	99.3	0.3	与人工裂缝80m	
		-51		关井		这口井在天然裂缝上	
		403	2991.0~3184.6	29.1	1.4	在断层这迹线的拉线带上主要受-13井驱动	
-17	2994.0~3129.0	-54	2978.4~3159.6	2.2	6.6	与人工约140m 与天然状态100m	-50井1991年大型压裂过，人工裂缝与-17注水的天然裂缝连通。建议-50井关井停采，这样-17注入的水可更好地驱动-54井、-56井、403井、-55井在挤压带没有产能
		-55	3009.2~3116.2	无液	关井	与天然裂缝约130m，这口井在挤压盘，应力偏高	
		-56	2992.3~3122.0	78.7	2.0	距天然裂缝50m	
		-50	2986.0~3138.0	99.3	0.3	-50井人工缝与-17井天然裂缝连通	
-10	2964.8~3048.4	-14	2999.3~3075.8	53.3	3.3	与人工裂缝约80m	注水井堵水堵住天然裂缝，-23井要小型压裂扩大渗流半径
		-48	2988.4~3115.0	91.2	3.7	与天然裂缝60m	
		-16	2960.8~3064.2	52.5	4.7	与人工裂缝约80m，与天然裂缝也有关，这口井在大断裂裂缝线上	
		-23	2991.0~3064.0	27.7	2.1	与人工裂缝约110m	
		453	2979.4~3125.4	45.8	5.8	与人工裂缝距50m	
		-40	2948.0~3069.4	44.8	6.1	与天然裂缝有关与本井的人工裂缝有关	
-5	3065.0~3188.0	-101	3086.0~3132.5	62.7	0.9	距天然裂缝约60m，-101挤压盘应力偏高，产能低	建议-5井南120m处打一口调整井为注水井-5井改采油井，这可驱动454井、-5井、-101井
-6	2954.2~3117.2	-28	3080.5	73.6	5.5	距天然裂缝50m 距人工裂缝100	建议-43井水或堵水
		-9	3001.0~3075.8	56.8	4.1	距人工裂缝约70m	
		-33	2929.4~3084.5	24.2	15.2	距天然裂缝100 与452井人工缝有关	
-2	2956.1~3119.2（这口井裂缝的分布可参考-6裂缝）	-26	3042.0~3077.0	62.3	0.8	与人工裂缝有关	-26井可进行压裂改造
		-30	3118.0~3136.0	31.1	5.5	与天然裂缝有关	

续表

注水井	井段 m	周围采油井井数及动态				注水井裂缝与油井距离及分析	措施建议
		井号	井段	含水 %	产油量 t/d		
-4	2934.6~3112.6	-31	2919.4~3073.0	20.9	4.4	距人工裂缝约70m	建议距-91井和距-4井150m打一口挖潜井。这是低应力区。该井投产时可小型压-4井加入量
		-27	3117.6~3133.6	23.0	7.7	距天然裂缝75m	
		-32	2937.0~3046.8	20.9	3	距天然裂缝约90m与-11裂缝有关	
		-91	3125~3144	20.7	5.6	与人裂缝有关，包括91井	
-11	2941.2~3097.0	-38	2947.0~3036.0	23.1	22.8	距人工裂缝约85 距天然裂缝约90	建议-35井把上边堵死，压裂改造下两层，-34井堵住裂缝。或者利用-34井打一口小曲半径水平井方向顺着断层走向打
		-34	2921.0~3056.0	91.2	2.9	距天然裂缝约50	
		39	3024.0~2957.0	31.9	6.5	距人工裂缝80m	
		35	2940.0~3087.0	水淹	关井	距天然裂缝约40m	

五、对两断块的措施

70-39断块：

（1）高含水的井进行调剖可用颗粒堵剂，少用P-2化学高温堵剂。

（2）堵后往井孔打滑流水，解堵井孔附近表面系数。

堵断层的裂缝，大型调堵可用重钻井液、低标号水泥，二者可交替进行。

调堵井口压力大于0.0195MPa/m。

（3）进行转向压裂排量大于$6m^3/min$，用量$80\sim100m^3$。

（4）断层南部打些调整井，如图4-53和图4-54所示。

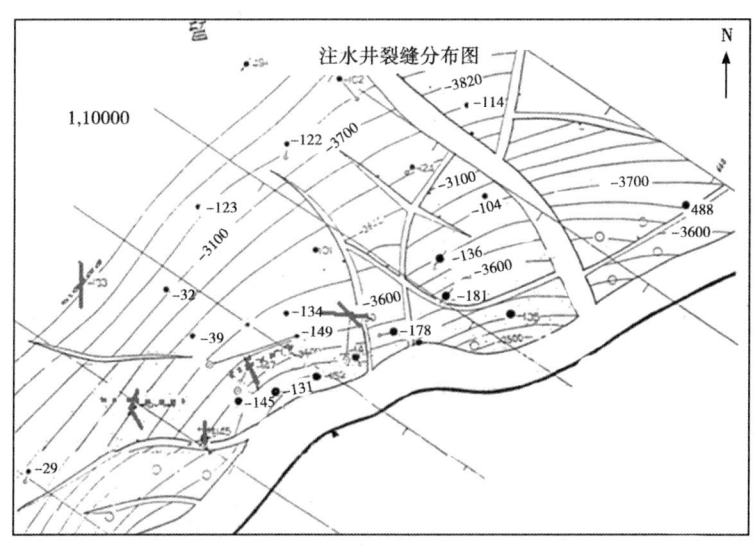

图4-53 留70-39井断块沙三段大砂层构造井位图注水井裂缝分布图

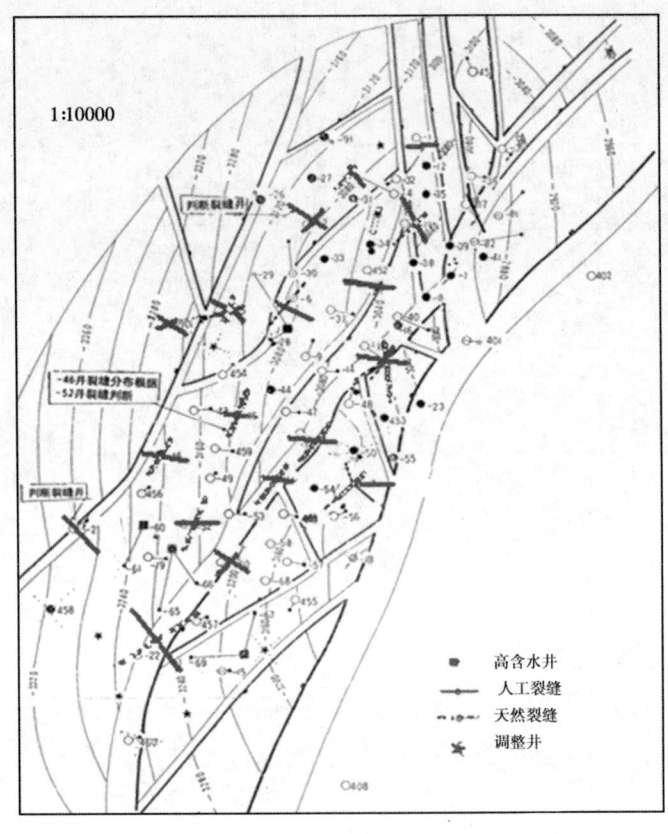

图 4-54 注水井裂缝分布图，留 17 断块 EsⅡ油组构造井位图

第六节 风城 FHW332U 双管注采井注氮气效果

一、现场注氧气照片

如图 4-55 所示，该井注氮气，水平井段长 500m，水平井方向：北东 91°，该井因生产

图 4-55 风城 FHW332U 井

效果不好，在水平井段下20多个温度传感器，水平井东部没有太大的温度变化，说明水平井东部没有驱动能力，地层不出油。

本次监测目的是弄清什么原因，下面是FHW332U井监测结果成果图，如图4-56所示。U双管采油，两管距离约5m，上管注气下管采油，用声发射监测进行监测技术。

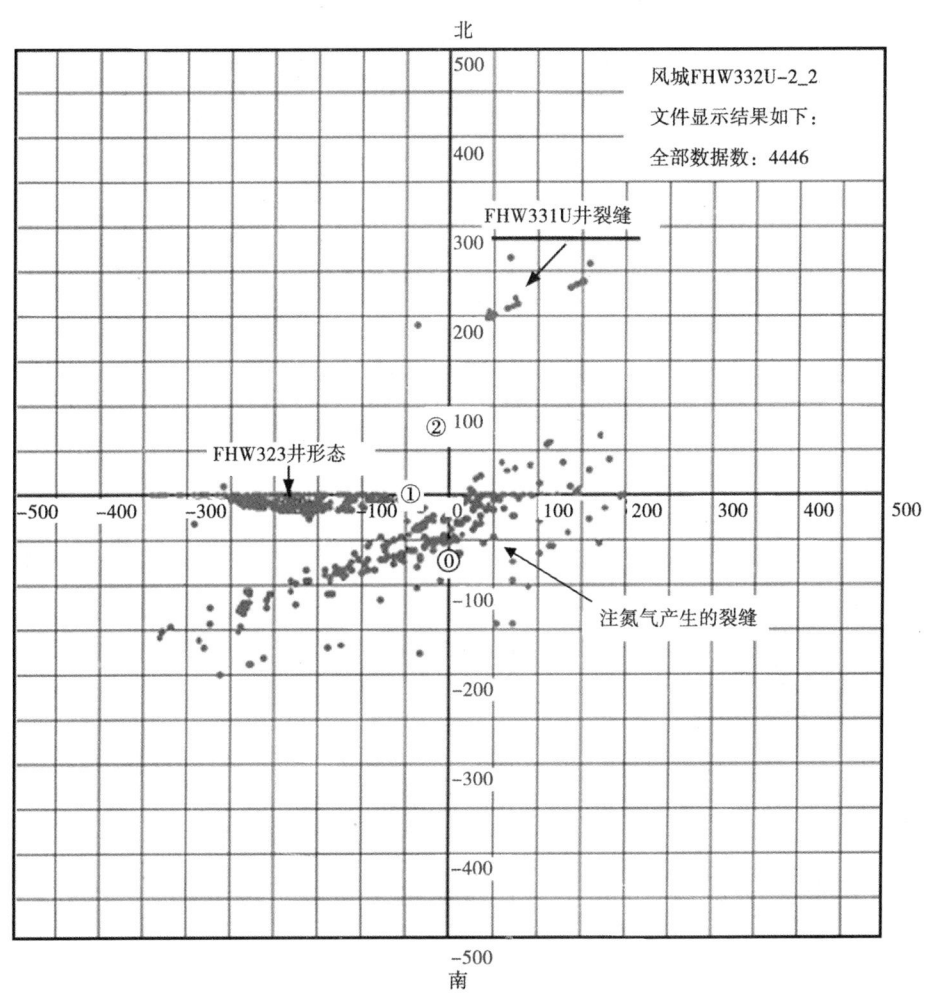

图4-56　FHW332U井监测图

监测计算点：4446点。

FHW332U井，井深全长968.77m（水井深468m），井斜方向91.08°，造斜长86m，水平井500m，长筛管内径161.7mm。

通过监测，在FHW332U井造斜末端，水平井始端，注氮气造一条北东60°左右的缝（因注氮气视裂缝不太明显），注气有效宽80m左右，缝井西南方向延伸长200m，气驱前缘向东，波动距离约150m左右。在500m水平井段东段，还有350m没有驱动，如气驱前缘投影图，如图4-57所示。为什么在井东部有350m没有驱动，请看重1井区构造井位图，如图4-58所示。

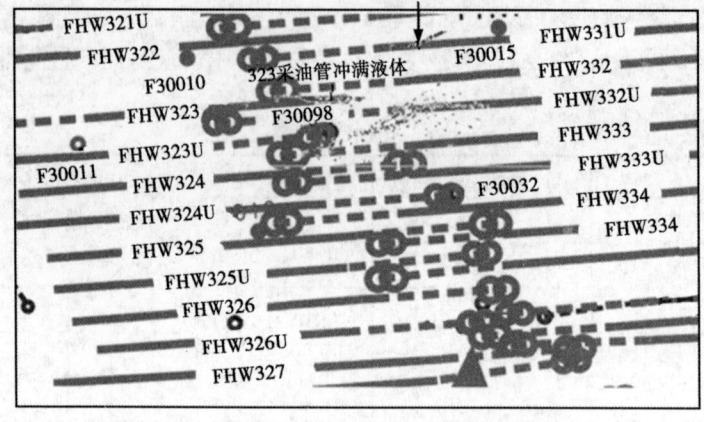

图 4-57　风城 FHW332U 井注氮气气驱形态投影图

（1）ＦＨW331U 井在注蒸汽首端压开一条北东 600m 裂缝。
（2）ＦＨW323 进油管冲满液体为东西北水平井。
（3）ＦＨW332U 双管注氮气井，在注气管首端压开一条北东 60°裂缝，本井只有一百米有驱动，裂缝向井西南延伸

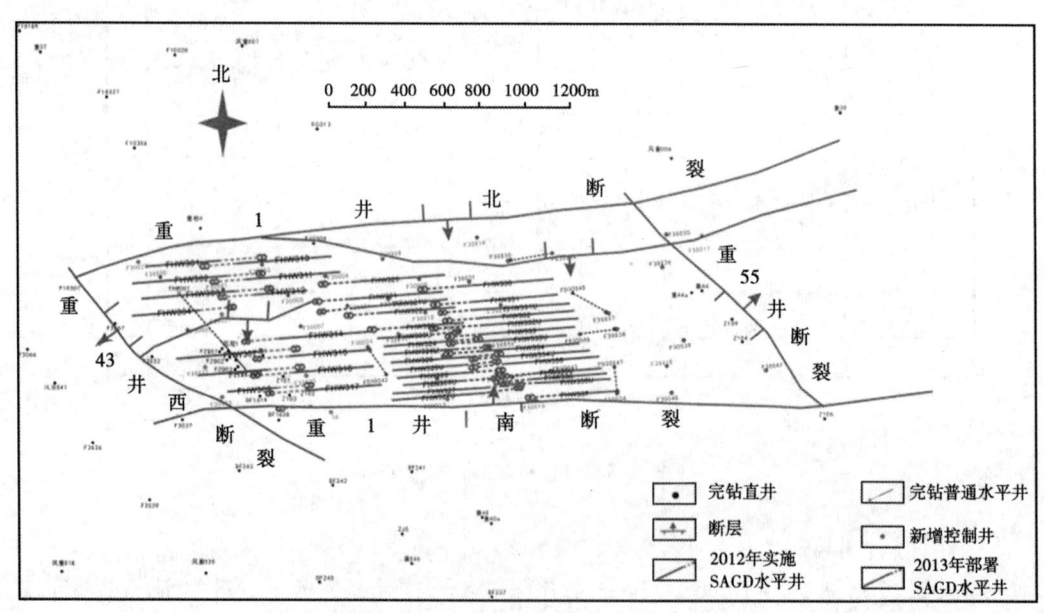

图 4-58　风城重 1 井区构造井位图
水平井压出北东 60°缝与 55 井断层有关

　　压裂基本理论，用气体或液的力，把最小主地应力和岩石抗张强度推开产生裂缝，首裂缝向水平最大主应力方向延伸为北东 60°左右。裂缝向东北方向驱动很短，这口井驱动不好，主裂缝向井西南方向延伸，井西南方向有驱动，西南方向受益得较好。井东北部 331U 井也出条裂缝，该井裂缝方向与 FHW332U 方向一致，说明裂缝受 55 号断层控制。

建议:

(1) FHW332U 这口井,可以注蒸汽,油管可伸入筛管最东端,在应力偏高地块注蒸汽,通过热传导和蒸气驱,降低油黏度,500m 井段一定会改善驱动效果,如图 4-59 所示。

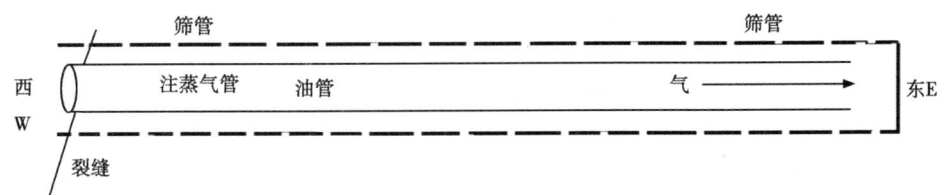

图 4-59 注蒸汽

(2) 注氮气油管穿过筛管,在油管加两道阻力环提高氮气阻力,增加注入氮气压力,克服地应力孔压高阻力,达到气驱动目的,如图 4-60 所示。

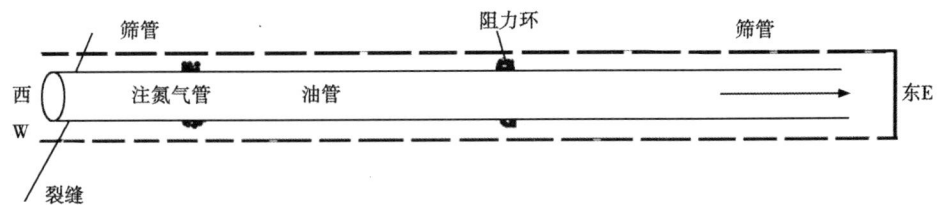

图 4-60 注氮气

(3) 如选注氮气井,水平井方向与裂缝方向近似平行为佳,全井段都能得到驱动。如把注氮气井,改为 FHW323U 或 FHW324U,有可能要好一些,全井段有可能会得到驱动,会得到满意效果。

二、单井吞吐地层裂缝监测

监测结果如图 4-61 所示。

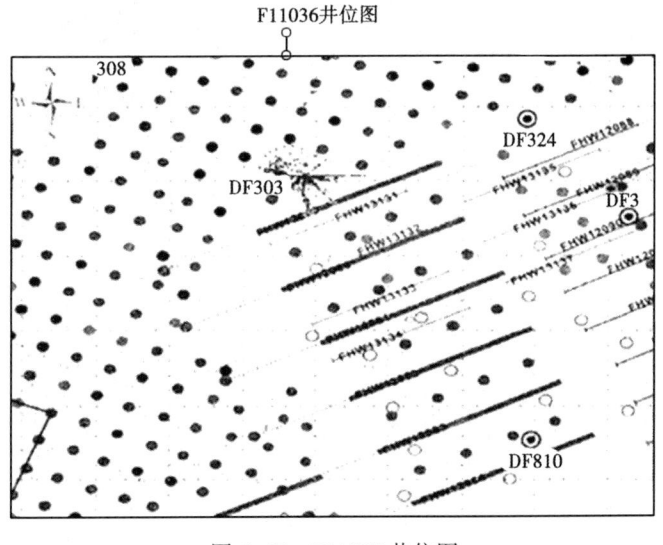

图 4-61 F11037 井位图

(1) 凤城 F11036 井单井注采井，监测时正在注蒸气，注入量不详，注入压力 2.1MPa。

(2) 油层出现 4 条裂缝，主裂缝近东西裂缝，缝全长约 300m，该井西对 DF309 井有较好驱动，DF309 井南有积液（包括蒸气水），井东对 F11037 井有气驱热传导效应，F11036 井南有积液包括蒸气水。

(3) 次裂缝南东 50°，缝全长 80m。

(4) 次裂缝南西 50°，缝长 120m，对应 F11035 井该井含水、气窜与这条缝有关。

(5) 次裂缝近南北裂缝，缝长约 180m 与 FHW12079 井有连通现象。

三、克拉玛依采油二厂八区 85515 井监测

1. 地面冒水带气

克拉玛依采油二厂八区 85515 井南约 150m 左右地面出水带气，出水点周围的注水井一线井和二线井全部关井，结果还是冒水带气。通过观察，该地面不间断的冒水，但没有规律，有时大，有时小。针对冒水点利用声发射监测技术，对该冒水点进行了监测，监测结果如下：

八区 85515 井南约 150m 左右地面出水监测裂缝图，如图 4-62 所示。

图 4-62 八区 85515 井南地面出水监测裂缝图

在冒点北布仪器进行量测，信号很弱，共采集 4674 组信号。计算自动打印在直角坐标上，裂缝形态近东西走向，主裂缝方向向西延伸，这条主裂缝并不是笔直的裂缝，而是 S 形裂缝，裂缝向西延伸约 270m 左右，裂缝转向西南，如图 4-63 所示。

断定这条 S 形微裂缝是地层存在的天然裂缝。这条天然裂缝与地层水气层沟通，地层水压力不大，有冒出地面能量。

对天然一裂缝处理措施：

(1) 如需要这股水气有益，可利用。

(2) 如需关闭这股水气，建议用 2in 油管，如能下两根油管，用大密度钻井液可先压死，如需长久关闭，用水泥固死。在地面做大一点水泥冒。

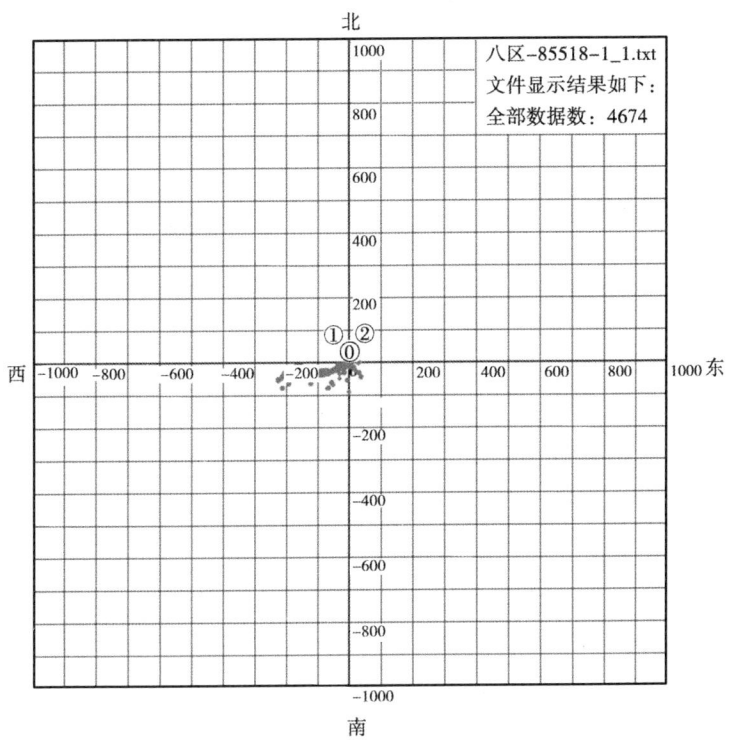

图 4-63 八区 85515 井南地面出水监测裂缝图（地层天然裂缝形态为 S 形）

2. 16-4T86185 井管外溢水气井

该水井地层主裂缝为近似东裂缝，裂缝总长 600m，井西裂缝约 400m，井南地应力偏低，水向南好驱动，如图 4-64、图 4-65 所示。

图 4-64 16-4T86185 井套外漏，井北冒气油水

3. 16-5 T86782 注水井

两口裂缝投影构造井位上，注水压力 10MPa，主裂缝延伸方向近东西，裂缝总长约

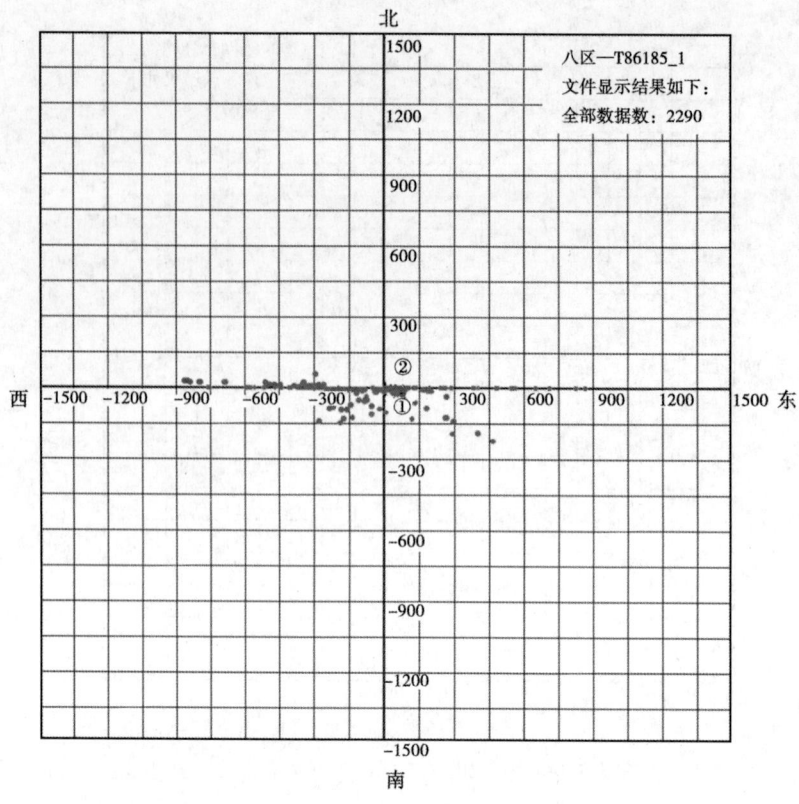

图 4-65 16-4T86185 井监测裂缝形态图（注水偏流）

300m，次裂缝南 45°左右两条，裂缝长各 100m，次裂缝北东 135°左一条，缝长约 100m，井南地应力偏低，水向南偏流，如图 4-66 至图 4-68 所示。

图 4-66 16-5 T86782 注水井

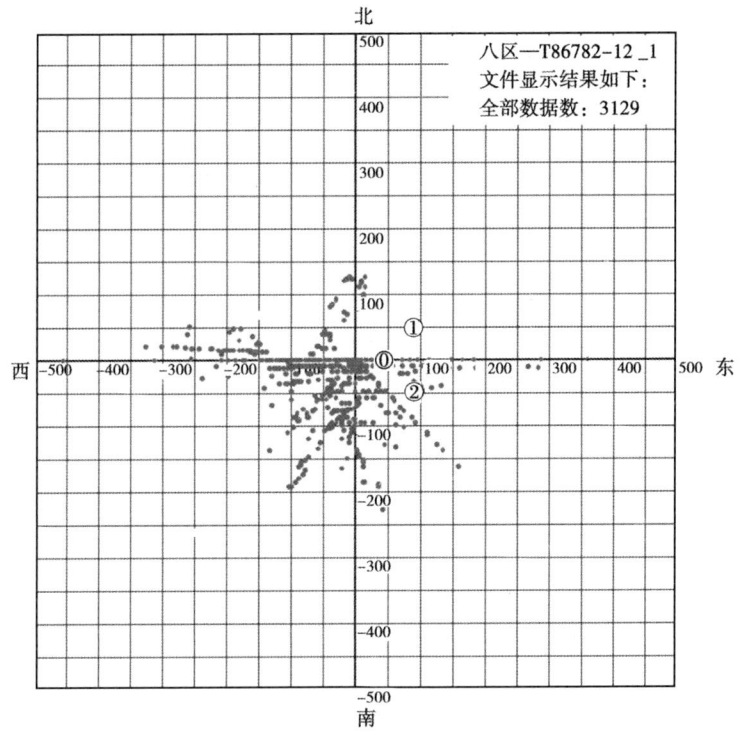

图 4-67　T86782 井裂缝分布图（注水偏流）

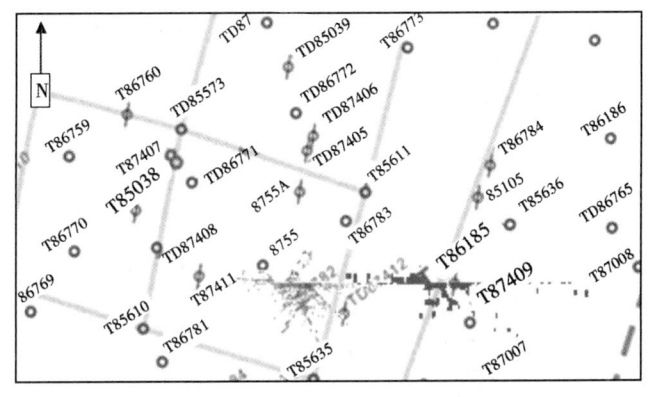

图 4-68　两口裂缝投影构造井位上

第七节　防止套管变形的研究

在油田开发过程中，尤其注水以后在油层顶部或油层底部出现大批套管被挤扁或剪断的现象。这种现象美国、俄罗斯、前西德、中东，特别是埃及苏士海湾地区近一半的井，因套管变形而报废。我国有大庆萨尔图油田、吉林扶余油田、华北荆丘油田、胜利孤岛油田、青海花土沟油田等也都有套管因变形而报废。

147

一、油田地层套管变形的主要原因

深部地层以华北荆丘油田为例,该油田在2700~3000m膏岩地层中夹有灰质细砂岩,其厚度为0.2~1m,当钻井完井之后,由于某种原因有水进入膏岩层,造成膏岩的胶结力趋向于零,地层中的三向应力由于胶结力的下降,使水平两向应力差为近似垂向应力值,但夹在膏岩层的灰质细砂岩,胶结力并没有下降,在膏岩层应力蠕变的过程中,加大灰质细砂岩在井孔壁的应力集中,使井孔壁最小主应力方向在 M 和 N 点,灰质细砂岩破剪($T \leqslant 3\sigma_{max} - \sigma_{min}$),造成井壁失稳如图4-69和图4-70。水平最大主应力通过灰质细砂岩作用在套管外壁上(灰质细砂岩抗压强度在室内实验得出一般在100MPa左右),其值超过外径为 $5\frac{1}{2}$in、壁厚11.22mm 的 P110 套管所能承受的外挤压强度,套管被压变形,变形的部位近似灰质细砂的厚度。

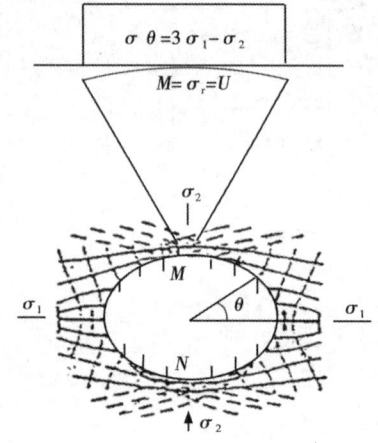

图4-69 双轴作用下井孔应力分布图

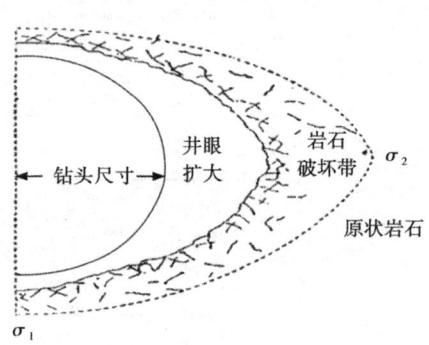

图4-70 井眼扩大图解

图4-71 从中$_{4-16}$井中取出的被地层剪断的套管

二、浅部地层套管变形的主要原因

浅部地层套管变形,如大庆萨尔图油田、吉林扶余油田、胜利孤岛油田套管变形主要在油层上部或油层的底部,均发生在泥质粉砂地层中,在其层夹有钙质致密砂岩,厚度为0.5~1.2m,当油层注水到一定时间,水进入泥质粉砂岩中破坏了泥质粉砂岩的胶结力,使夹在泥质粉砂岩的致密砂岩形成漂浮体。低渗透油田都要进行压裂,把地层切成若干条人工裂缝,再加上构造运动时形成的若干条天然裂缝,使钙质致密砂岩出现体积不等的漂移岩块,向地层倾斜方向或产出程度较大孔隙压力下降较快的区域滑移,滑移的致密砂岩体,其抗压强度大于套管的外挤压强度时,套管就会出现方向性剪断套管,如图4-71所示。

三、防止套管变形的设计

通过过去处理断套管的经验,现成套管变形基本得到控制,根据地应力的垂向应力值来设计套管的外挤压强度，垂向应力可按经验公式计算：

$$\sigma_v = D^{1.06} 0.0155 \tag{4-1}$$

式中　D——套管变形的井段深，m

　　　σ_v——垂向应力，MPa。

我国还没有特厚的套管，现在多数使用双层套管，内套为 5½in，外套为 7in 套管，在 7in 套管内外用大于 700 号水泥固死。在套管变形的上、下井段均可按常规的单层管设计。

浅部地层不好计算漂移的应力，建议用漂移的致密砂岩的抗压强度来计算套管外挤压强度。具体做法，用多块岩样模拟地层最小主应力做围压，进行三维抗压强度试验，最好用抗压强度的上限来设计套管的外挤压强度；用岩石强度也可同样计算设计深部地层的套管强度。

四、江苏淮阴钾盐开发

江苏油田淮阴钾盐矿，埋深 1800m，钾盐层厚度 80m 左右，要求对井开采，加快开发速度。其施工步骤：先打一口垂直井，然后打 300m 井距的水平井，水平井与垂直井中靶连接，由于垂直井靶点太小，水平井钻井中靶点很难，用约半个月时间，水平井向靶点井钻井若干孔，都没有中靶。在 2005 年 10 月接收此项目，与辽河采油工程许卫合作，我们具体的做法是：垂直靶井先压裂，压出裂缝延伸方向及长度，压裂用的瞬间排量 2m³/min，钾盐层造缝高，一般都在 16m 左右，然后水平井向裂缝延伸方向相交方向钻进，不到 24h 连通一对井，后约用一个月时间就连通 5 对井，加快钾盐的开采速度，钾盐开发后的地层空间，江苏油田做地下储气库用，真是一举两得（钾盐层遇见水后，孔隙渗透趋向零），如图 4-72 所示。

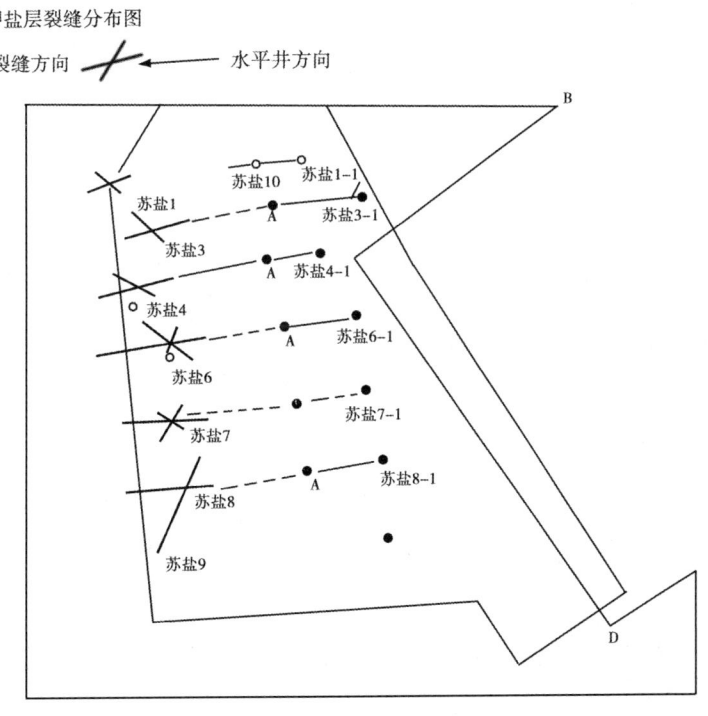

图 4-72　江苏淮安用声发射技术连通五对开发井

第八节　利用地应力水力裂缝开发安棚天然碱矿研究

南阳安棚碱矿，已探明储量约 1×10^8 t，南阳石油局在 1987 年全国找了许多单位和专家，讨论如何把 2300m 深固体碱岩采出来，难度较大，因固体碱岩水溶性很差，最高溶蚀只有 12%，不能单井溶蚀开采。无人敢承担该项目（当时还没有水井技术），最后找到笔者，大胆承担项目开发，亲手做了大量系统研究。

提要安棚碱矿位于河南沁阳东南深部凹陷区，碱岩埋藏深度为 2000~2400m，迄今探明构造面积为我国较大的天然碱矿床。

本研究采用声发射凯赛效应、波速各向异性、古地磁、井孔崩落方向及水力压裂声发射监测裂缝等多种方法，测地层中三向应力分布方向及水力压裂裂缝延伸方向，然后在压裂裂缝延伸线上距压裂井大于 200m 处，打配套井。从一口井注入清水，水在碱岩层人工裂缝中溶蚀碱岩，由另一口井返出饱和碱液。

依照地应力及水力压裂裂缝延伸方向打井，现已建成多对生产井，并已建成较大规模的炼碱厂。此项研究给南阳地区带来了显著的经济效益和社会效益。

一、安棚碱矿地质构造及碱岩层概况

安棚碱矿位于沁阳东南深部凹陷区，碱岩层埋藏最浅为 1313m，最深为 2418m，地质年代位于古近系核桃园组第三段中，纵向剖面上共 13 个碱岩层，有开采价值的为 7、8、9 三个主力碱岩层，埋藏深 2000~2399.2m，碱岩层厚 2.4~5.8m，平均厚度约 4.2m，碱岩层呈层状，分布于泥质白云岩和劣质的油页岩为主的岩石剖面中。

天然碱岩的化学成分 $NaHCO_3$ 占 54%，Na_2CO_3 占 37%，结晶水和不溶物约占 8% 左右，碱岩的密度为 $2.3g/cm^3$，其抗压强度在 40MPa 以上，一般最大水溶解度 12%~14%，碱岩层的气体渗透率只有 3D。

二、开采方式

开采这样一个既深又薄、水溶性很差的碱岩层，在目前世界上尚不多见。因碱岩水溶性很差，不能采用单井自注自返，靠碱的溶蚀浓度比重不同开采，我们提出的开采方式是：按照地层中三向应力大小和方向，利用水力在碱层中压开裂缝，然后在压裂产生的人工裂缝延伸线上，距压裂井处大于 200m 打配套井，穿透目的碱层，配套井（下套管至碱层上部，碱岩层为裸眼井）完井之后，在其任一口注入清水，水经人工裂缝溶蚀碱岩，在另一口配套井返出饱和碱卤液。

上述这种方式开采较为经济，但因需弄清碱层中三向应力的大小和方向，更需较准确的监测水力压裂裂缝延伸方向和长度，开采前期难度很大（1988 年我国还没有水平井钻井技术）。

三、多种方法测定碱岩层的三向应力分布

1. 地壳应力的概念及分布规律

地应力是指地壳岩体在重力场和构造应力场的综合作用下，由一个垂向和两个水平主应

力构成的三维应力场。地应力的分布状态。在1000m以上地层应力分布较为复杂，在1000~3000m地层应力分布则趋于规律化。

2. 油田应力场产生

油田地应力场是地质构造运动之后，地层产生若干断层，断层剪切力产生的斜面一般在70°左右，然后地层松弛，垂向应力作用在斜面上，如图4-73在斜面上产生侧向推力，在断层动盘附近，水平推力比较大，一般高8MPa左右，随着距断层距离增加应力逐步变小，地层中会出现应力不均现象，应力低的地块，油、气、水集聚较好。

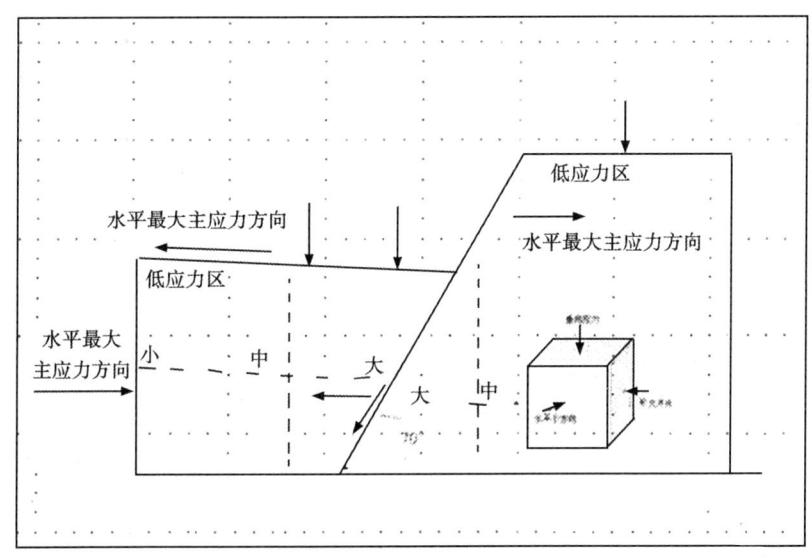

图4-73 油田水平地应力分布的产生

水平最小主地应力方向与断层走向平行。水平最大主地应力方向与附近断层走向垂直。动盘附近较远处，应力高8MPa左右，地层应力分布不均。

3. 利用岩石应力记忆功能确定当地三向应力的大小

地壳岩层始终存在三向应力，钻井在地层取心过程中，岩心所受的应力释放，由于岩石本身有着记忆功能，当把岩心进行恢复性加载，所加载荷等于或近似等于地层所受的应力值时，岩石本身就会出现声发射现象（凯塞效应）。我们采用凯塞效应，测量当地应力值的大小。

试验取样方法如图4-74所示，试验仪器和装置如图4-75所示。

B101-2井在2244.30m的三向应力测试曲线如图4-76所示。同时还对YN3等9口井的岩心测定三向应力值，垂向应力为最大，水平两个主应力分别为中间和最小，见表4-8。

表4-8 各井三向应力值

井号	井段 m	σ_v MPa	σ_H MPa	σ_h MPa	σ_h/σ_v
B101-2	2344.3	66.3	56.5	45.1	0.68
B163	2296	64.9	55.3	43	0.662

续表

井号	井段 m	σ_v MPa	σ_H MPa	σ_h MPa	σ_h/σ_v
B100	2423.4	68.5	58.4	46.7	0.681
B96	2196.9	61.37	52.9	42	0.684
YN2	2116	59	51	40.4	0.684
YN3	230.6	62.3	53.1	41.9	0.672
YN9	2204.7	62.3	53	41.7	0.669
YN6-1	2165.5	61.2	52	41.3	0.6740

注：σ_v—垂向应力；σ_H—水平最大主应力；σ_h—水平最小主应力。

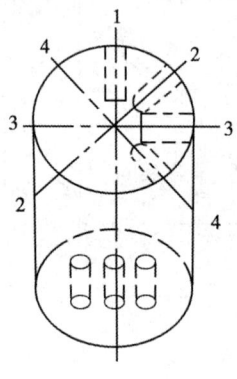

图 4-74 采样访求

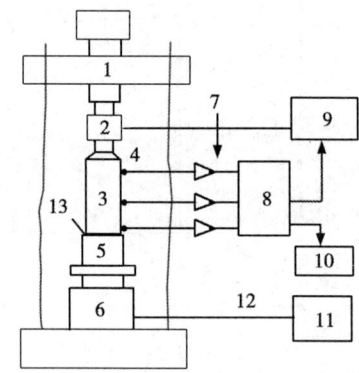

图 4-75 试验仪器和装置

1—试验机；2—拉压传感器；3—试样；4—声发射换能器；5—和尚头；6—加载液压缸；7—声发射前置放大器；8—声发射综合分析仪；9—计算机及采集系统；10—磁带机；11—电动计泵；12—防噪声的特殊管线；13—防摩擦特殊胶

4. 用波速各向异性方法测定岩心最大主应力方向

地层中的岩石是带有孔隙的弹性介质，岩心在地层中取出时，经历了弹性释放，在释放过程中，应力最大方向出现微小裂隙，这些小裂隙被空气所占据，而空气和岩石的波阻（$Z=\rho \cdot C$）不同（Z—波阻；ρ—密度；C—波速）。

对于岩石 $Z=108\times10^4 \text{g}/(\text{cm}^2 \cdot \text{s})$。

对于空气 $Z=0.004\times10^4 \text{g}/(\text{cm}^2 \cdot \text{s})$。

所以，在声波传播的路程中，空气体积越大波速越慢，应力也就越大，反之，波速越快，应力也就越小（不包括泥岩和页岩）。

通过 3 口井波速各向异性测量，得出三向应力分布趋势与凯塞效应测试的结果完全一致，见表 4-9。

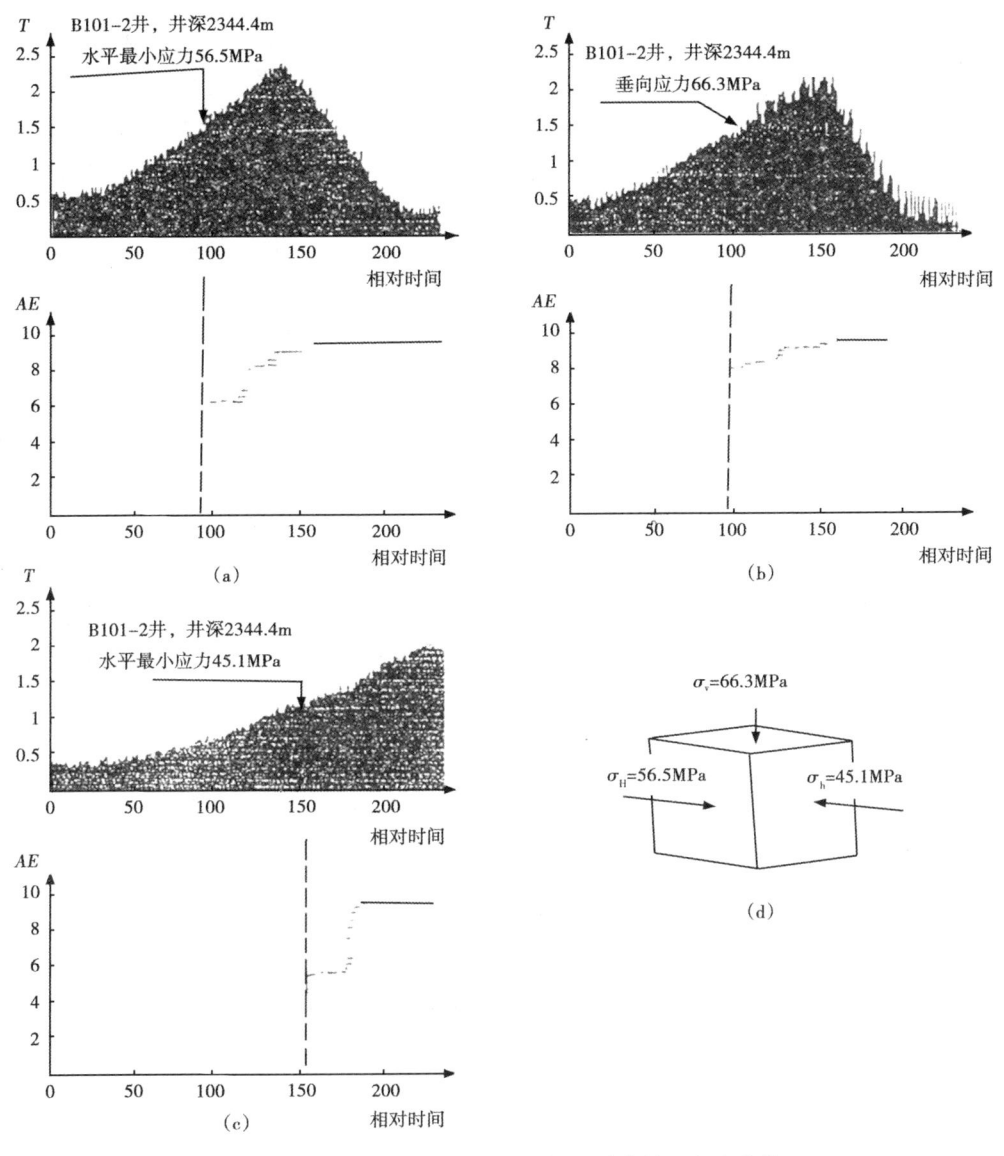

图 4-76 B101-2 井在 2344.4m 深地层中的三向应力值

表 4-9 3 口井波速各向异性

序号	井号	井段, m	岩样长, mm	波速走时, μs	波速度, m/s	方向
1	101-2	2344.4	37.8	88	4295	垂直
2	101-2	2344.4	56.5	101	4313	水平最大
3	101-2	2344.4	37.8	85	4442	水平最小
1	96	2196.9	51.3	128	4008	垂直
2	96	2196.9	43	104	4134	水平最大
3	96	2196.9	51.3	123	4171	水平最小
1	YN2	2116	104	196	5226	垂直
2	YN2	2116	116	219	5273	水平最大
3	YN2	2116	106	199	5306	水平最小

5. 利用岩石的古地磁偏角来确定地层中的应力方向

岩石的古地磁，是地壳岩石生成时所喷流的岩浆带有磁性物质在居里温度点时，按照当地地磁磁极方向有序地定向排列凝固下来。以后经过地质年代的变化，无论是风还是水的作用，无法改变原有的磁性，而后沉积的带有磁性的微小岩石颗粒，也同样按照当时的磁极方向，有秩序地定向排列下来，构成了岩石的剩余磁性（古地磁）。

本书利用岩石稳定的古地磁场来确定岩心的地层应力方向。

为了描述地磁场的特征，就需要统一规定一些参数，由于地磁场是三维的，因而至少需要三个相互独立的参数，一般常用磁偏角 D、磁倾角 I、水平强度 H、垂直强度 Z、总强度 F、北向分量 X、东向分量 Y 等，称为地磁七要素，这七要素的具体含义如图 4-77 所示。

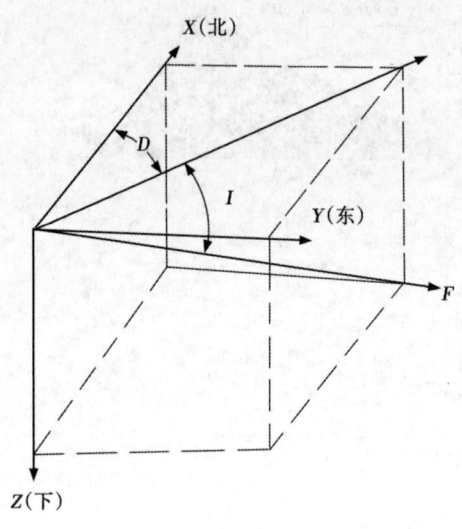

图 4-77 地磁七要素，向下为正

统一规定磁偏角 D 由北向东为正，磁倾角 I 由水平面图 4-77 地磁七要素，向下为正。从图中可看出，七要素之间有下列相互关系：

$$F = \sqrt{H^2 + Z^2} = \sqrt{X^2 + Y^2 + Z^2} \tag{4-2}$$

其中
$$Z = F\sin I = H \cdot \tan I$$

$$H = F$$

$$X = H\cos I \cdot \cos D = F\cos D \cdot \cos I$$

$$Y = H\sin D = F\cos I \sin D$$

$$D = \tan^{-1}\frac{Y}{X} = \sin^{-1}\frac{Y}{H} = \cos^{-1}\frac{X}{H}$$

$$I = \tan^{-1}\frac{Z}{H} = \sin^{-1}\frac{Z}{F} = \cos^{-1}\frac{H}{F}$$

实际上，只要三个要素就可以完全描述一点地磁场情况，本书采用磁偏角 D，以磁北极为零点顺时针，在 360°范围内均可使用。

有凯塞效应和波速方法，在岩心上得出了水平最大主应力方向，这两种方法测量的结果在岩心上方向一致，但还不能与地层深处取岩心位置的应力方向吻合对位；本书利用古地磁偏角方向，先在地面找到古近系核桃园组核三段的地层岩心露头（与主碱层同一年代），露头距矿区约 40km 的唐河县西大岗附近，露头剖面的地理位置为东经 112.40°、北纬 32.40°。在露头剖面上，共分三点取样，在室内用英国莫里斯平磁性测试仪，测定样品以磁北为零点的 DRM 原生剩磁的偏角，共测试 6 组磁偏角，测得结果平均为 158°，见表 4-10。

表 4-10 唐河古近系核三段 DRM 磁数据（一）

编号	取样地点	经度 (°)	纬度 (°)	总磁化量 F 10^{-3}M/A	磁偏角 D (°)	磁倾角 (°)
1-02	唐河西大岗	112.40	32.40	0.380	164.49	-78.60
1-03	唐河西大岗	112.40	32.40	0.472	166.30	-77.43
2-04	唐河西大岗	112.40	32.40	0.542	159.86	-74.14
2-05	唐河西大岗	112.40	32.40	0.269	151.00	-52.9
3-06	唐河西大岗	112.40	32.40	0.461	150.16	-52.44
3-07	唐河西大岗	112.40	32.40	0.286	159.63	-46.27
平均	唐河西大岗	112.40	32.40	0.327	158	-59.17

注：D—磁北极的夹角（顺时针）；I—水平面与垂直向下的夹角。

用凯塞效应和波速各向异性方法，得出安棚碱矿 9 口井的岩心上水平最大主应力的古地磁偏角，其结果见表 4-11。

表 4-11 唐河古近系核三段 DRM 磁数据（二）

井号	井段 m	总磁化量 F 10^{-3}M/A	磁偏角 D (°)	磁倾角 (°)
B101-2	2318.41	0.353	214	-24.16
B69	2117.20	1.474	204	-22.00
B96	2196.89	0.559	181	22.6
B100	2423.4	0.309	225	-38.66
B163	2296.00	0.322	180	-38.66
YN2	2114.00	17.76	221	-46.44
YN3	2206.00	0.258	227	-34.66
YN6-1	2156.6	0.353	206	-45.30
YN9	2204	0.054	195	-25.10

利用同一年代的地层岩石的露头，以磁北为零点 DRM 原生剩磁偏角 D 与地层中取出的岩心，取水平最大主应力方向 DRM 原生剩磁的偏角 $D'-D$ 之差，就是岩石在地层中水平最大主应力的方向，差值得正值是顺时针方向以磁北为零点的夹角；得值为负是逆时针方向以磁北为零点的夹角，计算其结果见表 4-12。

表 4-12 唐河古近系核三段 DRM 磁数据（三）

井号	井段 m	岩心号	$D'-D=$水平最大主应力方向（°）			水平最大方向
			D'	D	$D'-D$	
B101-2	2318.41	14-32/49	214	158	56	
B163	2296	5-13/39	180	158	22	
B100	2423.4	9-40/54	186	158	68	
B96	2196.98	12-43/44	181	158	23	
B69	2117.2	39-9/24	204	158	46	
YN2	2116	59-76/75	225	158	67	
YN3	2206	12-24/27	227	158	69	
YN9	2204	7-82/84	195	158	37	
YN6-1	2165.6	5-5/72	206.4	158	48.63	

6. 用井孔崩落掉块方向及双井径测井技术来确定最大水平主应力方向

油田钻井在地壳三向应力状态下进行，钻孔内的应力在钻孔的过程中得到释放，但使井眼周围原始地应力受到扰动形成应力集中，对于一个垂直钻孔来说，它的横截面往往都是处于两项水平主应力和 σ_2（$\sigma_1 > \sigma_2$）之下，根据叠加原理，这时孔壁上（即 $r=a$ 处）的应力分布状态为：

$$\sigma_\theta = \sigma_1 + \sigma_2 - 2(\sigma_1 - \sigma_2)\cos 2\theta - p_w \qquad (4-3)$$

式中 σ_θ——切向应力，MPa；

σ_1——水平最大主应力，MPa；

σ_2——水平最小主应力，MPa；

θ——由 σ_1 方向的逆时针量取，(°)；

r——井孔的半径，m；

a——距井孔的半径切向应力点，m；

p_w——钻孔液柱压力，MPa。

由式（4-3）可见当 $\theta = \dfrac{\pi}{2}$ 或 $\dfrac{3\pi}{2}$ 时，即在与最小水平主应力平行的钻孔直径的两个端点（M 和 N），切向应力 σ_θ 达到最大值（$\sigma_\theta = 3\sigma_1 - \sigma_2$）；而当 $\theta = 0$ 和 π 时，在与最大水平主应力平行的直径的两个端点（P 和 Q）切向应力 σ_θ 达到最小值（$\sigma_\theta = 3\sigma_2 - \sigma_1$），如图 4-78 根据脆性材料破裂理论，当作用在 M 和 N 点处的切向应力，达到或超过该点处的破坏强度时，就会使井孔孔壁岩石崩落，形成崩落椭圆孔段，其长轴方向与最小水平主应力方向平行，如图 4-79。

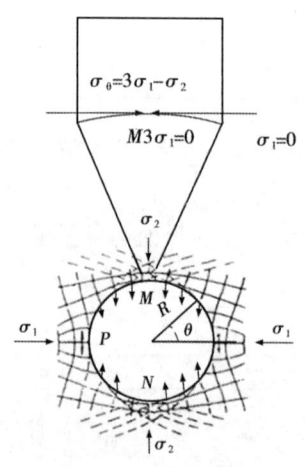

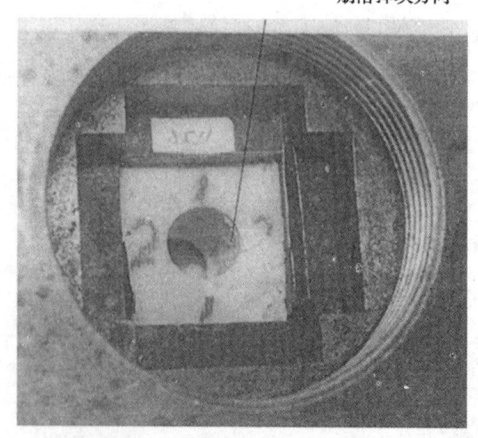

图 4-78 双轴应力作用下孔壁应力轨迹图　　　　图 4-79 真三轴崩落掉块方向

钻孔崩落椭圆度孔径和方向用四壁地层倾角井径测井仪直接测量。斯仑贝谢测井公司测量装置如图 4-80，这种测量装置四臂相交成 90°。1-3 和 2-4 测臂相互正交，由液压驱动，使臂与孔壁紧密接触，当测井电缆由孔底以一定速度上提升时，测量装置以一定速率旋转，当测量装置上升到崩落段椭圆孔长轴方向，自动伸开，与之正交的另一对测臂则处于短轴方向。这时，由于一对测臂嵌入到钻孔崩落的长轴中，因而不再转动，随着测井电缆的不断提升，连续地测量孔径的变化。由于该仪器装有一套相应的磁定向装置，同时记录有 C_1 极板相对方位角（RB）、井斜方位角（$AZIM$），及井斜角（$DEVI$），如图 4-81 所示。

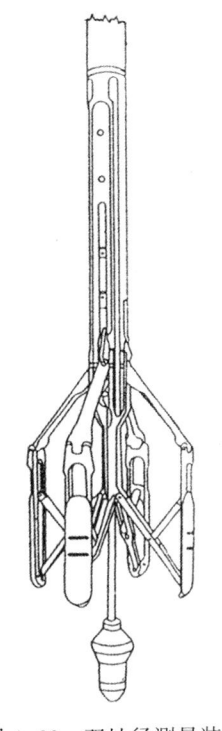

图 4-80 双址径测量装置

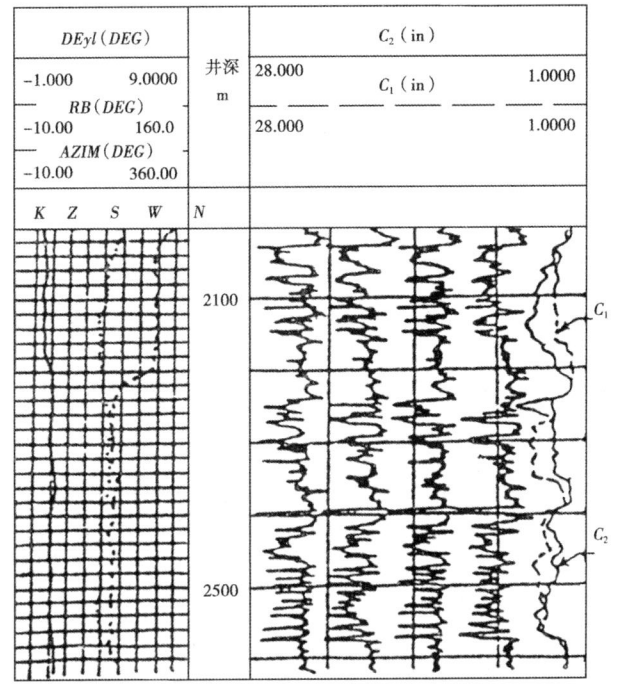

图 4-81 受地应力影响井孔直径拉长变形的
方法角臂的方向角：$C_{1,3}$ 臂；$C_{2-2,4}$ 臂

碱层不含磁性物质，可直接使用，在碱层上下层含磁性物质，必须用古地磁确定方向。

当 1-3 臂（C_1）井径曲线为长轴井径，其方位角：

$$P_1AZ = AZIM + RB \tag{4-4}$$

当 2-4 臂（C_{2-4}）井径曲线为长轴井径时，其长轴方位角：

$$P_1AZ = AZIM + RB + 90 \tag{4-5}$$

B101-2 和 YN3 井双井径的 C_1、C_2 及 RB、$AZIM$ 曲线经过处理，结果如图 4-82、图 4-83 所示。

崩落掉块方向为北西 35°掉块方向为北西 12。

B101-2 井水平最大方向北东 53°，云 3 井水平最大方向北东 78°（表 4-13）。

表 4-13 B101-2 井和 YN3 井水平最大主应力方向

井号	井段，m	水平最大主应力方向（°）（顺时针）
B101~2	1915~2530	53°
YN3	2000~2450	78°

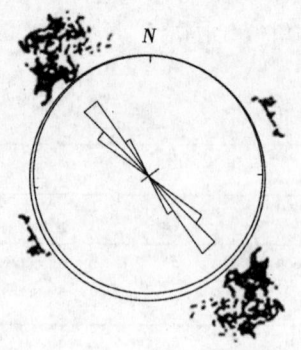

图 4-82　B101-2 井井孔崩落

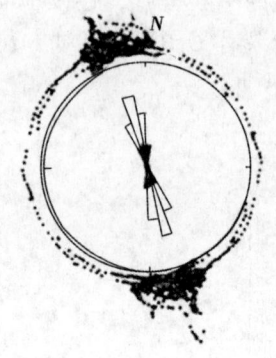

图 4-83　YN3 井井孔崩落

四、水力压裂裂缝形态的判断及应力场分析

通过上述测试表明，地层中的三向应力变化不大；垂向应力最大，水平主应力分别为居中和最小。根据碱层应力测试结果，用水力压张破裂延伸理论：裂缝延伸面垂直于最小主应力的方向，如是垂直裂缝，裂缝延伸方向与水平最大主应力方向平行。安棚主力碱层的裂缝形态为垂直裂缝，但水力压裂裂缝延伸方向比较复杂，在构造的中部为北东东 52°±10°，而构造南侧水平最大主应力方向逐步变大，由北东 52°变北东 78°。水平最大主应力方向与东北部断层走向变化而变化。

五、水力压裂裂缝形态的监测及验证

通过岩心和井孔崩落椭圆测量，B101-2 井水平最大主应力方向为 55°，YN3 井水平最大主应力方向为 78°，表明碱矿水平最大主应力方向（水力压裂裂缝延伸方向）比较复杂，给对井开采带来一定的困难，有必要监测水力压裂裂缝方位，跟踪监测压裂裂缝延伸的全过程，然后在压裂产生的裂缝延伸曲线上，打配套井，进行双井连接来开发碱岩层。

水力压裂破裂机制为张性破裂，利用高压液体克服地层中最小主应力和目的层（压裂层）的岩石抗张强度，即：

$$p_f = 3\sigma_h - \sigma_H + S_t \quad (4-6)$$

当注入井孔的压裂液压力保持 p_c 值时：

$$p_c = 3\sigma_h - \sigma_H + \frac{K_{IC}}{\sqrt{\pi C}} \quad (4-7)$$

式中　p_f——地层破裂压力，MPa；

　　　p_c——地层延伸压力，MPa；

　　　S_t——岩石抗张强度，MPa；

　　　K_{IC}——断裂韧度，MPa·m$^{1/2}$；

　　　C——裂缝初始缝长，一般约为 5，m；

　　　σ_h——水平最小主应力，MPa；

　　　σ_H——水平最大主应力，MPa。

裂缝向前延伸的声发信号，以弹性波的形式向外均速扩展，当弹性波在地层遇到套管时，套管又把这个弹性波以6000m/s的速度传送到井口，在压裂施工井附近的3口井的井口下部套管头上，装有接收声发射信号的换能器（检波器），如图4-84所示。

换能器接收到的信号通过AE400C声发射接收处理系统进行时差处理，设距压裂井最近的监测井为S_0，坐标为$(0, 0)$。顺时针的第二口监测井设为S_1，坐标为(X_1, Y_1)，第三口监测为S_2，坐标为(X_2, Y_2)。当P_c震动信号被最近的监测井S_0收到时，距离为r，信号被S_1接到时的距离为$r+\delta_1$（$\delta_1=v_1 \cdot t_2$），δ_1是S_0接收信号后到S_1所增加的距离。V是岩石波速，t_1是S_0距S_1的波速时间（μs）。当信号被S_2接到时的距离为$r+\delta_2$（$\delta_2=V \cdot t_2$），δ_2是S_0接到信号后到S_2增加的距离。t_2是信号S_0接到后距S_2弹性波走时（μs）。

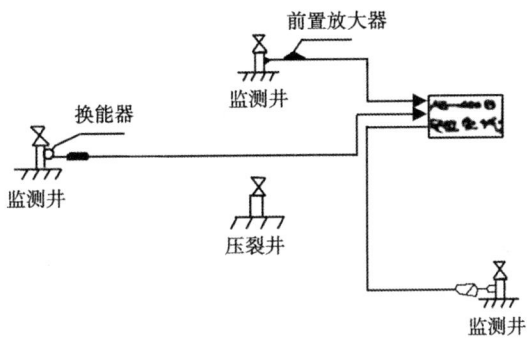

图4-84 水压致裂裂缝监测示意图

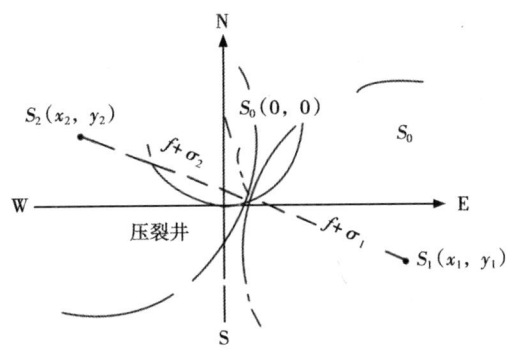

图4-85 三圆相交定位方法

P_c声发射点的求得，是以S_0、S_1、S_2为圆心；以r，$r+\delta_1$，$r+\delta_2$为半径，画三个圆，三个圆相交的点为P_c（压裂裂缝开裂点），如图4-85所示。三个圆（图13）的方程式如下：

$$\left. \begin{array}{l} X^2 + y^2 = r^2 \\ (X - X_1)^2 + (Y - Y_1)^2 = (r + \delta_1)^2 \\ (X - X_2)^2 + (Y - Y_2)^2 = (r + \delta_2)^2 \end{array} \right\} \quad (4-8)$$

P_c点在压裂施工中不断出现，随压裂施工时间增加而增加，把这些P_c点，标在以S_0为原点的直角坐标图上，便可得出较准确的水力压裂裂缝延伸方向和裂缝延伸长度。

六、配套井 101-3 和 YN3-1 井位的确定及双井对接

对开采配套井 101-3 井井位确定是根据 B101-2 井水力压裂裂缝延伸曲线和碱层的分布情况，定为距 101-2 井 200m 的南西 54°线上，如图 4-86 所示，B101-2 井裂缝方向。

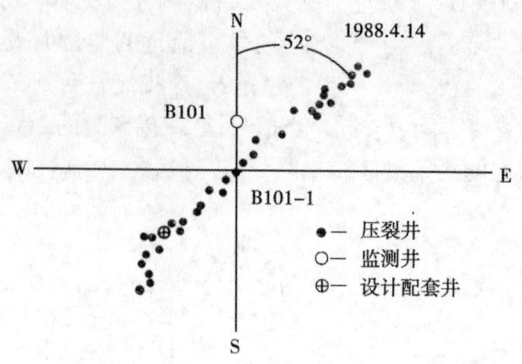

图 4-86　B101-2 井人工裂缝全长约 650m，裂缝两侧近似相等

但裂缝以井孔为轴，裂缝在南西方向延伸约 200m 时，方位角由 52°变为 37°，裂缝为垂直裂缝。压裂时间 1988 年 4 月 14 日，把配套井距井孔 200m 定为配套井 B101-3 井如图井位。

1988 年 10 月配套井 101-3 井压裂。裂缝延伸方向以井孔为轴，北东 59°延伸约 200m，转南西为 37°，延伸长度约 400m，如图 4-87 为了说明 101-2 井和 101-3 井两次压裂裂缝连通情况，用井底坐标把两条裂缝延伸曲线标在一起（图 4-88），从图上看到：两条裂缝在 101-2 井附近，两条裂缝并没有完全重合，后经单井吞吐，不断扩大溶腔，于 1988 年 11 月 23 日，使矿区内第一对井形成地下连通，实施从一口注水，另一口配套井返碱液，如向 B101-2 井注清水 14.5m³/h，从 B101-3 井返出 12m³/h 卤水，井口温度 48°，卤水浓度 12%（饱和溶液）；注水井井口压力为 22MPa，连通后压力下降至 20.5MPa，日注入量可达 350m³ 以上，如图 4-89、图 4-90 所示。

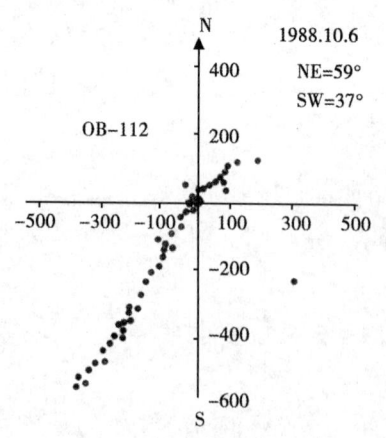 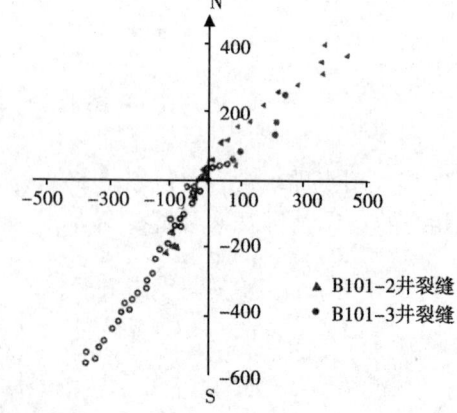

图 4-87　B101-3 井水压裂裂缝延伸方位图　　图 4-88　B101-2 井和 B101-3 井井底坐标方位图

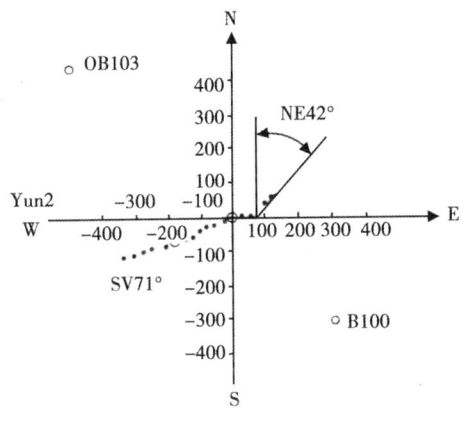

图 4-89 云 3 井水力压裂裂缝延伸方位图，裂缝
形态为垂直裂缝。裂缝南西 78°，
延伸长约 400m，北东延伸 80m，
裂缝方位角度变小为北东 42°左右

图 4-90 碱岩心做水流溶蚀试验，
水溶蚀后，碱槽形态图

通过 B101-3 井裂缝监测、裂缝向西南方向延伸，长约 500m。云 3 井压裂缝向云 3-2 方向延伸。人们都知道，裂缝延伸，向地应力偏低方向延伸，相对地应力偏低地块，孔压都比较低。不管 B101-2 井或 B101-3 井，注入水向云 3 井方向流动和渗流。跟 B101-2 井注水 14.5m³/h，在 B101-3 井溢出 12m³/h。只要往地层注水，水就向地层有渗透低应力方向，云 3 井和云 3-2 井方向流动与渗流。通过这条裂缝，向裂缝缝外渗透驱动距离会很远。碱岩渗透率在 4mD，碱岩见水后，由固体碱岩，会变成结晶碱到液体碱（用点划线圈的预计是晶体碱），如图 4-91 所示。

碱矿云 3-2 井钻井进入开发井段附近云 3 井与云 3-2 井连通。云 3-2 井地层已是液体碱。

1988 年 10 月对 YN3 井碱七层压裂，监测裂缝延伸方向为南西 78°度，延伸长度约 400m，又钻一口 YN32 井，同年 YN3 井进行了单井高压注水溶采，6 月 6 号钻井过程中的 YN3-2，在钻过碱七层后，即发生了井涌，外涌碱水，井口卤水温 46℃，相对密度 1.18~1.20；外溢排量 8~12m³/h。YN3-2 井发生外涌碱水后，YN3 井立即停止注水，放空压力，才使钻井压井成功，重新开钻。这说明矿区第二组对井也地下连通。以后关 101-2 井、注 101-3 井连续注液约 1000m³ 水，又与 YN3 井对接成功，井距 1000m，如图 4-92 所示。三组对井地下连通，说明测定的结果数据可靠，测定的水力压裂裂缝延伸方向正确，指导了碱矿开发井网布局。

B101-2 井压裂碱层的深度 2284~2291m，5 套管下入深 2280m，碱层裸眼井段、地层柱状岩石力学参数、地层破裂压力及人工裂缝的高度，请看 B101-2 井柱状应力剖面图，如图 4-93 所示。

通过先后参数计算 B101-2 井，裂缝高度约 6m 左右，通过数字和密度测井，资料分析 B101-2 井裂缝高约 5m 左右，两种方法确定裂缝高与碱层厚度基本一致。

B101-2 井经过近 105min 的压裂，地层破裂压力 59.8MPa（不包摩阻），瞬间停泵压力 44.9MPa（地层最小主应力值），压裂液 [CMC+5%柴油] 共计 175m³，压裂排量 1.5m³/

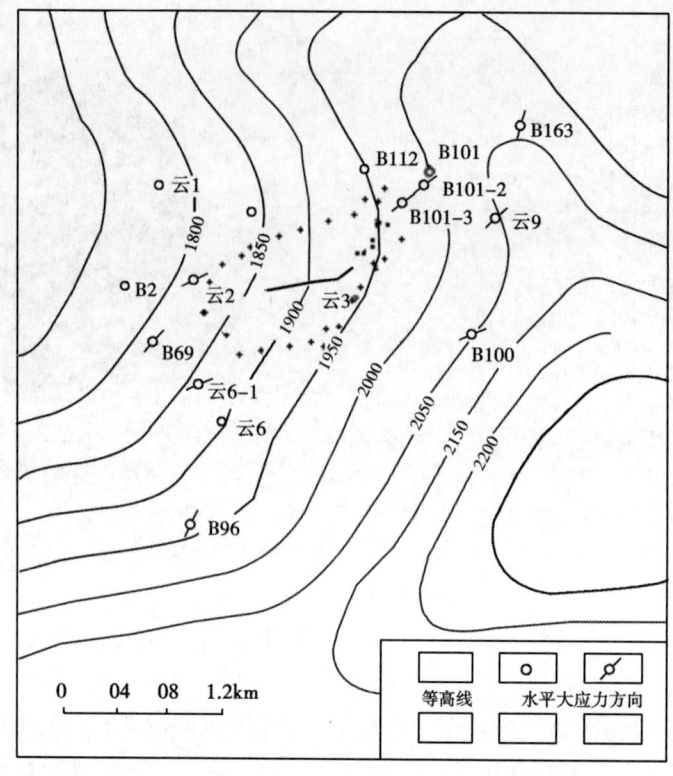

图 4-91 核三上段地层最大水平主应力裂缝方向分布图

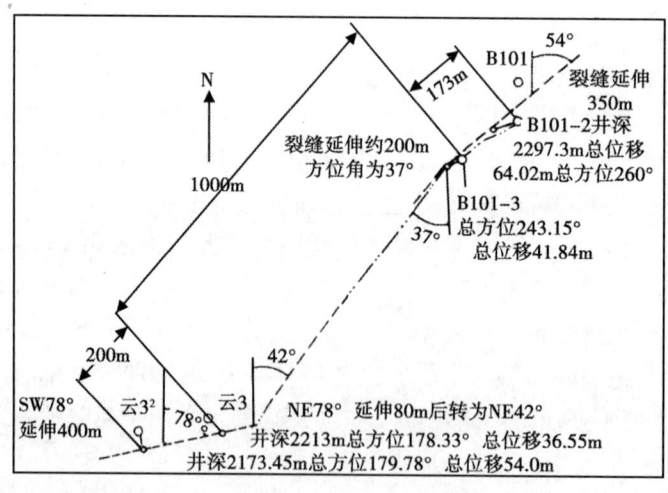

图 4-92 云 3、云 3-2、B1012、B1023 裂缝关系图

min，通过声发射地面套管三点监测，测得裂缝全长为 650m；裂缝形态为垂直裂缝，裂缝延伸方向以井孔为轴，两臂裂缝延伸长度近似相等，裂缝延伸方向为北东，南西 52°，但裂缝在南西方向延伸约 200m 时，裂缝延伸方向角度变小为 37°，如图 4-94 所示。

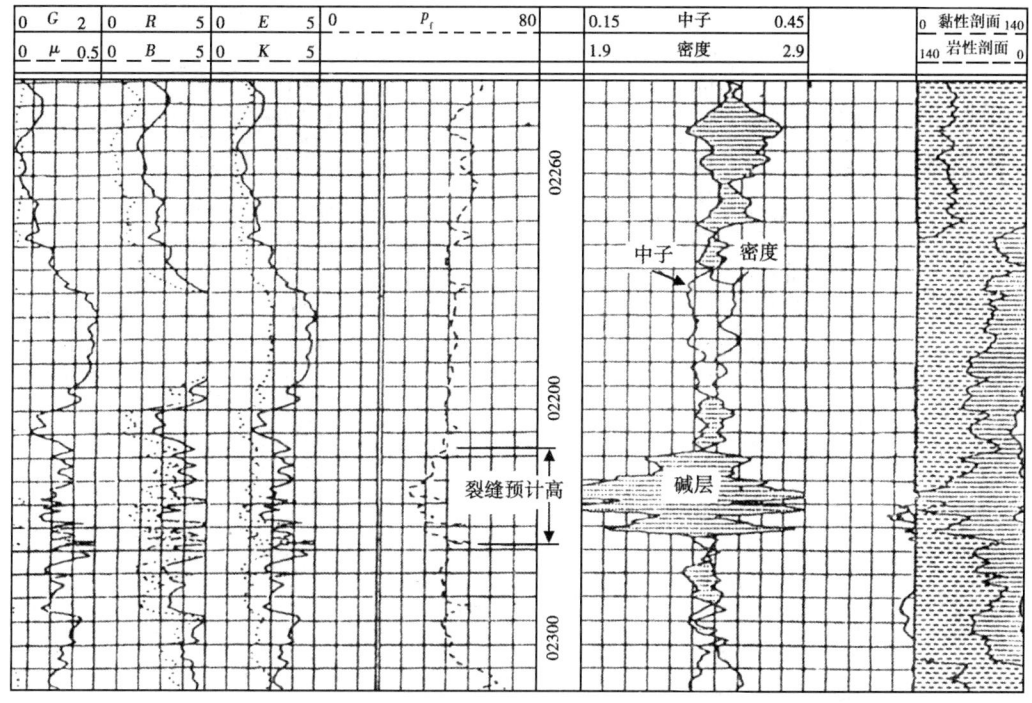

图 4-93　101-2 井柱状应力剖面图

G—剪切模量；R—地层出砂系数；E—杨氏模量；K—体积模量（以上量纲×10^{10}Pa）.
P_f—地层破裂压力，MPa；μ—泊松比（无量纲）

七、用超声波井下电视观察 B101-2 井孔裂缝方法

为了观察 B101-2 井裸眼井段碱层的裂缝的位置和方向，我们借助井下超声波电视，对压裂的裸眼井段进行超声波扫描录像，并用照相机和录像机自动记录。101-2 井测试井段为 2284～2296m 共计 12m，测得的裂缝是垂直裂缝，裂缝高度 2285～2294m，共计 8m。碱七层已全部压开，在碱层中间夹有 1m 左右的夹层。裂缝延伸的平均方向为南西 54°，如图 4-96 所示（照片），这一结果与水力压裂裂缝监测的结果吻合较好，也进一步证实水力压裂缝破裂机制为张破裂。

YN3 井压裂，时间为 1988 年 10 月 6 日。

YN3 井位于构造顶部偏西，套管下至碱七层的顶部，裸眼井段为 2206～2214.6m，压裂液为 CMC，压裂液用量为 154m³，排量 1.5m³/min，压裂产生的裂缝形态为垂直裂缝，在井孔南西 78°延伸约 400m，在井孔北东 78°延伸 80m 处裂缝延伸角度变小为 42°左右，如图 4-91 所示。后经井下电扫描，裂缝方位为南西 78°，如图 4-95 所示。

八、结论

通过对矿区地应力裂缝方向的研究及开采工艺取得的成功，我们可以得出下述结论：

（1）利用上述不同方法确定矿区内地应力的大小与分布测定是可行的。基本掌握矿区内三向应力分布状态类型，对开发井网布置，正确判断裂缝延伸方位及裂缝形态，提供了可靠依据。

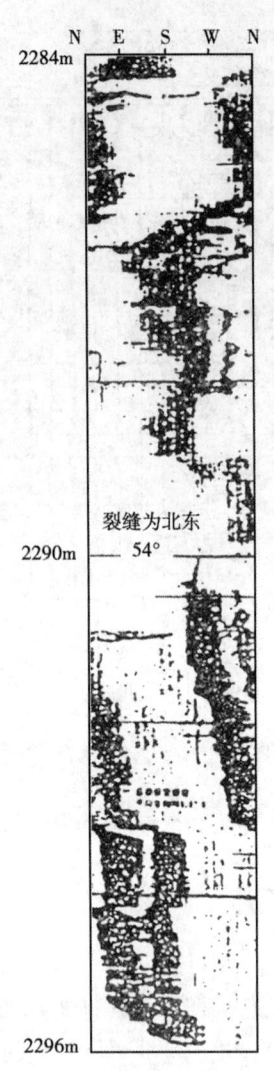 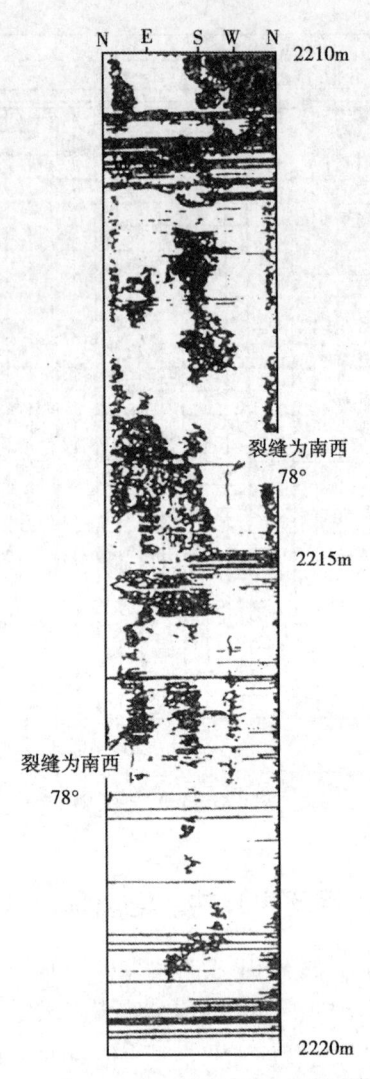

图 4-94　B101-2 井超声波井下电视测井图像，裂缝方法北东 54°，缝高 8m，1988 年 4 月 16 日

图 4-95　YN3 井超声波井下电视测井图像裂缝方位南西 78°，裂缝高 6m，1988 年 10 月 8 日

（2）通过瞬时停泵现场地应力测定。B101-2 井地层最小主应力梯度为 0.019MPa/m。云 3 井地层最小主应力梯度 0.018MPa/m，云 3 井附近地应力比较低，该层进水后，地层固体碱很快会变为液体碱液，全裂缝连通 1200m 已多对井开采。

（3）矿区内核三上段，水平最大主应力方向，北东 52°转南西 78°，地应力井东北方向偏高，井西南方向（地应力低）水力裂缝延伸向这个方向延伸较长，说明碱层地应力分布不均，在云 3 井、云 3-2 井附近地应力偏低（碱层渗透率 4mD），注入水向低应力区渗透和驱动，通过水的浸泡，把固体碱慢慢变成结晶碱和液体碱液，如图 4-91 在云 3-2，云 3 井我们用虚线范围内，已变为液体碱液。在云 3 井和云 3-2 井附近打配井，不管什么方向都连通。

（4）开发新碱岩区块，最好先测地应力值和方向，向低应力区块注水，这可简化对井开采。

(5) 开发深部地层的碱岩,这是最经济、也是最有效的方法之一。开采钾、盐、硫黄矿及地热等均可借鉴。

(6) 油田开发井网布局,应用地应力理论,可将采油井、注水井最大水平主地应力方向错开,22.5°夹角部署,将避免淹水窜水,提高油田最终采收率。

下面是实际的产能测量与地层最小主应力梯度关系图,如图4-96所示。

应力测量结果要借助理论和数学模型。根据已有资料模拟应力场的方法很多,例如有限元法、应力函数法、差分方法等,这些方法各有所长,适用于不同条件下的油田应力场计算与分析,其中尤以二维有限元法最为常用。

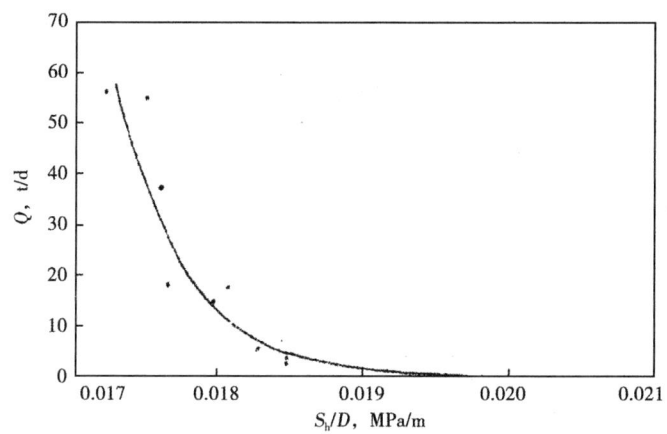

图4-96 桩74断块储层产油量与最小主应力梯度的关系(小于0.0175MPa/m产油量较好)

第九节 用有限元法计算油田地应力场的分布

有限元法是把整个研究区离散为一些面积可以不等的单元,再通过节点把这些单元连接起来,以计算出节点上的应力、应变、位移代表单元本身的应力、应变、位移。

单元形状一般为锐角三角形、矩形、四面体、六面体等,但采用最多的是三角形单元。有限元法是以电子计算机为计算工具的一种数值方法,它的优点在于能把具有复杂介质力学性质、本构关系及边界条件的问题简化成常规问题的计算程序去解决,允许不同单元采取不同的介质常数。因此,近年来有限元法在地学研究中得到了广泛的应用,出现了多种实用的有限元程序。

一、有限元法

用有限元法计算地壳应力场时,第一步工作就是单元划分。单元划分时,应兼顾计算机的容量和计算精度。在研究区大小一定的情况下,单元过小,虽然精度提高了,但节点数增加了,计算量变大,有时甚至会超出计算机的容量。实际应用中可设计不同大小的单元,在应力、应变变化剧烈、地质构造复杂的区块,可设计较小的单元,应力、应变变化较平缓的区块可采用较大的单元。

划分单元时,还要考虑一些自然边界,如介质参数变化的界面,地质构造迹线,地震活动断层等。单元划分的依据是野外地质调查、地震勘探资料和钻孔岩心的剖面实测应力值等结果。

第二步工作是单元分析。对于平面问题,每个节点上有3个可以不等的应力分量,3个可以不等的应力分量及2个可以不等的位移分量。以位移作为有限元计算的基本参量有最小的计算量,从位移又可以方便地计算出各节点的应力和应变,故有限元分析一般采用位移模式。在平面有限元中,一个节点的位移矢量可以用沿 x 轴的位移 $u(x, y)$,沿 y 轴的位移 $v(x, y)$ 来表征,$u(x, y)$,$v(x, y)$ 一般表示为以坐标为自变量的多项式形式:

$$\left.\begin{array}{l} u(x, y) = a_1 + a_2 x + a_3 y + a_4 x^2 + a_5 y^2 + \alpha_6 xy + \cdots \\ v(x, y) = b_1 + b_2 x + b_3 y + b_4 x^2 + b_5 y^2 + b_6 xy + \cdots \end{array}\right\} \quad (4-9)$$

在三角形单元中,可以建立6个这样的方程,确定6个常数,其多项式表示通常采用:

$$\left.\begin{array}{l} u_1 = a_1 + a_2 x_1 + a_3 y_1 \\ u_2 = a_1 + a_2 x_2 + a_3 y_2 \\ u_3 = a_1 + a_2 x_3 + a_3 y_3 \\ v_1 = b_1 + b_2 x_1 + b_3 y_1 \\ v_2 = b_1 + b_2 x_2 + b_3 y_2 \\ v_3 = b_1 + b_2 x_3 + b_3 y_3 \end{array}\right\} \quad (4-10)$$

式中,位移变量的下角标1,2,3是三角形单元中3个节点的编号,(x_1, y_1),(x_2, y_2),(x_3, y_3) 是3个节点的坐标。写成矩阵形式:

$$\left.\begin{array}{l} [u] = [T][A] \\ [v] = [T][B] \end{array}\right\} \quad (4-11)$$

$$\left.\begin{array}{l} [u] = \begin{bmatrix} u_1 \\ u_2 \\ u_3 \end{bmatrix} \\ [v] = \begin{bmatrix} v_1 \\ v_2 \\ v_3 \end{bmatrix} \end{array}\right\} \quad (4-12)$$

$$[T] = \begin{bmatrix} 1 & x_1 & y_1 \\ 1 & x_2 & y_2 \\ 1 & x_3 & y_3 \end{bmatrix} \quad (4-13)$$

$$\left.\begin{array}{l} [A] = \begin{bmatrix} a_1 \\ a_2 \\ a_3 \end{bmatrix} \\ [B] = \begin{bmatrix} b_1 \\ b_2 \\ b_3 \end{bmatrix} \end{array}\right\} \quad (4-14)$$

由式（4-11）可以得：

$$[A] = [T]^{-1}[u]$$
$$[B] = [T]^{-1}[u]$$
(4-15)

式中，$[T]^{-1}$ 是 $[T]$ 的逆阵。

$$[T]^{-1} = \frac{1}{2\Delta}\begin{bmatrix} x_2y_3 - x_3y_2 & x_3y_1 - x_1y_3 & x_1y_2 - x_2y_1 \\ y_2 - y_3 & y_3 - y_1 & y_1 - y_2 \\ -x_2 + x_3 & -x_3 + x_1 & -x_1 + x_2 \end{bmatrix} \quad (4-16)$$

把式（4-16）代入式（4-14）可以得：

$$\left.\begin{aligned} a_1 &= \frac{1}{2\Delta}(\alpha_1 u_1 + \alpha_2 u_2 + \alpha_3 u_3) \\ a_2 &= \frac{1}{2\Delta}(\beta_1 u_1 + \beta_2 u_2 + \beta_3 u_3) \\ a_3 &= \frac{1}{2\Delta}(q_1 u_1 + q_2 u_2 + q_3 u_3) \\ b_1 &= \frac{1}{2\Delta}(\alpha_1 v_1 + \alpha_2 v_2 + \alpha_3 v_3) \\ b_2 &= \frac{1}{2\Delta}(\beta_1 v_1 + \beta_2 v_2 + \beta_3 v_3) \\ b_3 &= \frac{1}{2\Delta}(q_1 v_1 + q_2 v_2 + q_3 v_3) \end{aligned}\right\} \quad (4-17)$$

式中的 Δ 是三角形的面积，可以用下面行列式的值表示：

$$\Delta = \frac{1}{2}\begin{bmatrix} 1 & x_1 & y_1 \\ 1 & x_2 & y_2 \\ 1 & x_3 & y_3 \end{bmatrix} \quad (4-18)$$

$$\left.\begin{aligned} \alpha_i &= x_j y_k - x_k y_j \\ \beta_i &= y_j - y_k \\ q_i &= -x_j + x_k \end{aligned}\right\} \quad (4-19)$$

式中 i，j，k 是单元节点逆时针排列的循环参数，可以分别等于 1，2，3。

把式（4-19）代入式（4-17），再把结果代入式（4-10）：

$$\left.\begin{aligned} u &= \frac{1}{2\Delta}[(\alpha_1 + \beta_1 x + q_1 y)u_1 + (\alpha_1 + \beta_2 x + q_2 y)u_2 + (\alpha_3 + \beta_3 x + q_3 y)u_3] \\ v &= \frac{1}{2\Delta}[(\alpha_1 + \beta_1 x + q_1 y)v_1 + (\alpha_2 + \beta_2 x + q_2 y)v_2 + (\alpha_3 + \beta_3 x + q_3 y)v_3] \end{aligned}\right\} \quad (4-20)$$

令：

$$\left.\begin{aligned} N_1 &= \frac{1}{2}(\alpha_1 + \beta_2 x + q_1 y) \\ N_2 &= \frac{1}{2}(\alpha_2 + \beta_2 x + q_2 y) \\ N_3 &= \frac{1}{2}(\alpha_3 + \beta_3 x + q_3 y) \end{aligned}\right\} \tag{4-21}$$

称为形函数，则式（4-20）可以简写为

$$\left.\begin{aligned} u &= N_1 u_1 + N_2 u_2 + N_3 u_3 \\ v &= N_1 v_1 + N_2 v_2 + N_3 v_3 \end{aligned}\right\} \tag{4-22}$$

写成矩阵形式：

$$[f]^e = [N]^e [\delta]^e \tag{4-23}$$

$[f]^e$，$[N]^e$，$[\delta]^e$ 分别是单元位移、形函数、单元节点位移矩阵。

$$\left.\begin{aligned} [f]^3 &= \begin{pmatrix} u \\ v \end{pmatrix} \\ [N]^e &= \begin{pmatrix} N_1 & 0 & N_2 & 0 & N_3 & 0 \\ 0 & N_1 & 0 & N_2 & 0 & N_3 \end{pmatrix} \\ [\delta]^e &= [u_1 \quad v_1 \quad u_2 \quad v_2 \quad u_3 \quad v_3]^T \end{aligned}\right\} \tag{4-24}$$

有时 $[N]^*$ 也写成：

$$\left.\begin{aligned} [N]^e &= [IN_1, \ IN_2, \ IN_3] \\ I &= \begin{pmatrix} 1 & 0 \\ 0 & 1 \end{pmatrix} \end{aligned}\right\} \tag{4-25}$$

对于三角形单元，$[\delta]^e$ 是六维列矩阵。

由平面应力问题的广义虎克定律：

$$\left.\begin{aligned} \sigma_{xx} &= \frac{E}{1-v^2}(\varepsilon_{xx} - v\varepsilon_{yy}) \\ \sigma_{yy} &= \frac{E}{1-v^2}(\varepsilon_{yy} + v\varepsilon_{xx}) \\ \sigma_{xy} &= \frac{E}{1-v^2} \cdot \frac{1-v}{2} \cdot T_{xy} \\ T_{xy} &= \frac{1}{2}\left(\frac{\partial u}{\partial y} + \frac{\partial v}{\partial x}\right) \end{aligned}\right\} \tag{4-26}$$

写成矩阵形式：

$$[\sigma] = [D][\varepsilon] \tag{4-27}$$

$$\begin{aligned}
\lbrack \sigma \rbrack &= \lbrack \sigma_{xx} \quad \sigma_{yy} \quad \sigma_{xy} \rbrack \\
\lbrack D \rbrack &= \frac{E}{1-v^2}\begin{bmatrix} 1 & v & 0 \\ v & 1 & 0 \\ 0 & 0 & \frac{1-v}{2} \end{bmatrix} \\
\lbrack \varepsilon \rbrack &= \lbrack \varepsilon_{xx} \quad \varepsilon_{yy} \quad \varepsilon_{xy} \rbrack^{\mathrm{T}}
\end{aligned} \right\} \quad (4-28)$$

式中，$[\sigma]$，$[D]$，$[\varepsilon]$ 分别表示节点应力、弹性、应变的列矩阵，$[\ ]^{\mathrm{T}}$ 表示矩阵 $[\ ]$ 的转置矩阵。对于整个单元：

$$[\varepsilon]^e = [B]^e[\delta]^e \quad (4-29)$$

$$[\varepsilon]^e = [\varepsilon_{xx_1} \quad \varepsilon_{yy_1} \quad \varepsilon_{xy_1} \quad \varepsilon_{xx_2} \quad \varepsilon_{yy_2} \quad \varepsilon_{xy_2} \quad \varepsilon_{xx_3} \quad \varepsilon_{yy_3} \quad \varepsilon_{xy_3}]$$

$$\begin{aligned}
[B]^e &= \frac{1}{2\Delta}\begin{bmatrix} \frac{\partial N_1}{\partial x} & 0 & \frac{\partial N_2}{\partial x} & 0 & \frac{\partial N_3}{\partial x} & 0 \\ 0 & \frac{\partial N_1}{\partial y} & 0 & \frac{\partial N_2}{\partial y} & 0 & \frac{\partial N_3}{\partial y} \\ \frac{\partial N_1}{\partial y} & \frac{\partial N_1}{\partial x} & \frac{\partial N_2}{\partial y} & \frac{\partial N_2}{\partial x} & \frac{\partial N_3}{\partial y} & \frac{\partial N_3}{\partial x} \end{bmatrix} \\
&= \frac{1}{2\Delta}\begin{bmatrix} \beta_1 & 0 & \beta_2 & 0 & \beta_3 & 0 \\ 0 & q_1 & 0 & q_2 & 0 & q_3 \\ q_1 & \beta_1 & q_2 & \beta_2 & q_3 & \beta_3 \end{bmatrix}
\end{aligned} \quad (4-30)$$

单元应力与位移的关系可以写为：

$$[\sigma]^e = [D][B]^e[\delta]^e = [S]^e[\delta]^e \quad (4-31)$$

$$[S]^e = \frac{E}{2\Delta(1-v^2)}\begin{bmatrix} \beta_1 & vq_1 & \beta_2 & vq_2 & \beta_3 & vq_3 \\ v\beta_1 & q_1 & v\beta_2 & q_2 & v\beta_3 & q_3 \\ \frac{1-v}{2}q_1 & \frac{1-v}{2}\beta_1 & \frac{1-v}{2}q_2 & \frac{1-v}{2}\beta_2 & \frac{1-v}{2}q_3 & \frac{1-v}{2}\beta_3 \end{bmatrix}$$

$$(4-32)$$

$[S]^e$ 称为单元应力矩阵。

对于平面应变问题，可以把相应式子的 E，v 改写 E'，v'。

$$\left. \begin{aligned} E' &= \frac{E}{1-v^2} \\ v' &= \frac{v}{1-v} \end{aligned} \right\} \quad (4-33)$$

由最小势能原理可以推得：

$$[F]^e = [h]^e[\delta]^e = \iiint [B]^{\mathrm{T}}D[B][\delta]^e \mathrm{d}x\mathrm{d}y\mathrm{d}z \quad (4-34)$$

若单元内的介质是均匀、各向同性的，则：

$$[h]^e = t \cdot \Delta [B]^T [D][B] \tag{4-35}$$

$[F]$ 为节点力，$[B]^T$ 是 $[B]$ 的转置矩阵，t 是平板厚度，Δ 是单元面积，$[h]$ 是单元刚度矩阵，是一个 3×3 阶的方阵。

$$[h]^e = \begin{bmatrix} [h_{11}] & [h_{12}] & [h_{13}] \\ [h_{21}] & [h_{22}] & [h_{23}] \\ [h_{31}] & [h_{32}] & [h_{33}] \end{bmatrix} \tag{4-36}$$

$$[h_{ij}] = \frac{Et}{4\Delta(1-v^2)} \begin{bmatrix} \beta_i\beta_j + \frac{1-v}{2}q_iq_j & v\beta_jq_i + \frac{1-v}{2}q_i\beta_j \\ vq_i\beta_j + \frac{1-v}{2}\beta_iq_j & q_iq_j + \frac{1-v}{2}\beta_i\beta_j \end{bmatrix} \tag{4-37}$$

式（4-34）可以推广到整个研究区：

$$[R] = [H][\delta] \tag{4-38}$$

式中，$[R]$，$[\delta]$ 是整个研究区的节点荷载和节点位移的列矩阵，如果研究区有 n 个节点。则 $[R]$，$[\delta]$ 是 $2n$ 维列矩阵。荷载矩阵 $[R]$ 中通常仅有边界上的节点荷载不为零。$[H]$ 是整体刚度矩阵，是单元刚度子矩阵叠加的结果。$[H]$ 是 $2n$ 阶方阵。

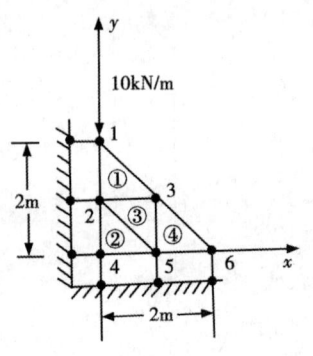

图 4-97 叠加矩阵

正如式（4-35）和式（4-36）所示，一个三角形单元可有 9 个刚度子矩阵，每个矩阵是 2×2 阶方阵。叠加是子矩阵的叠加。叠加矩阵以图 4-97 为例。图中由 4 个三角形单元组成，并对单元节点进行了编号。

单元 1 的刚度矩阵为：

$$[h]^1 = \begin{bmatrix} [h_{11}]^1 & [h_{12}]^1 & [h_{13}]^1 \\ [h_{21}]^1 & [h_{22}]^1 & [h_{23}]^1 \\ [h_{31}]^1 & [h_{32}]^1 & [h_{33}]^1 \end{bmatrix} \tag{4-39}$$

单元 2 的刚度矩阵为：

$$[h]^2 = \begin{bmatrix} [h_{22}]^2 & [h_{24}]^2 & [h_{25}]^2 \\ [h_{42}]^2 & [h_{44}]^2 & [h_{45}]^2 \\ [h_{52}]^2 & [h_{54}]^2 & [h_{55}]^2 \end{bmatrix} \tag{4-40}$$

单元 3 的刚度矩阵为：

$$[h]^3 = \begin{bmatrix} [h_{22}]^3 & [h_{25}]^3 & [h_{23}]^3 \\ [h_{52}]^3 & [h_{55}]^3 & [h_{53}]^3 \\ [h_{32}]^3 & [h_{35}]^3 & [h_{33}]^3 \end{bmatrix} \tag{4-41}$$

单元 4 的刚度矩阵为：

$$[h]^4 = \begin{bmatrix} [h_{33}]^4 & [h_{35}]^4 & [h_{36}]^4 \\ [h_{53}]^4 & [h_{55}]^4 & [h_{56}]^4 \\ [h_{63}]^4 & [h_{65}]^4 & [h_{66}]^4 \end{bmatrix} \tag{4-42}$$

总刚度矩阵是一个12×12阶的方阵。如表4-14所示，由6×6阶的刚度子矩阵组成。每个子矩阵是由式（4-37）给出的2×2阶的方阵。

由总体刚度矩阵求逆矩阵，就可以确定各个节点的位移：

$$[\delta] = [H]^{-1}[R] \tag{4-43}$$

进而再由式（4-27）、式（4-28）和式（4-29）求得应变和应力。

表4-14 总刚度矩阵的迭加

列\行	1	2	3	4	5	6
1	$[h_{11}]^2$	$[h_{12}]^1$	$[h_{13}]^1$	0	0	0
2	$[h_{21}]^1$	$[h_{22}]^1+[h_{22}]^2+[h_{22}]^3$	$[h_{23}]^1+[h_{23}]^3$	$[h_{24}]^2$	$[h_{25}]^2+[h_{25}]^3$	0
3	$[h_{31}]^1$	$[h_{32}]^1+[h_{32}]^3$	$[h_{33}]^1+[h_{33}]^3+[h_{33}]^4$	0	$[h_{35}]^3+[h_{35}]^4$	$[h_{36}]^4$
4	0	$[h_{42}]^2$	0	$[h_{44}]^2$	$[h_{45}]^2$	0
5	0	$[h_{52}]^2+[h_{52}]^3$	$[h_{53}]^3+[h_{53}]^4$	$[h_{54}]^2$	$[h_{55}]^2+[h_{55}]^3+[h_{55}]^4$	$[h_{56}]^4$
6	0	0	$[h_{63}]^4$	0	$[h_{65}]^4$	$[h_{66}]^4$

二、桩74断块地质构造

五号桩油田发育了南北向和东西向两组正断层。以东西向为主。桩63-桩52断层将该油田划分为南北两大块，北块桩23块，南块桩74块。

桩70、桩74、桩55断块横贯东西，又将桩74块分割成南北两个次、一次小断块。北块具有北高南低的特点，与北界断层相配合，形成了有利的反向屋脊式圈闭，且具有不明显的鼻状构造状态。南块则北高、东高、西南低。

三、计算模型说明

要研究这样一个具有复杂结构的地质构造应力分布显然不能采用解析法。用桩74断块油田地应力实测结果，用有限元法反演区域构造应力场。设所取的地块处于均匀区域应力场作用下，地块内点的应力状态受本区块应力场的控制，也受到断层和局部应力变化的影响，选择力学参数，确定边界条件进行计算。

计算模型是根据五号桩油田桩74断块的构造井位图做出的。桩74块断层非常发育，大小断层混在一起，使该区的构造形态复杂化。

根据构造井网图作出离散后的计算模型网络图（图4-98），图中阴影部分为断层单元，共划分了 758 个节点，7 组二维等单元。

材料常数的选取是：围岩弹性模量 $E=4.0\times10^5\text{kg/cm}^2$，断层单元 $E=3.8\times10^5\text{kg/cm}^2$，泊松比 $v=0.25$；低应力区 $E_1=0.28$，$v_1=0.26$，$E_2=0.29$，$v_2=0.28$；$E_3=0.30$，$v_3=0.28$。

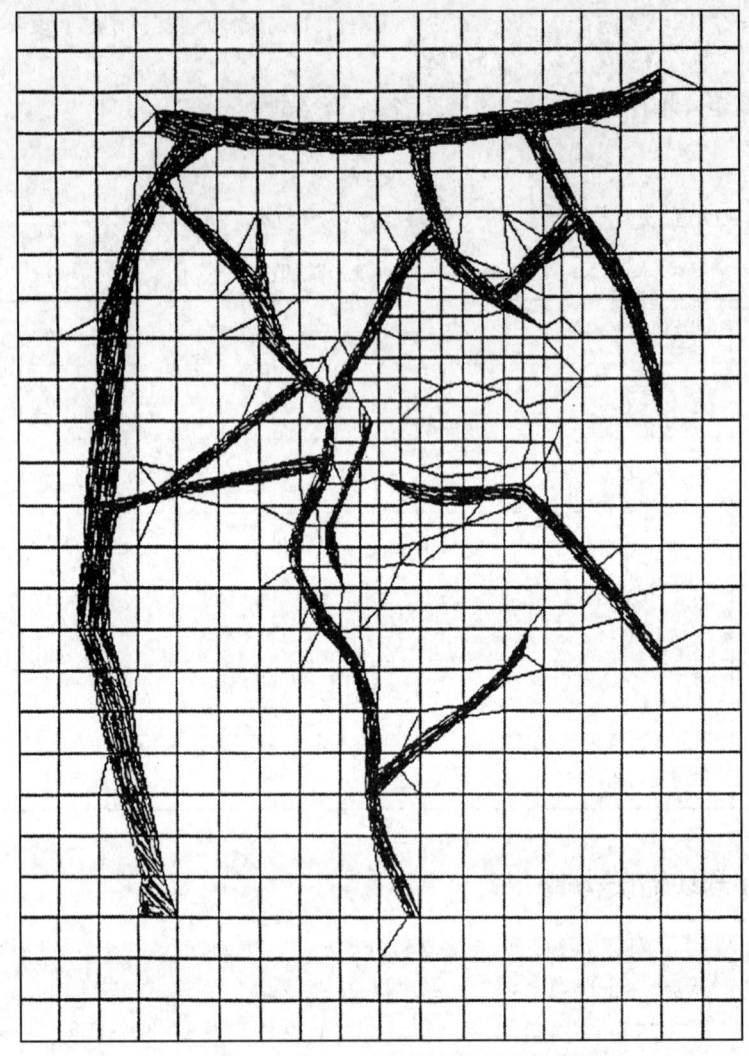

图 4-98　计算区网格图（细网格为油气富集区）

四、油气富集区的确定

1. 实测应力值与计算应力值的比较

以桩 74 断块的 74-8-6，52-21，74-14-12，74-15-14 井的实测应力值为依据，在不断调整边界构造大小和方向的条件下，计算桩 74 块的应力状态，直到实测点处的应力值与计算值近似相等，并且计算区构造应力分布趋于合理。经过反复调试计算，计算值与实测值基本吻合。

2. 桩 74 断块油气富集的判断

桩 74 断块油田通过现代应力场的数值模拟计算出低应力区，如图 4-35 最小主应力等值线图，在 65MPa 值线以内的为油气富聚集区，在 68MPa 等值线以外的地带为油气差聚集区或无油区。为了更直观些，最小主应力用立体图来表示（图 4-99、图 4-100），在图上幅度较高的地带为低应力区，幅度越高为油气最好的富集区。

通过现代应力场的计算，桩 74 断块油田在原来的 3.8km² 面积的基础上，又扩大到 11.41km² 以上的含油气面积，后油田滚动开发在扩展的面积上，均见到较好产能，单井产油量均大于 20t/d。

油田现代应力场的数值模拟，在四川磨溪气田预测，内蒙古阿北裂缝油田预测等不同类型油气藏进行计算均得用方的认可，在勘探开发中起到良好的作用。

二维有限元数字模拟虽然较好地应用在石油勘探开发中，但还有不足之处，对油藏的立体分布，油藏的描述，油藏的储层计算还存在一定的问题，现在多数采用美国的 Supeisap 三维程序比较好得解决了上述不足。

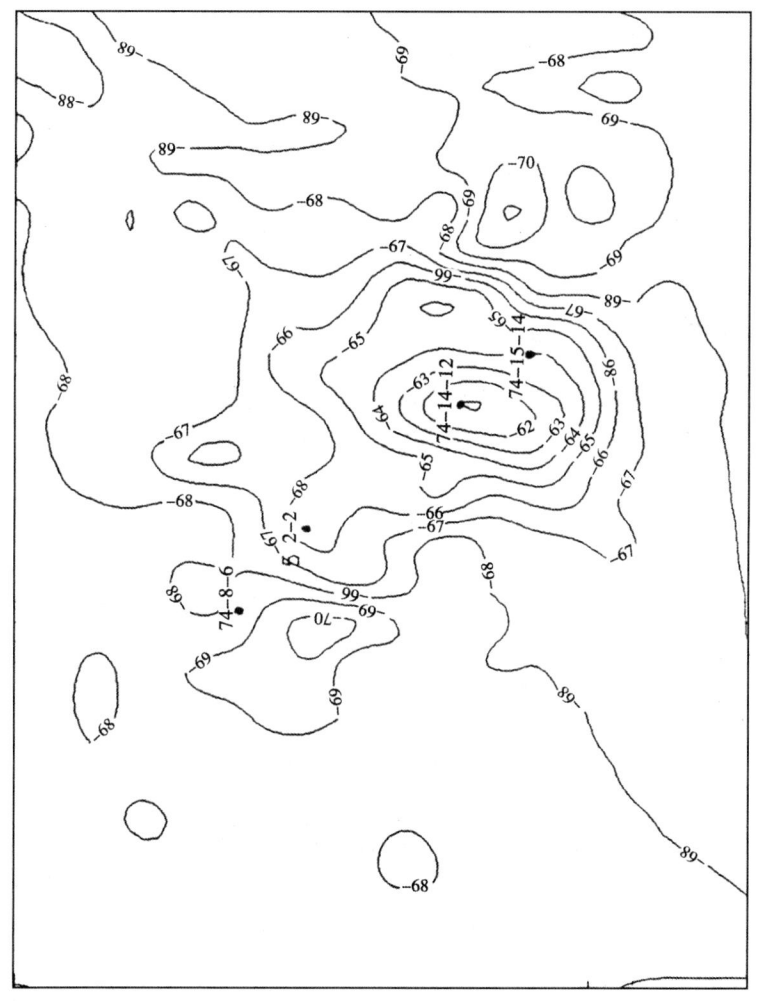

图 4-99 桩 74 断块水平最小主应力等值线图

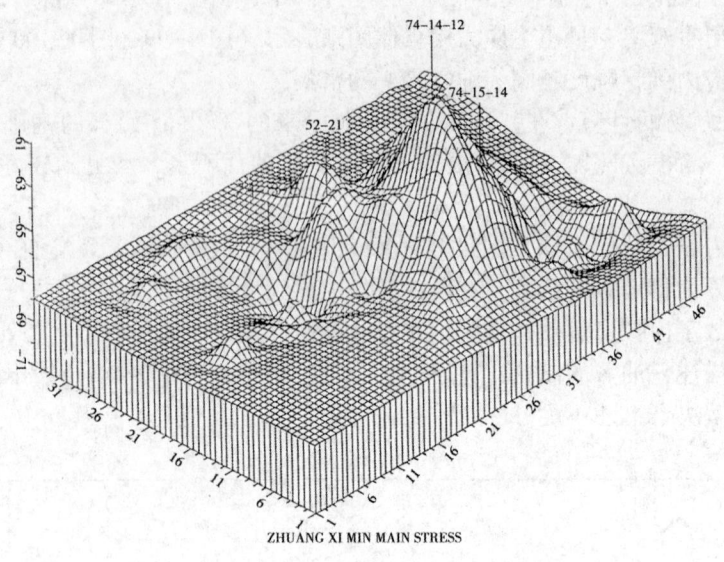

图 4-100 桩 74 断块水平最小主应力立体图

第十节 对微地震单井九分向监测裂缝研究

一、微地震取值存在问题

微地震取信号取纵横首波，因现场干扰信号很多很难找到首波，如图 4-101 取的信号大部分干扰信号和首波一块采集，如滤波会丢掉大部分波信号。

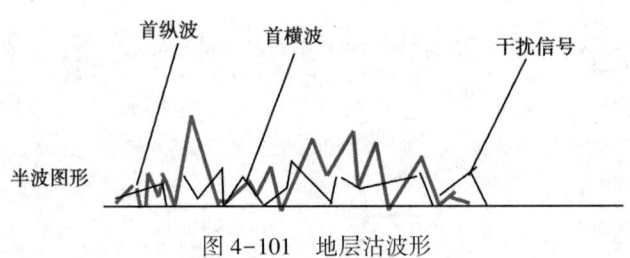

图 4-101 地层沽波形

(1) 微地震取纵横波首波与干扰信号混在一块，把大量干扰信号一块采集，如图 4-102 所示，分不出那是裂缝，外国公司只好用回归方法取一条裂缝。

(2) 国外公司九分向（三纵波六横波）仪器布置相互距离很近，布在一口井内接收压裂信号，只收纵向来的信号，收不到横向来的信号，收到信号时差非常小，经过计算只能出一条裂缝。

(3) 如图 4-103 所示，外国公司监测是一条弧形裂缝，外国公司监测的裂缝，与附近断层走向不是垂直关系，因地应力是附近断层滑移产生新的应场，裂缝延伸必须垂直断层走向垂直。

(4) 微地震监测裂缝方向与地应力方向不一致，水力裂缝没有弧形裂缝，都是笔直裂

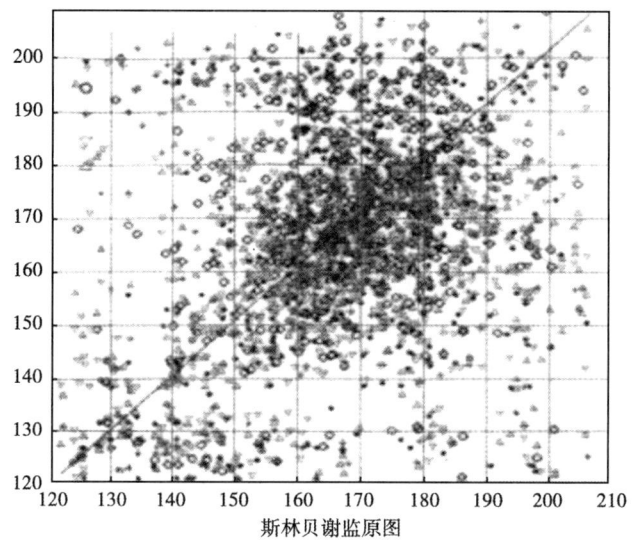

图 4-102（a） 外国公司监测裂缝图

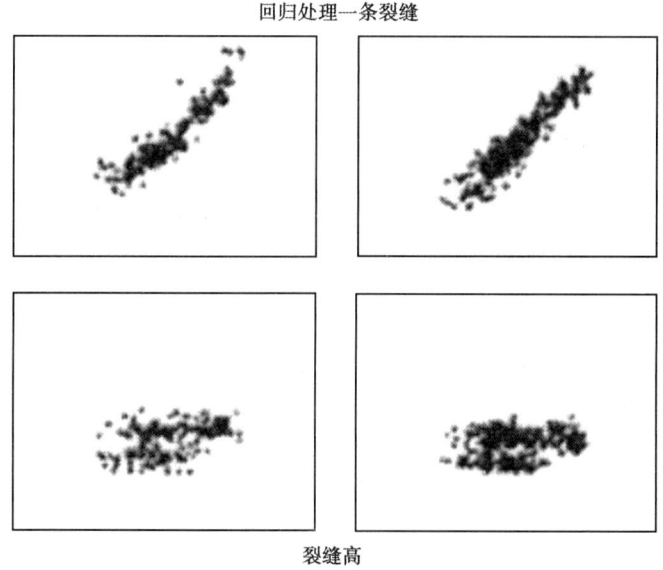

图 4-102（b） 把图（a）裂缝回归一条裂缝

缝，但外国公司都给出弧形裂缝，很不真实，无法应用（图 4-104）。

建议：微地震监测必须用三口井监测，才能得到多裂缝，否则很难监测出多条裂缝，只能测出一条裂缝。

二、水力压裂基本理论

水力压裂基本理论是张破裂：用水、气的力把水平最小主应力和岩石抗张强度推开，地层压开第一条裂缝与附近断层走向必须垂直。如图 4-105 裂缝中的粗线裂缝。

断层发育地区低应力区压裂，裂缝绝大多压开三、四条裂缝，裂缝之间夹角平均有 45°左右。如压裂排量大于 $9m^3/min$，压开夹角约 30°左右的多条裂缝。

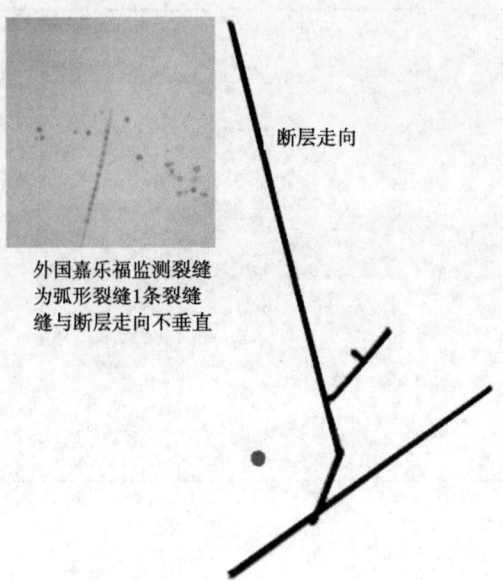

图 4-103 水力压裂主裂缝断层走向关系图

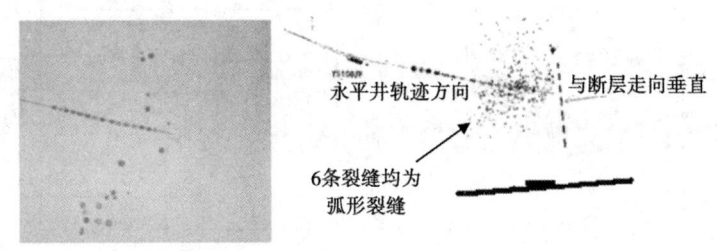

图 4-104 这是水平井六条裂缝组合缝

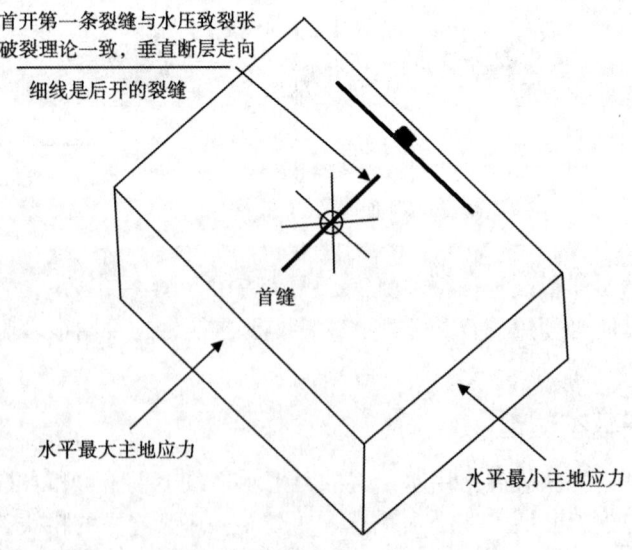

图 4-105 水力压裂基本理论

国外公司无法解释多条裂缝，只好用回归的办法，把多条裂缝去掉，给出一条裂缝的结论，这是不负责的做法（且每口井高额监测费）。

三、声发射取峰值没有干扰信号

较近井采集信号幅度比较高，信号经过放大用门槛技术，把门槛以下干扰信号全部压在门槛以下，如图 4-106 所示。然后录取峰值信号，保证信号真实（每一事件都有峰值信号）。

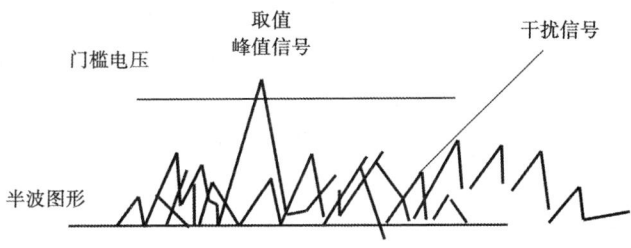

图 4-106 声发射取峰值设备干扰信号

浙江石油公司在四川均连县页岩，黄金 108 井压裂，我们与外国公司监测同一口井，同一井段，声发射技术与外国公司出来的结果完全不同，图是我国声发射监测技术图。

黄金 108 井，排量 $9m^3/min$，大型压裂用液约 $1800m^3$ 左右共采集声源信号 10932 个事件数据点，标在直角坐标图上，其裂缝形态如图 4-107 所示。共造 5 条裂缝，这 5 条裂缝总

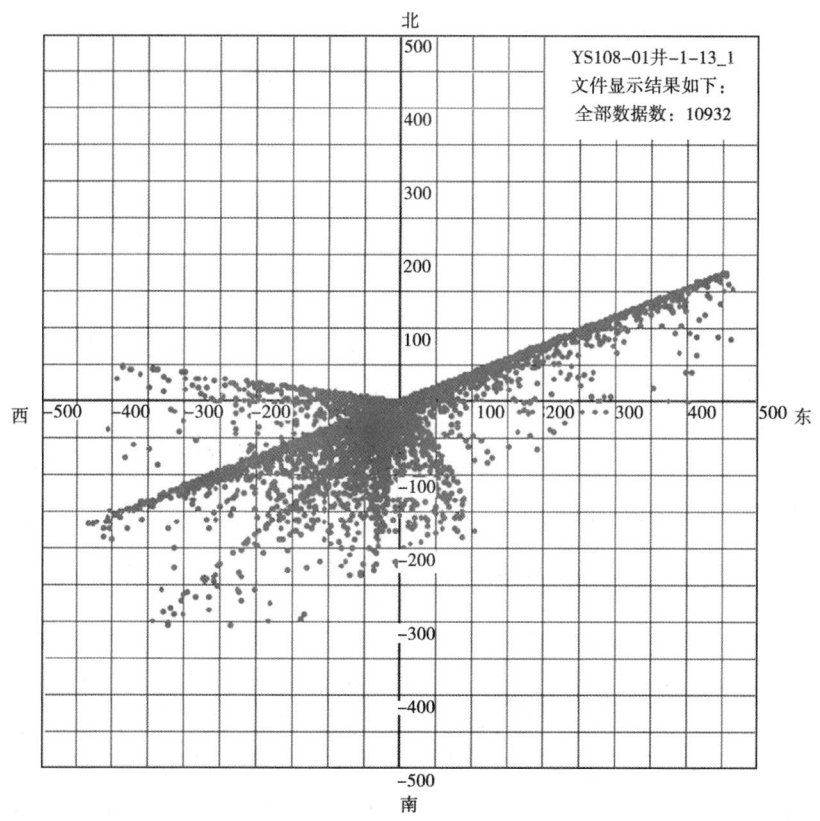

图 4-107 声发射仪器监测现场裂缝结果

长约1800m（图中坐标距离是m），达到较好泄气体积，共15段，因地应力关系，水平井北部先产气，南部各段待北部气压下降后才产气。裂缝形态水平井西侧产生多条裂缝，因水平井受地应力控制，水平井西侧应力比较低，水力裂缝在低应力部位开裂（除主裂缝走向垂直，其他裂缝在水平井西侧）。共5条裂缝，夹角30°左右。

外国公司监测一条缝，而且是弧形裂缝。

水力压裂主裂缝延伸方向与附近断层走向必须垂直，因应力场是附近断层产生，主裂缝延伸方向，必须垂直断层走向，但单井九分裂缝与断层走向不垂直，如图4-108（b）所示。

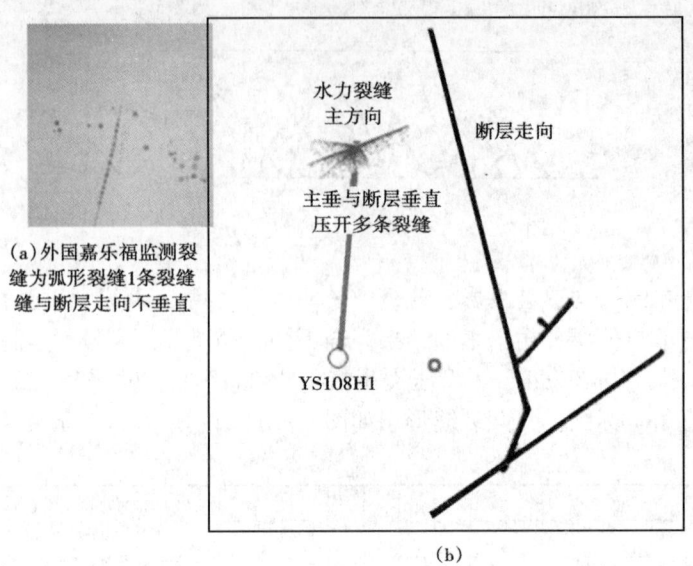

图4-108 外国公司监测裂缝与声发射监测裂缝对比

通过现场实时监测，声发射技术监测出一条主裂缝与东边断层走向垂直，在水平井东监测只开一条主裂缝（首先压开第一条裂缝），由于压裂排量$9m^3/min$，在井孔附近摩阻很大（超过地应力差和岩石抗张强度），开的地方是水平井西侧，西侧地应力比水平井东侧低，所以在水平西侧压开多条裂缝，裂缝之间夹角大体都一致（约30°），裂缝以井孔为轴，裂缝夹角约30°，裂缝投影在水平井压裂井段第一段。

外国公司监测结果为图4-108（a），裂缝为弧形裂缝，裂缝与断层走向不是垂直关系。

确定声波信号采集器"0"通道先收到信号才能定位计算，其他方向来的信号不采集，保证时差处理准确无误效果。

四、对微地震单井九分出一条裂缝的研究

笔者有幸曾参加大庆油田和长庆油田组织的研讨会，在会上讨论的焦点：主要是地层裂缝分布。外国公司压裂排量很大，如用$1\sim12m^3/min$，外国公司、东方地球物理所（利用外国公司硬件和软件）等，都给出一条裂缝，这显然有问题。人们都知道，压裂液在井孔中排量越大，摩阻越大，较大摩阻液体以井孔为轴能压开多条裂缝和转向裂缝。我们用源23-107井多条裂缝。可九分向变一条裂缝研究，该井用$6m^3/min$，用液$500m^3$，共造多条裂缝，造缝总长约1500m，老油田改造后，产量由1t/d上升8t/d（图4-109）。该采集5262声源计算点，每一小点是现场声源采集定位事件点，小点集中为裂缝，小点较分散为压裂液水驱入

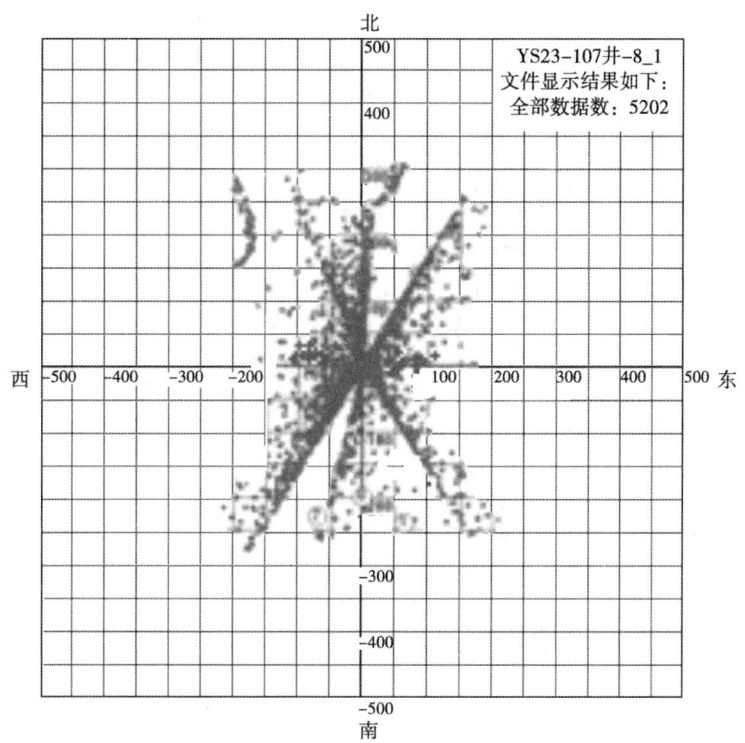

图 4-109 用声发射监测裂缝源 23-107 井裂缝分布图
现场监测裂缝成果图（原图）采集 5262 声源计算点，标在直角坐标图上形态如源 23-107 井裂缝形态

径，该井压开 4 条裂缝，缝全长 1500m，裂缝已躲水井，压后不含水。

裂缝开启都在井孔为轴，进行开裂，然后裂缝向外延伸。主裂缝延伸方向与断层走向垂直，南北裂缝延伸到断层附近，出现转向，与附近断层走向垂直。

单井九分向监测为什么只出一条裂缝？我们研究是用源 23-107 井，采集数据 5262 事件点（图 4-110），全部按照外国公司九分向监测方法，每台仪器间隔分布约 10m（3 纵）的距离约 30m，进行定位监测计算，其结果如图 4-111 所示，定位计算只出一裂缝。

1. 按九分向布仪器只出一条裂缝

按微地震单井九分向布仪器纵向时差很小没有横向时差，检波器之间接收的信号时差很小，监测定位计算后，绝大多数是一条裂缝。跟九分向监测结果一致，其结果大量信号没有采集到（原四条裂缝只剩一条裂缝）。主裂缝是北东 45°左右，按九分向布仪器计算其结果变为近东西走向，与地应力方向不一致（错，应是北东 45°与附近断层走向垂直）（图 4-112）。

Y58-94 井压裂最大排量 $4m^3/min$，用液 $240m^3$，加砂 $12m^3$。

共计采集 10272 声源点（每个小点是声源采集计算点，小点集中为裂缝，小点分散为压裂液滤失方向和距离）。共压开 5 条裂缝，裂缝总长约 1000m。

压裂液向西南有滤失，向西南驱动较好（图 4-113）。

北东 30°裂缝直对注水井，距水井距离较近，该井压后出现高含水（现含水 86%）。Y60-94 水井关，含水下降，建议 Y60-94 井调剖处理。

南北裂缝与断层走向垂直，裂缝接近断层，转向为与断层走向平行。

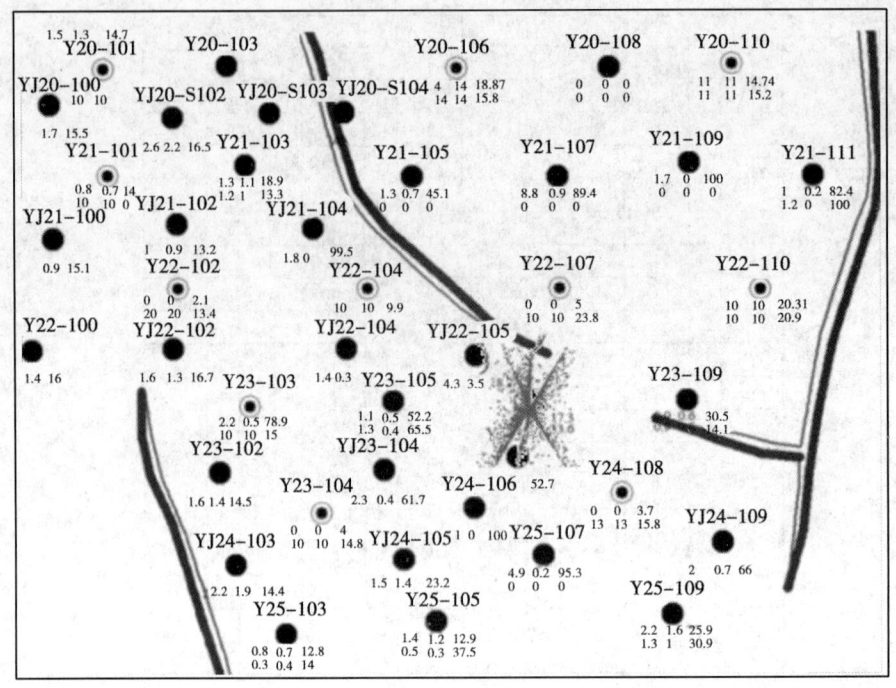

图 4-110 源 23-107 井裂缝成果投影图

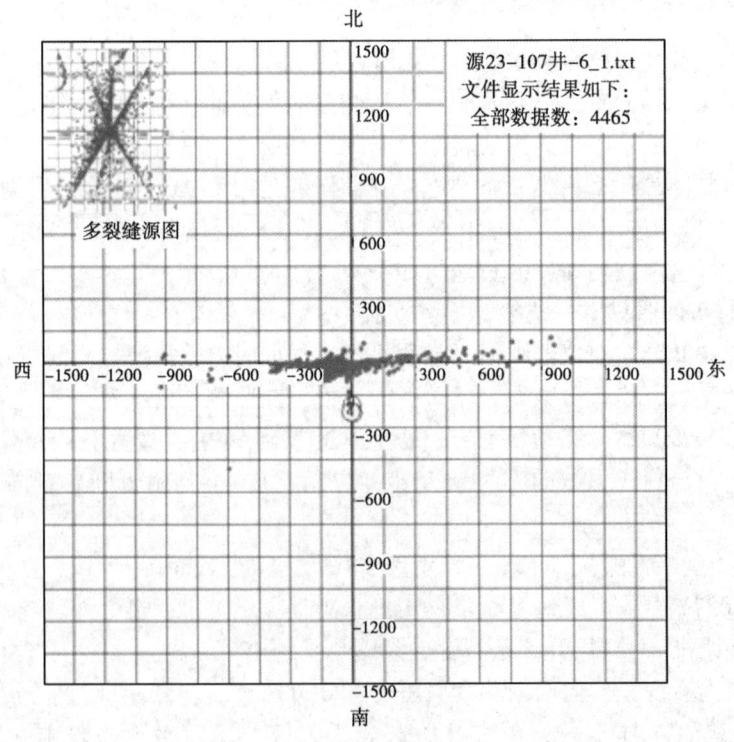

图 4-111 单井九分向监测只出一条裂缝

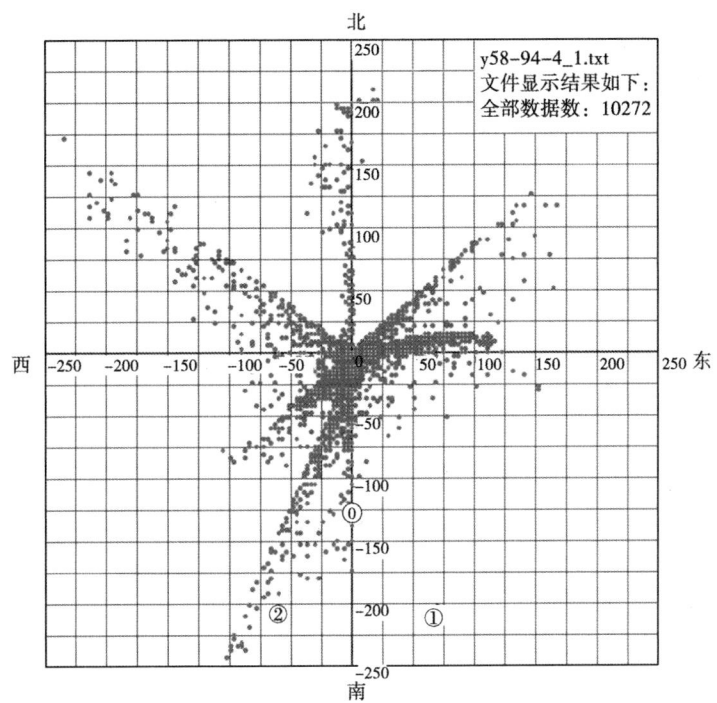

图 4-112　Y58-94 井裂缝分布形态图（声发射现场监测原图）

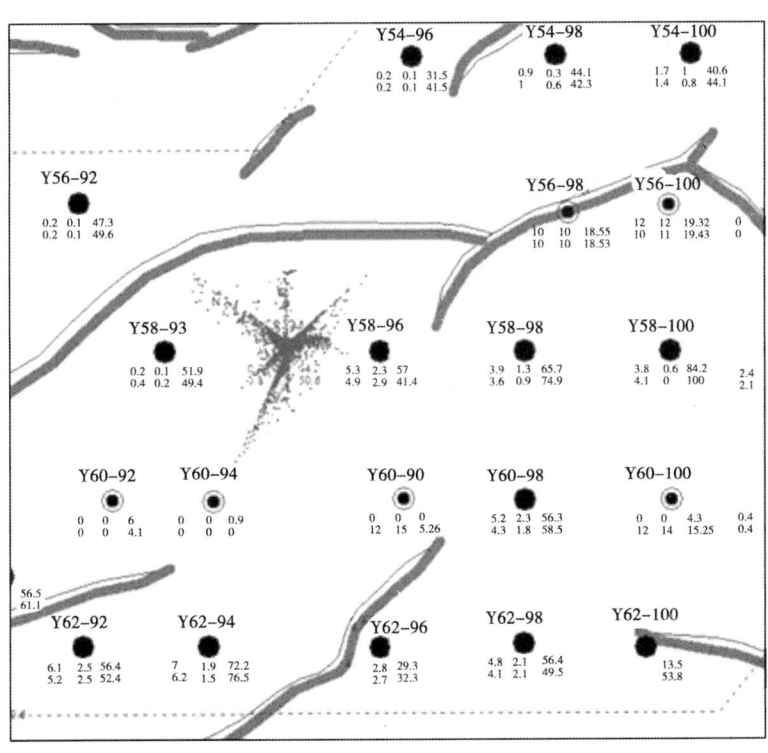

图 4-113　Y58-94 裂缝投影构造井位图

2. 按微地震单井九分向方法布检波器裂缝图（第 2 口）

把 Y58-94 井裂缝监测数据 4504 计算点，按微地震单井九分向布检波器，定位计算，其结果还是一条裂缝，跟微地震九分向单井监测裂缝结果一致。外国公布检波器只有纵向时差，没有多方位时差，所以计算只能出一条裂缝（图 4-114）。

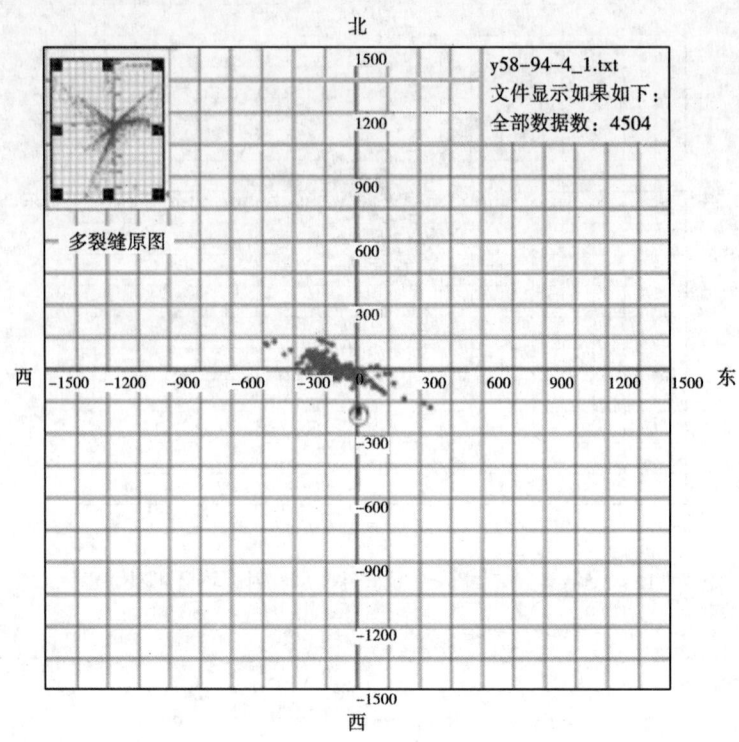

图 4-114 地震单井九分向方法布检波器裂缝图

3. 结论

（1）通过上述 2 口井，用微地震方法布仪器，其结果在一口井内布检波器，时差非常小，信号很窄没有多方位时差，通过定位计算，只能监测到一条裂缝（把多条裂缝变成一条裂缝）。

（2）微地震单井多分向仪器下井的方向位置与监测井的方向位置发生变化，裂缝方向也跟着变，裂缝延伸方向与地应力不一致（裂缝应与断层走向垂直），很不真实，无法应用，因为获得的是假数据。

五、声发射监测裂缝与外国公司监测裂缝对比

外国公司在四川均连县页岩压裂是一条裂缝，与断层走向不是垂直关系，方向有错误。图 4-115 是 6 条水平井裂缝组合在黄金 108 水平井上。

裂缝延伸方向与断层走向不是垂直关系，裂缝方向有错误。图 4-115 水平井多条弧形裂缝，图（a）是一条水平井一段裂缝，共六段裂缝形态图，如图 4-116 所示。

苏 20-10-7H（水平井最后一段井深 4439m）气层厚 7.5m，压裂排量 4.5m³/min，加陶粒 35m³，总液量约 300m³，气层压开 5 条裂缝，北西 45°缝长约 200m（与附近断层垂直），南西 80°缝长 150m，南北缝缝长 150m，造缝全长 500m，液体向裂缝东及裂缝南方向渗流

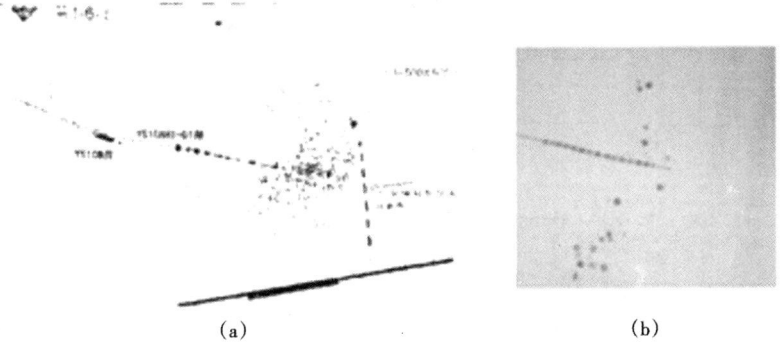

(a)   (b)

图 4-115   6 条水平裂缝组合在黄金 108 水平井上

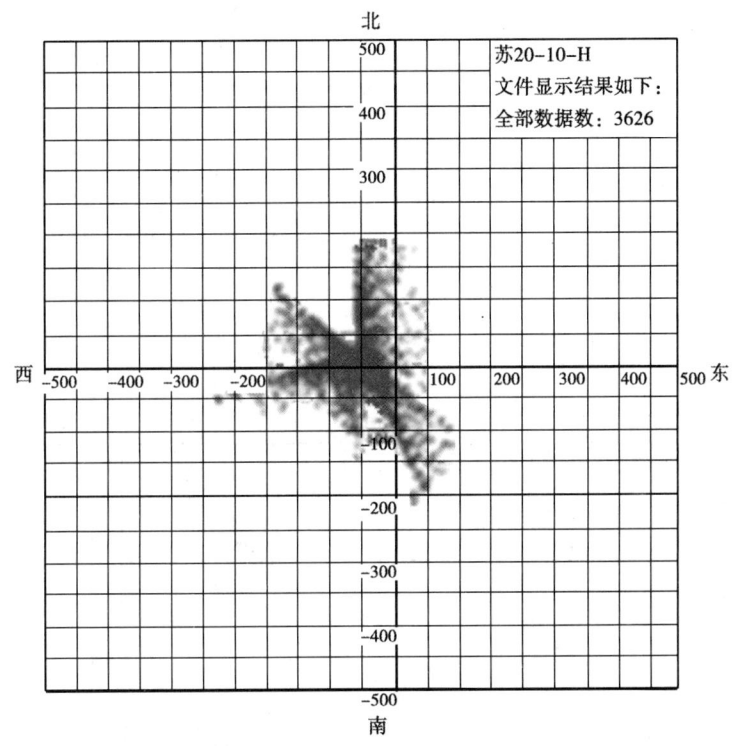

图 4-116   苏 20-10-7H 声发射监测水平井裂缝形态，第一段裂缝形

较好。

中国声发射监测技术监测内蒙古乌审旗苏 20-10-7H 井砂岩地层，水平井地层压裂方式，下糖葫芦封隔器，用投球方式分段压裂，下面监测水井最后一段结果投影在水平井第一段（图 4-117），按井段投影在水平井井位图上，每段都压开了 3~4 条裂缝。

水平井井段是内蒙古气田水平井监测结果投影在水平井井段位置上，共计 6 大段、14 小段。

六、外国公司现场监测裂缝

国外裂缝监测给出一条裂缝的理论，这是监测仪器设计存在问题，图 4-118 为外国公

183

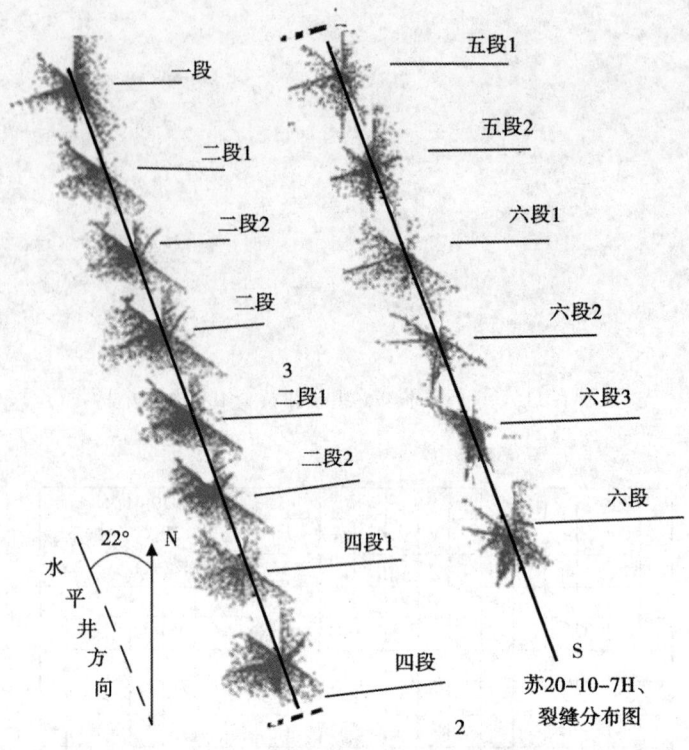

图 4-117　按井段投影在水平井井位图上

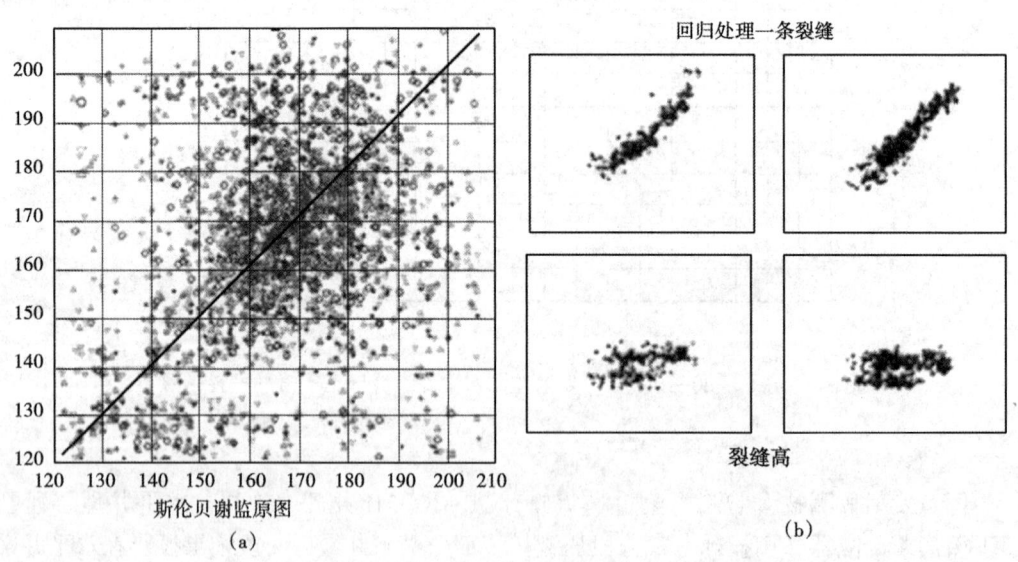

图 4-118　外国公司现场监测裂缝成果

司现场监测裂缝成果。

图 4-119 把干扰信号一块采集，无法解释只好用回归的办法，把多条裂缝去掉，给出一条裂缝的结论，这是不负责的做法（且每口井有高额监测费）。

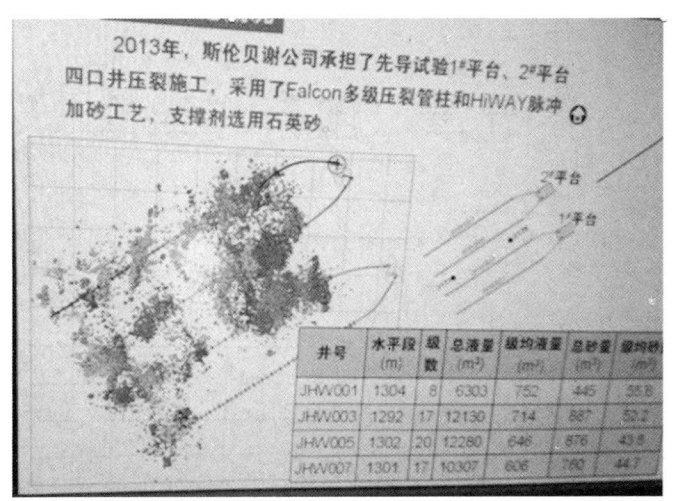

图 4-119 外国公司解释结果

监测结果是一条裂缝，监测形态方向又不一致，很不合人意。某些领导没有看过多条资料，他们认为外国技术都是先进的，盲目认可，投资很大，却得不到真实结果，只是看个热闹。

外国公司监测结果没有任何应用价值。声发射（声传导）技术可用于油田生产中。用地应力分布大小可找油气富集区，可找出平面剩余油分布，用裂缝方向角度进行井网布局、井网调整、油水动态分析，躲开裂缝打加密井。水平井方向最好与地应力最小主应力方向平行，防止水平井套管变形等。

第五章 创新与结论

第一节 创　　新

笔者对地应力和水力裂缝做了大量研究工作，为了得到第一手资料，走遍 16 个油区，调查监测 2000 多口井，所取得的成果并得到全面的应用，得到用户的好评（见附录鉴定证书）。

（1）声发射监测水力裂缝，水驱前缘国内领先，能监测地层真实多条裂缝，裂缝之间的夹角、缝长、水流方向和距离。

（2）用古地磁研究确定钻井地应力方向和天然裂缝方向在全国首创。

①用自己的地应力和裂缝技术。1989 年在南阳安棚碱岩监测地应力和水力压裂缝，然后在裂缝线打 3 口井，在井深 2300m 地下连通 1200m 碱岩槽，在不同井距的井出不同浓度的碱液（当时是首创），现已打多井产液和相当规模炼碱厂。

②通过大量监测发现，油田应力场不是构造运动的残余压力，而是附近断层产生地应力控制油田应力场，水平最大主地应力与附近断层走向垂直。断层动盘附近比不动盘应力高 8MPa 左右，随着与动盘距离增加，应力随着距离的增加而逐步变小（变成低应力区）。

③油田区块油气分布与地应力分布有着绝对关系，高应力是贫油区，油田低应力区是油气富集区，经过调查每年在高应力区打井，造成多口井损失，为贫油井。

④作者设计研制的裂缝、水驱前缘仪器，不受井深、环境影响，不管高山、滩海、沙漠都能监测。仪器核心技术，低频、门槛技术、录取峰值信号、智能化录取信号，保证信号无大的干扰信号，真实可信，现场可打印成果，保证与井组动态一致，与地应力方向挂钩，给出高精度多裂缝方向、裂缝之间的夹角、裂缝长度、注水在储层流动方向和距离，并投影在构造井位上很真实，一看就懂，这项技术国内外领先。

⑤水力压裂不是一条裂缝，而是多条裂缝，多条开裂均在以井孔为轴向开裂延伸，开裂第一条裂缝方向必须与附近断层走向垂直。第二条裂缝与第一条裂缝方向夹角 45°左右，最后一条裂缝方向与第一条裂缝夹角 90°左右（别的方法无法完成）。

⑥水驱前缘注水不是近圆形驱动，地层注水量超过地层吸收能力，地层都能压开裂缝，随着注入时间增加，注水量增加和注水压力的波动，储层同样压开多条裂缝。

⑦注入地层的水先走裂缝，然后通过裂缝再向外驱动。5mD 地层向外驱动孔隙距离大约 80m 左右。5mD 地层裂缝导流能力比孔隙渗流大约高 1000 倍，800mD 地层也出裂缝，缝导流能力比孔隙大 4 倍。地层由于存在应力不均，注水向低应力区方向驱动较好（注水偏流）。

⑧笔者用水力压裂开第一条裂缝时，进行停泵找闭合压力测试，得出地层最小主应力值，当地层压开多条裂缝时进行停泵，为水平最大地应力。垂向应力用岩石密度积分求出。

⑨国外监测水力压裂是一条裂缝，纯属荒谬。我国大部分油田，对外来的技术盲目认

可，还认为井下监测最准等。其实对外来技术根本不了解，他们没有能力监测水力裂缝分布，因为存为先天不足，注水压裂信号、大地干扰混在一起，很难分开，只好用滤波和降低灵敏度来录取信号，结果收到较少信号，另外井下单井监测接收信号很窄，时差很小，通过计算只能出一条裂缝，并且是弧形裂缝，并且方向与地应力方向不一致，无法应用。

第二节 方法与结论

（1）为适应我国石油勘探开发的需要，我们进行了地应力、裂缝测试技术的研究。对于测试方法是边摸索边改进，从无到有，并且日趋完善。现已掌握适于深部油层测试的10种成熟方法：

①利用岩石记忆功能（凯塞效应方法）。

②岩石差应变方法。

③岩石波速各向异性方法。

④利用古地磁偏角确定应力方向和天然裂缝方向（上述四种方法是用不定向岩心测地层中三向应力和天然裂缝分布）。

⑤钻孔崩落掉块，确定水平主应力方向。

用此方法确定水平主应力方向时，必须进行修正。渤海、华北、胜利古近系—新近系地层要修正47°；吉林、大庆和二连白垩系地层分别要修正18°和10°；新疆二叠系地层和石炭系地层要修正-15°（南阳古近系—新近系修正158°）。

⑥微地震监测水力压裂裂缝形态（地面、地下两种方法）。

⑦关机瞬时停泵能测地层最小主应力值和最大水平应力值。

⑧用声波、密度等测井曲线和弹性理论，通过计算机处理可以得出随井深变化的连续的岩石力学参数曲线（弹性模量、泊松比、剪切模量），地层出砂指数，地层孔隙压力，破裂压力，三向应力分布和天然裂缝发育层段。

⑨用常规的电阻率、声波、超声波、电磁波、地层倾角、岩石密度、变密度、微电极扫描等测井资料识别裂缝和应力方向。

⑩引用超声波井下电视技术，可直接观察裸眼井的裂缝方位（天然裂缝和人工裂缝）。并且与其他测试配合，可进行更广泛的综合性研究与使用。

（2）古近系—新近系储层大部分分布在华北、胜利、中原、大港、辽河等各大油区，储层的天然裂缝——没有位移的裂缝，其形成时期在新近系和第四系，由于喜马拉雅运动时期主要由四川造山运动形成的主断裂，在形成主断裂的同时，也伴随产生较短的裂纹（高角度大于60°）——就是天然裂缝，其方向，中原、华北分布在北东20°～50°之间，大港、辽河分布在北东30°～60°之间，胜利分布在40°～80°之间。

白垩系储层大部分在大庆和吉林油区，天然裂缝主要由喜马拉雅、四川和大小兴安造山运动所致。储层的天然裂缝方向，在大庆东部其方向为北至北东，在大庆和大庆以西天然裂缝方向为北至北西。吉林油田，在前郭尔罗斯以东天然裂缝方向为北至北东，在前郭尔罗斯以西天然裂缝方向为北至北西。

（3）吐哈、克拉玛依、塔里木等各大油区的储层分布在侏罗系、三叠系、二叠系、石炭系等，储层的天然裂缝方向与逆断层走向基本一致。也有少部分与逆断层走向近似垂直但均分布在逆断层的上盘。

(4) 不管是正断层还是逆断层应力分布均与断层倾斜角度有关,在断层断面有较大的挤压力,这个力的方向与断层倾斜方向一致,断层的倾斜方向是水平最大主应力的力源,水平最大主应力方向与附近断层走向垂直。在两断层夹角例外。

(5) 水力压裂产生的人工裂缝方向与水平最大主应力方向平行,与水平最小主应力方向垂直;人工裂缝方向与附近断层走向近似垂直。

(6) 天然裂缝方向与人工裂缝方向,在胜利、大港、华北、中原等油田绝大多数为近似正交,有一部分为斜交和平行。

(7) 天然裂缝在储层中闭合与张开,和地应力分布大小有关。储层最小主应力梯度大于 0.017MPa/m,天然裂缝均为闭合状态,地层最小主应力小于 0.017MPa/m 的储层,天然裂缝慢慢张开,这时天然裂缝和人工裂缝的导流能力近似一致,当地层最小主应力梯度小于 0.014MPa/m,天然裂缝的导流能力大于人工裂缝的导流能力。

(8) 人工裂缝的长度,这与储层的厚度、顶层和底层的岩层的力学性质及压裂规模都有关。但根据现场近千口井裂缝实际监测统计,压裂缝液在 $100m^3$ 左右,地层造缝长大约在 500m 左右(裂缝全长),$130m^3$ 压裂液在地层造缝长在 800m 左右。

(9) 储层最小主应力梯度大于 0.015MPa/m,井网布局按与人工裂缝走向呈 22.5°为井排方向,井排井距 250m 左右。

(10) 储层最小主应力梯度小于 0.013MPa/m,注水井和采油井都不要压裂,否则会造成裂缝网络很难开采。

(11) 随着采出程度的增加,造成储层松弛应力下降,使闭合的天然裂缝,随着孔隙压力的下降也慢慢张开。储层注水随着孔隙压力的下降,要改变注水方式,否则会出现方向性水淹水窜现象。

大庆内部油田过去压裂产生的裂缝为水平裂缝,由于储层孔隙压力的下降,现大多数油井人工裂缝变为垂直裂缝,原水平缝也起导流作用,现垂直裂缝比水平裂缝导流能力大 3 倍左右。

(12) 高含水油田进行注采井网调整和打加密井之前,建议要测注水井的天然裂缝方向和人工裂缝方向,根据裂缝分布状况来调整注采井别,达到较好水驱效果,打加密井的井位,要躲开裂缝,距离为 150~200m,避免钻井的风险,达到油藏挖潜的目的。

(13) 水平井设计前建议要进行地应力分布和天然裂缝分布测量,顺储层中最小主应力方向打水平井,这个方向水平井最稳定,水平井完钻后,可分段压裂产生多条人工裂缝,且人工裂缝又能切割天然裂缝,达到较大的驱油面积;平行断层走向打水平井,在水平井段,应力差很小,使水平井段平稳产出,避免水锥、气锥现象的发生。

(14) 在有生油条件的地区,油气绝大部分布在构造小范围隆起部位(鼻状构造高点部位),因隆起部位是地壳运动挤压所致,当运动结束之后进行弹性应力释放,在隆起高点部位形成非弹性松弛拉张区——低应力区;油气聚集形成,靠一定的压差才能运移,分布在高应力区的油,必然通过孔隙或裂缝流向低应力区。

在正断层体系中油气主要富集在正断层的下盘(不动盘),因地层下滑移之后,在上盘是应力松弛区,下盘(下滑盘)为压缩区,在下滑盘断层附近应力比较高,与断层距离增大,应力逐步变低。大多数油田的储层的应力最低小于 0.004MPa/m,大于其值的高应力区为无油区或贫油区。

(15) 新油田在开发前,建议进行地应力和天然裂缝分布研究,因一个油田采收率高低，这与井网布局有绝对关系，根据地应力分布来确定按人工裂缝方向或天然裂缝方向，进行井网布局，井排方向与人工缝方向呈22.5°为最佳。

（16）断套管地层，不管是深层或是浅层，在蠕变地层或漂移地层中，均有较坚硬岩石把套管挤压变形或剪断，建议设计套管的外挤压强度，最好按蠕变或漂移地层坚硬岩石挤压强度的上限来设计套管。如新民油田、荆丘油田都达到较好的防断效果。

（17）在压裂产生的裂缝线上打配套井开发深部地层中碱岩，在南阳油田安棚碱矿取得成功，连通的井距最远为1100m，安棚碱矿利用人工裂缝方向已建成三对井，已开发多年，根据这一原理也可开发盐岩、硫黄及地热等地下资源。

（18）加快钾盐水平井开采，建议靶点井先压裂，把裂缝形态标在靶点井上，然后靶点井注水并保持靶点的井口压力，当水平钻到裂缝上，靶点井压力下降，在靶点井注水，两口井可连通。

（19）重复压裂地层出现转向裂缝，重复压裂井的压裂排量必大于以前压裂的排量，其目的增加压裂在井孔附近摩阻，摩阻增大才能出多条转向缝，但有风险，易出现水淹水窜。

（20）水平轨迹最好与水平方向错开一定角度（最好90°），避免缝与缝之间连角。

（21）水井外套管冒水，用水泥堵效果不好，地层注水压力偏高所以致，建议用单塑料来缩封，效果较好。

（22）监测水井裂缝，水驱前缘，又直观又快捷，裂缝直对采油井，必然高含水。注水井注水驱动方向也很直观，看出水驱动方向的距离，还可看出注水方向偏流（死油区）。该监测水驱前缘要比注示踪剂又省钱又快，一天可测三口水井井组动态关系。

（23）水平井轨迹要尊重地应力客观规律否则失去优势。

①榆林水平井设计水井，没有考虑断层动盘要比不动盘高8MPa，水平井附近应力高5MPa左右，水平的油挤向61-64井附近，水平地段基本为贫油区。失去优势。

②茂平一井尊重地应力分布客观规律，压后产量比较稳定，平均每天产量43t。

③朝平1井，设计水平井方向没有按地应力方向布井，该井压裂后裂缝方向与水平方向基本一致，这口井基本失去水平的优势。

④塔中4井等5口井，设计除油藏筛选外，主要是尊重地应力分布客观规律，使水平井开发具有明显的优势。

2014年以后的水平井设计，主要考虑水平井压裂后不要两段连窜。因为水平井压裂排量都比较高，一段大约9m³/min左右，能压多条裂缝，如内蒙古乌审旗水平，用气囊封隔，效果很好。

参 考 文 献

[1] 张景和. 利用岩石发射 Kaiser 效应测定地应力的方法 [J]. 岩石力学与工程学报, 1987, 6 (4): 347-355.

[2] 张景和, 黄荣樽. 用地层倾角仪确定地应力方向 [J]. 勘探与开发, 1987.

[3] 张景和. 对大庆油田喇 7-261 井地应力分布状况的初步认识 [J]. 石油勘探与开发, 1984 (5): 50-55.

[4] 张景和. 水力压裂裂缝方向的探讨 [J]. 石油勘探与开发, 1984.